房前屋后都是宝

巧用农家资源致富经

成秉权　主编
李朋华　副主编

东北财经大学出版社
Dongbei University of Finance & Economics Press
大连

图书在版编目（CIP）数据

房前屋后都是宝：巧用农家资源致富经／成秉权主编，李朋华副主编．—大连：东北财经大学出版社，2012.9（2015.1 重印）
（金色乡村）
ISBN 978-7-5654-0993-6

Ⅰ．房…　Ⅱ．①成…　②李…　Ⅲ．①农业技术　②农业经营学
Ⅳ．①S　②F306

中国版本图书馆 CIP 数据核字（2012）第 221508 号

东北财经大学出版社出版
（大连市黑石礁尖山街 217 号　邮政编码　116025）
教学支持：（0411）84710309
营 销 部：（0411）84710711
总 编 室：（0411）84710523
网　　址：http：//www.dufep.cn
读者信箱：dufep@dufe.edu.cn

大连美跃彩色印刷有限公司印刷　　东北财经大学出版社发行

幅面尺寸：145mm×210mm　　字数：307 千字　　印张：11 1/2
2012 年 9 月第 1 版　　2015 年 1 月第 5 次印刷

责任编辑：孙　平　况淑芬　　责任校对：贺　鑫
　　　　　刘　佳　尹　惠
封面设计：冀贵收　　版式设计：钟福建

ISBN 978-7-5654-0993-6
定价：22.00 元

辽宁省农家书屋建设图书出版编委会

前　言

“农民富则国家盛”，这是中央领导做出的精辟论断。

怎样才能使农民尽快富起来，这是中央及地方各级领导都关心的一件大事。

响应中央和地方各级领导的这一号召，帮助农民尽早富起来是每一个经济工作者义不容辞的要务。

农村发展前景广阔，农村资源基础雄厚，虽然农村和农村经济在飞速发展，但是仍然有很多资源还处于“潜伏”状态，没有完全挖掘出来，如果能把这些潜在的资源调动起来，农民的生产生活将会有更大的提高，这就是本书编写的原动力和主要目标。

在这个前提下，作者以中央一号文件为指示，怀着对农业的敬畏和对农民的尊重情感来组织本书的内容，试图从农民的房前屋后、左邻右舍来寻找发财致富的可行之路。

尽管是这么想的，也是这么做的，但是，农业知识深奥、农家生产生活复杂以及作者知识有限是横在眼前的一道道深壑，结果可能是事倍功半，也可能是事与愿违，敬请读者批评，更希望能有更多的同仁参与进来，共同把农村和农民的潜在资源挖掘出来，为农民早日富裕贡献绵薄之力。

本书共分十二个话题来组织内容，以帮助农民兄弟树立科学的财富观，善于挖掘财富，最大化利用财富，并注意风险防范。

辽宁省人力资源和社会保障厅李朋华参与了本书的编写，负责话题九和话题十的内容，并担任本书副主编。

在本书编写过程中，大连市财政局农业处曹中华提供了很多帮助，在此表示衷心感谢。

在本书出版过程中，东北财经大学出版社的宋玉平副社长和孙平编辑给予了指导，在此一并感谢。

作 者

2012年8月

目 录

话题一　重新认识财富——迈进农家财富大院的门槛

慧眼辨别身边宝，
房前屋后绕钱道。

一、从丹东大梨树村的成功说起

辽宁省丹东市凤城市大梨树村是一个地处大山深处、不起眼、默默无闻的小村庄。距离凤城 10 公里，总面积 48 平方公里，有村民 4 800人。

改革开放 30 多年来，大梨树村在村党委书记、连续四任全国人大代表毛丰美的带领下，顺应时代潮流，抓住发展机遇，因地制宜，实施集体经济、产业富民、生态建村的发展战略，使一个昔日“三靠”（靠政府救济、靠贷款、靠外出乞讨）式的贫瘠落后山村，发展成为固定资产达 3 亿元、集体收入突破 5 000 万元、人均收入超万元的“辽东第一村”，走出一条集体经济与民营经济同步发展，一、二、三产业协调推进的新农村建设成功之路。经过几年的拼搏，这个小村庄已经在中国名村影响力排行榜名列前茅，居辽宁省名村前列，同时还是丹东市新农村建设试点村，名扬全国。

很多人到了丹东，一定要去看看大梨树村，一走进大梨树村，首先映入眼帘的是庄稼院里的石碾子、石磨、成串的大蒜和火红的辣椒串，一幢幢一字排开的仿古二层青堂瓦舍，穿村而过的清凌凌河水，小河两边具江南水乡风格的建筑、小桥流水般的景致和典雅的牌坊，一时间会让人产生置身于江南水乡的错觉。这里的特色农业种植和养殖、乡村旅游、商贸流通、园区工业、科教文卫各行各业全面开花，结出的丰硕成果给村民带来了利益，村民经济生活全面提高，文化生活丰富多彩，村面貌生机盎然，昔日默默无闻的小村庄，已经成为全国闻名的北方农村致富的典型代表。

大梨树村远离大城市和大工厂，周围除了崇山峻岭外几乎没有什么特殊的资源。那么，是什么改变了这一切？

当然这首先应该归功于党的政策好，除此之外就是村里有一个好的领导班子。他们做的最重要的一件事就是带领村民，爱乡爱土，立足本土，发现、开发身边的资源，把农村的现有资源当成宝贝，再通过苦干、实干和巧干将潜在的资源变成发财致富的资本，将一个昔日的穷山僻壤变成了今天的生产和生活的热土。

大梨树村的成功给了我们一个启示，在农村，所有人生活的周围环境里都蕴含着丰富的资源，重要的是如何发现它们。如果你有一双慧眼，发现了它们，并且能采取适合的方式加以开发利用，那么每一个村都会成为大梨树村，每一个家庭都会富裕起来。

二、农家资源的范围

古人讲，长袖善舞，多钱善贾（做买卖）。这句话的字面意思是长衣袖适合于舞蹈，本钱多便于做生意。经济要活起来，一定要有一定的财产和物资做基础。也就是说，我们要通过经济活动得到财富，就要依赖一定数量的财产、物资做本钱。有了本钱做基础，再选择适合的经营方式，加上苦干、实干和巧干，就可以创造出财富，这个基础就像搭起了舞台，演员可以在那上面表演；也像发面用的“面引子”，在面粉里加入适量的“面引子”就可蒸出又白又大的馒头。如果没有舞台，演员就没有施展才艺的平台，唱念做打就没法完成；如果没有“面引子”，面发不开，蒸出的馒头就是一个死面疙瘩。

那么，对农家来说，哪些东西可以当成创造财富的本钱？概括地说，农家拥有的、可以利用的资源就是创造财富的本钱。什么叫作资源？所谓资源就是指在一定时期、地点条件下能够产生经济价值，并能提高人类当前和将来福利的自然因素和条件，是一切可被人类开发和利用的物质、能量和信息的总称，它广泛地存在于自然界和人类社会中，是一种自然存在物或能够给人类带来财富的财富。这里所说的资源，包括能看得见的有形资源，如土地资源、矿产资源、森林资源、海洋资源、石油资源和人力资源等，也包括看不见的信息资源、文化资源等；既包括现在已有的资源，如土地、森林等资源，也包括尚未开发的潜在资源等。也就是说，凡是可以给人类带来利益（包括经济利益和政治利益）的物质和条件都可以成为资源。

对于农村家庭来说，哪些东西才能成为发财致富的资源呢？在经济学上，凡是能够用来交换的产品都是商品，是商品就有用处，有用处就会有卖点，商品能卖出去就能够换来钱。我们可以根据经济学上的这个道理来比照农村，在农村致富方面，凡是有用的东西就能够卖钱，凡是能卖钱的东西都有价值，凡是有价值的东西都是发财致富的资源。那么，农村家庭都有哪些有用的东西呢？如果按照以上所说的范围，农村家庭有用的东西可就多了，我们农村家庭自身拥有的农产品、土地、房屋、山林、技艺、特长、传统习俗、各种废弃物资、饲养物等都可以卖钱；除农家自身拥有的以外，还有村容村貌、山山水水、人文景观等，这些属于公共资源，我们农家也可以借助农村公共资源来发展事业，这一切都可以成为农家发财致富的资源。

在这里，认识农家物质和行为的有用性是发财致富的第一步。所谓物质和行为的有用性就是指农家拥有的场所、物件和技能等物质和行为对人们的生产、生活有什么用途，也就是说有什么使用价值，发现了它的用途就发现了它的使用价值，发现了使用价值也就发现它的价值。假设农家拥有做农村大酱的手艺，如果你只是自产自用，怀揣不露，那这个技能的使用价值就是自家食用，价值体现不出来。而如果你加以挖掘利用，开办一个小型农村大酱加工作坊，那这个揣在怀里的技能一下子就变成了致富的资源。在此，发现大酱可以做成商品销售的过程就是发现和认识你的行为有新用途的过程，这就迈出了发财致富的第一步。

有些物质的用途并不是一目了然的，而需要人们不断认识、不断琢磨并不断挖掘才能有所发现。而不同的人，受各种因素制约，认识事物的角度不同，挖掘事物的深度也就不同，体现出来的价值也不同。就以房屋为例，它的主要用途多数人是侧重在居住层面，也就是说房子是用来住人的，这是房子主要的使用价值。但是，如果再挖掘一下，可以发现房屋还有观瞻作用，一个位置特殊、造型独特、建造工艺细致的房屋还可以使人们获得欣赏所带来的愉悦，这在原有基础上就有所增值。譬如说，你拥有一座徽式建筑，马头翘角，黑瓦白墙，色彩典雅大方，砖雕和石雕相结合，这种精美的建筑艺术能给人带来观赏的快乐，在农村里这就有可能成为一个旅游景点，从而产生新的价值。如果沿着这条线再深入挖掘，还会发现房屋建筑物还有追忆作用。一座古老的建筑物里面一定埋藏了很多历史，这些历史中肯定又包含很多故事，这些故事能够给人带来回忆和思考及研究的价值。就像上面的徽式建筑，如果再在这座建筑物里挖掘出哪一辈有中过举人的历史，这就不仅是一个普通的建筑了，而是名人故居。如果围绕这个举人还能挖掘出一些童年轶事，那么房子的价值又提升了一步。近年来有些在国外居住的华人和港澳台同胞，在风烛残年时萌生了回故乡寻根的念头，国内一些富裕起来的城里人也想念出生地以及回忆起儿时的往事，想回到出生地或者是当年下乡时生活过的村庄，或是参观或是投资置业或是回访。如果碰到这样的情况，那些老房子、老景物就派上用场了。反之，如果全是新建筑、新景象，往往会使这些人遗憾。这就是人们对这些资源价值不断挖掘、认识不断加深的过程。

小知识 1—1

朱家峪是中国北方地区典型的山村型古村落，也是电视剧《闯关东》的拍摄地。这里到处呈现着村子的历史，从建筑到村中的各种设施，都透着原始古朴的民风。这里较完整地保存了明代的古桥、古道、古祠、古庙、古宅、古校、古泉、古哨等建筑。这些文化遗址加上村庄四面的隐隐青山，构成了一幅美丽、古朴的乡村画面。这些古色古香的风景名胜吸引了大批中外游客和学者。

在北方农村，有很多人致富后第一件事就是翻新房屋，推倒重来（在原址上重建）或是扒倒扶起（在原来的规模和基础上进行），以至于现在的农村都是崭新的青堂瓦舍，并且整齐划一，煞是好看。那些仍然住在老房子里的主人就显得寒酸一些。其实，如果从保护和挖掘农村人文历史、发展农家旅游和农家饮食来说，这些老房子要比那些新盖起来的房子价值更大，这些老房子或者土坯房能吸引更多的城市人来感受甚至来研究先人们过去的生活，在开发乡村旅游中，这样的房子的价值要比新瓦房高。假如能够挖掘出住在这种老房子或者土坯房里的先人的特殊历史和典故，或许能挖掘出这所房子与哪个历史事件能联系上，那么这所房子就更有价值了。

“马架子房”是北方林区过去就地取材用原木堆成的四方形的房子，供山里人居住。这种居住方式延续了几千年，现在早已绝迹，取而代之的是以砖瓦盖成的现代化房屋。这几年，在发展乡村旅游和乡村生活体验中，黑龙江省一些林区的农民就把这种早已绝迹的先人居住的方式重新挖掘了出来，盖起了“马架子房”用以开发旅游业。还在农村搞起了冰雪旅游，非常红火，甚至吸引驻北京的外国领事馆的外交官们纷纷前来体验。在这里，茅草房居多，厚厚的白雪积在茅草房上形成了一个独特的东北农村的瑞雪景象，而那些高亮的砖瓦房子上，即使积的雪再多，也没有这种效果。

由于受气候的影响，从先祖开始东北人就喜欢睡火炕。东北人从降生到死亡，这一过程都离不开火炕。从幼儿开始所接受的教育很多也是在火炕上进行的，在炕头摆上书桌，老师在炕上教书。一些重要的历史事件也是在火炕上酝酿、筹划的。所以有人说，东北人的历史很多是在火炕上演绎的。近几年，楼房的大量兴建使床逐渐替代了火炕，如果现在谁还睡火炕，那就成了贫穷和落后习惯的代名词。现在，有的农村在发展乡村旅游的过程中，就把这种濒临淘汰的落后习惯又重新恢复了起来，“睡火炕”、“盘腿上炕”、“在火炕上喝农村小烧酒”，成了招揽城市人的招牌。所以，有时落后和先进是可以相互转化的，在发展乡村旅游的情况下需要这些已经落后的东西，使游客享受到“别有一番情趣”的消费。这时这些已被时代淘汰的东西也会成为一种资源，只要充分挖掘了这个资源，就有可能创造价值。

南京市开展了城市居民和乡村农户交朋友的活动。经过当地政府有关部门的牵线搭桥，城市的居民和村民互结对子，每逢周末或假日，城市人举家到农村生活几天，既锻炼了身体，也使城市的孩子有机会了解自然和农村生活，也知道了稼穑的艰辛，对孩子的成长起到了潜移默化的作用。在农闲的时候，农户则到城里过几天城市生活，借机了解一些农村得不到的信息，同时也扩展了农产品销售渠道，可谓一举多得。这就是城乡之间资源的相互利用和相互转化，通过这样的转化，城市和乡村双方的资源就都派上了新的用场。

旧的物件也可以转化利用，也是发财致富的资源。农村中废弃或破败不堪的石磨、碾子、牛车轱辘、铁犁铧、赶车用的马鞭子、废旧的靰鞡鞋、长杆烟袋等，这些本是已被现代生活淘汰的物件，在乡村的村头村尾处散落着，这不仅有碍观瞻，而且有的还成为垃圾。其实这些也都是资源，有的还是稀缺资源，如今看来是宝贝，并且是不可多得的宝贝。这些物件上承载着人类生产生活的一段历史，展示这些物件，可以引发人们对过去的追忆和研究，因而这些物件是发展乡村旅游业的好道具。如果把这些物件打磨好再涂上合适的涂料，并选择一个明亮处摆挂上去，便成为能反映农村生产、生活历史的艺术品，从而吸引城里人去观瞻。这样，这些废旧物也就成为农村发财致富的资源。

有的农民兄弟怀揣一些过时的技艺，如草编、柳编等编织技艺，刮、卯、刨、穿等木工技艺，吹、拉、弹、唱、说、跳等民间说唱技艺，按、捏、捶、灸等养生保健技艺，砌、堆、刻、塑等泥瓦技艺，梳、穿、缝、连等制皮和制衣技艺等。这些技艺在农耕时代长时期地发挥着作用，在当今的工业化时代，受现代科技的冲击和规模化生产的影响，被现代制作技术所替代，但是作为历史记忆恢复性的开发和利用或者是有特殊的消费群体需要，有些是有新的开发利用价值的，可以重新发挥用途。河北农村的一个王老太太，虽然不识字，但是会捏面人，一块面团经她老人家的手一捏，就变成了栩栩如生的小生灵，煞是可爱。吉林延边地区有一个朝鲜族老大娘，会做大酱，她制作的大酱有特殊的香味，因此成为那一带制作大酱的名人。穿靰鞡鞋是东北先人的一大特色。制作靰鞡鞋叫"做靰鞡"，这是一项过时的技艺了。这几年，有的农村在开发乡村旅游时，又把这种穿戴挖掘出来，做靰鞡的技艺也就有了一定范围的用处。在那些地方，拥有这项技艺的老人就成了"香饽饽"。在香港，有一家李姓的手工制鞋作坊，这家作坊的特点是根据消费者本人的脚形定制，做出的鞋非常合脚，香港的很多富豪如李嘉诚等都穿他们制作的鞋。所以，一些老技艺，如果有特点也会有用武之地。以上所谈到的技艺，如果尘封起来，则一文不值，但是如果将其所能带来的过去的生活体验与旅游观光结合起来，也有一定的实用价值，如果把这些技艺与发财致富的总体设想一并考虑，就会发现它的存在价值。

小知识 1—2

老手艺，新用途

箍桶是一种传统的手艺，但随着时代的发展，和其他老手艺一样已经处于被淘汰的边缘。现在走遍城乡大地，拥有箍桶这种手艺的人已经是凤毛麟角了。南方某古镇就经营着一家箍桶店铺，箍匠师傅的箍桶手艺系家传。他们主要为浴池生产足浴桶和当地制作茶糕等糕点的容器等，生意不错。而由于木制桶环保、绿色、无污染，产品也得到了当地市民的认同。不少市民陆续前来购买，生意不错。

广东省顺德农村有一个习俗，每个村每年要搞一次村宴，大家凑钱搞一次全村人都参加的聚餐。每个村村宴的风格不同，为了出名，各村在菜品的设计上争奇斗艳，各有千秋。这就形成了各村不同的村宴文化，也就是所谓的农村饮食文化资源。如果加以开发，这类资源也会产生经济和社会效益，可以通过村宴招揽客人前来体验和品尝，也可以开以村宴为特色的农家饭店。所以，农村的一些习俗、风格也是发财致富的资源。

即使是垃圾如果挖掘好了也可以创造财富。东北某农村附近有一家中药厂，其生产过程中产生的药渣废弃物堆放在村头，成为了污染的源头。村里有一个农民就对这堆废弃物展开了研究，他了解到现代的中药已经很少使用重金属做药材，所以这些药渣无非是些草叶和树根的残渣，经过发酵应该可以做肥料。于是，他就在自家的承包地上做起了实验，结果庄稼长得格外茂盛，而且还不生害虫。中药厂知道后，很快就把废渣作为肥料出售。这个发现虽然并没使农家得益，但是为社会做出了贡献。

以上谈到的资源多属于无形资产类的。这里所谓的无形资产就是一些为生产产品、提供劳务或者为其他目的而拥有的没有实物形态的非货币性的长期资产。对农家来说，拥有的资源多数还是有形的。因为每一个家庭都有一定数量的承包田、有居住的房屋和附带的庭院，还有的拥有一些山林、墓地等。这些都是农户自有的资源。这些资源多数是用于生产和生活的自我需要，如承包地里种植的粮食、庭院中种植的果蔬等，基本都是用于农户的自我消费。除了自我消费外，还可以将剩余的产品用于销售。有的农户干脆种养全部用于外卖的产品。在这个生产过程中，就会出现用什么方式来种养（是自己种养还是和别人合伙，或者是出租给别人种养等）、种养什么品种和怎样销售等一系列问题。不同的种养方式、不同的品种和不同的销售方式又会产生不同的经济效果。

种养的方式主要决定种养的规模和所需资金的来源以及风险分散承担等问题。种养的品种是最重要的，是盈亏的关键。如果种养的品种符合市场需要，并且属于紧俏商品，那当年的致富计划就算成功了一半。销售是产品实现价值的最后环节，如果产品销路畅通，能很快变现，产品的价值就会在短时内得到实现。如果销路不畅，导致产品积压，堆在那里，时间一长就会发生变质或掉秤等损失。如果产品虽然卖出去了，但是是赊销的，那产品的价值并不是现在立即实现，而是在未来的时间里实现，那么未来就有货币贬值（主要指物价指数上涨引起的货币贬值）、对方赖账或者欠款人走死逃亡等特殊变故，从而导致货款损失等风险。所以，在能够充分认识和发现农家财富的基础上，还要有相应的经营能力，这样，资源才能给农家带来财富。

小知识 1—3

俗话说，“守着金碗要饭吃”，意思是心眼太死，守着宝贝不会利用。农家如果发现不了资源，那是守着金碗看不见，在那受穷；如果发现了资源但不会利用资源也不行，那就是守着金碗要饭吃，照样受穷。

从以上可以看出，农家能够用来发财致富的资源是多方面的，有有形的资源，如土地、房屋、山林、道路、田园风光、各种物件等；也有无形的资源，如技艺、文化等。要紧的是我们要有一双慧眼，能够识别什么是资源，然后再想办法开发和利用这些资源，办法想出来后再琢磨怎么动手干，如此持之以恒，尽可能将这些资源变成财富。

目前的问题是我们有思想障碍，比如，孩子是自己的好，风景是远处的好，外来的和尚好念经，这些可能是多数东北人的观念。这些观念的最大问题是眼睛盯住的是外面的世界，外出打工、到外面发展、自身发展要依靠外部力量。近年来，由于大量的农村青壮年背井离乡外出打工，现在的农村出现了缺少青壮劳动力的情况。曾有人担忧，中国农村的土地将来由谁来种？外出打工虽然能赚到比现时从事农事更多的经济收入，但毕竟是权宜之计，是在帮助别人搞建设，只有开发、利用好自身的资源才是长久的利益。所以，忽视身边的资源，对身边的资源熟视无睹就是眼下在农村和家庭致富中首先要克服的一个思想障碍。这方面我们应该向大梨树村学习，把眼光放在家乡的山山水水上，在这里施展才能，把精神头用在家乡的建设上，也就是说，充分认识自己身边的资源，拥有一双能够认识自家农村资源的慧眼，并把这些资源真正地当成宝贝加以利用就能够发财致富。

三、与开发资源密切相关的两件事

在认识了身边的资源以后，就要进一步研究如何利用这些资源，利用资源也就是要开发资源，要开发资源就先要把与之密切相关的问题厘清，首先就是需求和供给。

在经济上，人们总是不满足现状，不断有新的愿望和追求产生。“这山望着那山高，到了那山把脚跷”是日常生活中用来嘲讽那些贪得无厌和没有长久志向的人常用的一句话，其实，如果撇开负面的意思，经济生活中还真需要这样的人，也正是这种不断高涨的欲望，推动着经济和社会不断向新的高度发展。

在这个不断发展的社会中，农村家庭在经济发展上有两个选择：第一个选择是满足现状，不求新的发展，“三亩地一头牛，老婆孩子热炕头”就满足了。在这个四周都在发展的环境中，不发展就等于退步，退步后所有的困难就会接踵而来，无穷无尽，所以不发展就等于停滞不前，停滞不前只有死路一条，不发展，这个满足的现实很快就会被打破，就会落后。第二个选择就是跟上时代步伐，有新的发展追求，现在是市场经济时代，那就要把市场理念引入农家，现在是科技时代，科学种田等相关知识也要引进农家，使农家的生产和生活节奏跟上时代的脉搏，这才是新时期农民应该有的追求。

对农家来说，要有新的追求，想要实现新的愿望，就不能安于现状，原地踏步，而要扩大生产和经营规模。要扩大，就少不了投资。

说到投资，必须先了解市场，摸清市场的变化，掌握市场的规律。说到市场就要先了解一些经济学中的常识。

经济，特别是农村经济是由“三只手”掌控着的。

第一只手是市场。市场就是买卖商品的地方。市场分很多种，有生产资料市场、人才市场、劳动力市场、资本市场等，凡是有商品交易的地方，就有市场存在。“争名于朝，争利于市”，市场就是获取经济利益的地方。市场将引导生产者生产什么、为谁生产和怎样生产等一系列问题。

第二只手是国家政策。我国是有中国特色的社会主义国家，国家方针政策对经济的影响是巨大的，有时是决定性的。2008 年，由于美国的次贷危机等原因导致全世界的经济陷入了危机的边缘。面对突如其来的金融灾难，包括美国在内的西方发达国家都“麻了爪”，一时找不出解决的办法。这时，中国挺身而出，投入 40 000 个亿来拉动内需。这项有效举措不仅对中国而且对世界经济都产生了巨大的推动作用，其功效一直到现在仍然在发挥作用。所以，国家政策对经济的作用是巨大的。在农业方面，我国通过财政对农民的各种补贴、舆论宣传和其他行政手段来引导农民种什么，以此来帮助农民致富和解决国家的粮食需求。

第三只手是民俗，这是由当地的传统文化习俗、宗教信仰和自然特点为主形成的经济活动，如端午节要吃粽子、划龙舟，就会带动糯米、鸡蛋、艾蒿、香囊等产品的销售。

这里，市场和民俗是无形的手，左右着生产者的生产活动，也左右着消费者消费什么、怎么消费；而国家政策这只手则是有形的，大家都能看得见，政府通过公开的政策、宣传、会议和领导讲话等形式来明确地引导生产者和消费者。

这三只手对农民影响最大的还是市场，所以要充分地了解市场。要了解市场，就要知道需求和供给是怎么回事。

美国有个大经济学家叫保罗·萨缪尔森（已经于 2009 年 12 月去世），他可是现代西方经济学的“老祖宗”，是诺贝尔经济学奖的获得者，他的经典著作《经济学》是全世界最畅销的经济学教科书。他曾说过，其实，学习经济学是再简单不过的事了，你只要掌握两件事：一个叫“供给”，一个叫“需求”。他所说的“供给”和“需求”这两件事，不仅是全世界各国政要和从事经济工作的专家学者等每天都在研究，并且尽管费尽心思但永远也很难弄明白的事，也是我们普通老百姓每天都要考虑并在为此奔波和忙碌的两件事。对国家的领导人来说，每天都要考虑国民最近有什么样的需求，是物质方面的需求还是精神和文化方面的需求，根据这些需求再来安排供给，也就是怎样来满足国民的这些需求。

最近，国家出台的确保粮食安全、加强农业科技建设、加快农村环境卫生的治理等一系列政策，就是为了使13亿国民吃饭方面的需求能得到充分保证、生存环境能更好地改善而制定的。2011年，我国多数地区由于猪肉价格太低，成本太高，养猪亏损，无人养猪，造成市场猪肉价格高涨，百姓购买猪肉的需求受到影响，所以，国家出台了鼓励养猪的一系列政策，猪养殖这一产业很快就得到恢复，从而保证了猪肉的供给。2012年，针对蔬菜价格突涨的情况，国家又连续制定了加强菜园子建设等一系列政策，很快就平抑了物价。

如果你是一个企业领导人，你就要考虑你的员工和生产过程需要什么，怎样提升工资来满足员工要求，从而稳定员工队伍，怎样购买原材料，保证生产过程中的原材料需求。

如果你是一家之主，就要想着挣多少钱才能维持一个家庭的开销。再积攒多少钱能够给儿子娶媳妇用，如何想出更多挣钱的办法，使家里的经济更充裕一些。

如果你是一个刚参加工作的学生，就要想到赚多少钱才能娶上媳妇，买得起房子。

在这里，想要挣钱以满足各种需要，这就是供给问题。组织生产活动、家庭开销、买房、娶媳妇就是需求问题。所以，供给和需求这两件事，是大人物和普通百姓共同关心并为之操劳的事情。那么，供给和需求又是怎么回事呢？下面介绍一下与农家直接相关的供给和需求方面的知识。

1. 想买又能买得起的愿望——需求

在一般情况下，我国一年大豆的需求量是5 000万吨左右，而我国大豆的生产总量大约为1 500万吨，3 500万吨的缺口就要靠进口来解决。为什么不能多种植大豆呢？主要因为大豆是低产作物，而我国的耕地面积有限，在有限的耕地上，要多种植玉米、小麦和水稻等高产作物，这样才能更好地满足全国人民的粮食消费，确保我们国家的粮食安全。大豆是油料作物，产量较低，可以通过从国外进口的办法来弥补国内产量的不足，这就是全国一年对大豆的需求以及国家解决大豆缺口的办法。这里提到的需求是指消费者在一定时期内，在各种可以选择的价格下，愿意购买而且能够买得起的该商品的数量。需求和需要有一定的联系，但是两者并不是一回事。需要指的是消费者想得到某种商品的愿望，受购买能力和其他条件的制约，消费者有的愿望能够实现，有的是实现不了的。比如说，农家在运输上需要一辆卡车，但是家里的经济条件暂时还达不到购买的能力，这个愿望暂时就不能实现；农家在看护庄稼不受野兽糟蹋时需要一支枪，但是受国家枪支管理规定的制约，个人不允许拥有武器，因而这个需要也不可能满足。所以，经济上讲的需求不仅是自然和主观的愿望，而且是有效的需要，它包括三个条件：一是消费者有购买的欲望；二是消费者有购买的能力；三是允许消费者购买，比如，在我国，禁止公民购买武器，也不允许向未成年人售卖香烟和带酒精的饮料。

消费者为什么有购买某种商品的愿望呢？那是因为该商品有用，可以用来满足购买者的某种欲望，在经济学上称这种商品的有用性为效用。一种商品要具有效用，必须具备两个条件：一是必须具备有用性，可以用来满足购买者的需要；二是稀缺性，不是到处都有、不费吹灰之力就可以得到的。对人类来说，空气是最具备有用性的，但是，它没有稀缺性，不用花钱每个人都可以随意呼吸，所以，空气就不符合经济学上的效用概念。在某一价格下，消费者愿意购买的某种货物的总数量称为需求量。在不同价格下，需求量会不同。所以说，需求也就是价格与需求量的关系。一个消费者要购买多少商品往往受很多条件的限制。也就是说，需求的数量受多方面因素的影响，这些因素是：

（1）商品的价格。

商品的价格与需求的数量是密切相关的，当其他因素不变时，商品的需求量会随着商品价格的上升而减少，随着商品价格的下降而增加。这就是我们常说的需求规律。可以看出，商品价格与需求量是成反比的。

（2）购买者的收入水平。

在一般情况下，需求量会随着购买者收入水平的上升而上升，随着收入水平的下降而下降，两者是成正比的。现在国家正在想办法提高农民和产业工人的收入，因为只有大家的收入提高了，才有能力去购买更多的商品，商品的需求量就会增加，继而促进生产。

（3）相关商品的价格。

市场上有很多商品有共同的功能，如肉类就有猪肉、牛肉和羊肉等，化妆品也有几百种，这些商品在功能上都有相互替代作用。这种商品我们称之为“替代品”。例如，淡水鱼和海鱼、馒头和花卷、甜瓜和西瓜等都是相互可替代的商品。还有一些商品之间是水涨船高的关系，如汽车和汽油，如果汽车价格上涨，有可能带动汽油的价格也上涨。在冷暖交替季节，人们容易感冒，那么，这样的季节不光是感冒药销量好，大蒜的销量也会增加，我们将类似感冒药与大蒜这种关系的商品称为“互补品”。这些具有替代作用和互补作用的相关商品的需求量，在本身价格不变的情况下，会随着可被替代商品或互补商品价格的上升而上升，随着其价格的下降而下降。

（4）消费者的偏好。

俗话说，萝卜白菜，各有所爱。消费者都有个人的消费偏好，有的已经成瘾，变成嗜好了。例如，一个地区喜欢喝茶的人多，那么该地区茶叶的需求量就会比咖啡的需求量大。东北地区天气冷，所以白酒就成为东北爱喝酒的人的消费偏好。华东地区气候潮湿，那里的人就偏好喝黄酒，以驱湿气。吉林省的延边地区是朝鲜族集聚地，所以那里的辣椒、狗肉的消费就比其他地区多。在消费者偏好的情况下，需求量会随着偏好的上升而上升，随着偏好的下降而下降。

（5）消费者对未来商品价格的预测。

在经济生活中，消费者对一些商品会“吃着碗里看着锅里”，会经常提前预测某种商品未来的价格，并提早做购买准备，以满足未来的需要。比如，我国的食用油生产主要依靠进口大豆，那么如果海上运输出现问题，就会促使人们提早储备食用油，以防备短缺。2012年，东北很多地区在果树开花季节遇到春寒，影响了坐果，所以，预计2012年东北的水果产量会减少，价格也有可能上升一点。这些因素都会影响商品的需求量。商品的需求量会随着价格预期的上升而上升，随着价格预期的下降而下降。

（6）消费者人群数量。

消费者人群数量直接影响商品的需求量。在其他条件不变的情况下，商品的需求量会随着消费者人群数量的增加而上升，随着消费者人群数量的减少而下降。

（7）民俗活动。

民俗是指一个国家、民族、地区在历史上形成的特殊的风俗活动。例如，我国正月十五的元宵节、八月十五的中秋节等，庆祝这些节日的活动会引起某些与之相关的商品需求量的突增。在元宵节期间，糯米、糖类物资的需求量就会增加。除了与节日有关的特定商品外，由于人们在庆祝节日时会开展一些活动，如旅游、走亲访友、开展文化和体育活动等，这些活动也会带来其他相关商品需求量的上升。

以上就是有关需求方面的知识，了解和掌握这些知识，有助于农家在投资前的市场可行性调查中、在种植品种的调整中、在农产品销售中运用这些知识，将当时、当地的市场实际情况与这些知识结合起来，从而做出正确的判断。比如，在选择种植品种前，要事先调查市场上的消费群体，根据消费群体的消费偏好来判断所在地区此类商品的需求量。在市场调查时，不仅要考虑所调查地区总的消费量，更要考虑有效的需求量，如果只根据理论上的需求量而不考虑有效需求量，所做出的生产决策就会出现问题，所以，还要对这个地区的个人收入状况有一个了解。北方长白山地区有一家农户，根据当地家禽的需求量，判断在春节前饲养山鸡一定会供不应求，于是投资购买了50 只山鸡鸡雏。经过一年的饲养，到春节时山鸡已经长大，但在销售时却遭到了市场的冷遇，当地的消费者觉得这些山鸡是家养的，价格又高于普通鸡，所以几乎无人购买。想运到外地去卖，饲养数量又少，不值得组织运输，况且又不熟悉外地市场，还要办理林业部门的手续等。一来二去的，时间就已近年关，农户急需将山鸡销售出去收回资金。眼睁睁地看着五彩斑斓的山鸡销不出去，农户无比懊恼。无奈，只好降价销售，最后一算账，还不如饲养普通鸡。这就是在选择投资品种时，对当地市场的有效需求估计不准所造成的。

2. 想卖又能卖得出去的商品——供给

与需求相对应的是供给。那么，什么叫供给？供给就是商品生产者（包括国家、企业和农民）在一定的价格水平下，愿意且能够供给某种商品的数量。供给包括供给欲望和供给能力两部分。供给欲望是指在一定的价格和数量的刺激和驱动下，商品生产者想把商品卖出去的心理要求。供给能力是指商品生产者的资金、技术、时间、人力等生产条件能否将商品按照预期目标顺利生产出来，并能顺利卖出去的水平。

我国每天和每年的粮食需求数量，可以说是不算不知道，一算吓一跳，没想到我们每个人每天的粮食消费量可以积累成每年需求量 1 万亿斤这样的天文数字。为了保证我国的粮食需求能得到满足，不会造成粮荒，国家制定了一系列的粮食安全政策，并且将粮食安全排在能源安全、公共卫生安全之前。例如，制定了确保 18 亿亩耕地的政策，也就是常说的“耕地红线”政策；制定了加强农业科学研究、提高单位面积产量、加强农业基础建设等一系列相关政策。可以说，确保粮食的供给以保证全国人民的粮食需求是国家领导人关注的重大问题。

对农家来说，在供给能力上，怎样满足消费者要求，是全部满足还是部分满足，能提供什么样的品种，在品质上能达到什么档次等，这些就是在正常生产时和扩大生产规模时所需要考虑的问题。如果这方面都考虑周全，投资就能收到预计的经济效果。在前文养山鸡的例子中，如果在投资前，农户能够摸准消费群体的有效需求，清楚消费者更愿意购买的家禽品种，就不会出现卖不出去的情况。但是，要想通过饲养山鸡赚更多的钱，农户还要考虑如何根据自己的生产能力和市场有效需求的预计数量确定合适的饲养规模，然后找到销售特种商品的营销渠道，再制定一个合适的价格，这样农户不仅可以顺利地把山鸡卖出去，还能稳稳地赚上一笔钱。

以上所说的供给、需求和价格三者之间的关系可以简单归纳如下：当需求大于供给时，市场上该种商品的价格将上升；当需求小于供给时，价格将下降。这种现象我们称为商品的供求规律。供求规律是市场经济的基本规律，特别是对农产品来说，这个规律作用更明显，农家所从事的农业生产、农副产品加工、工业品加工、各种服务等生产经营活动都要受这个规律的制约。所以，对农家来说，谁能够掌握并运用好这个规律，谁就能得到更多的收益，所以，掌握并运用好这个规律是农民发家致富至关重要的一件事。

正是：

农家致富有空间，
房屋楼顶和大院。
办厂养殖农家乐，
旅游观光和体验。
旧物旧件和破烂，
奇思妙用是稀罕。

传统技艺莫轻看，
翻新换形挣大钱。
信息科技借慧眼，
农家越走路越宽。

话题二　需策划的财富——农家土地资源的利用

土地资源是本源，
精心规划多赚钱。

一、哪些是农家的土地资源

从前面提到的内容可以看出，貌似简单、看似平常的农家房前屋后却蕴藏着丰富的资源。在众多的农家资源中有一个是看家资源，也叫本源性的资源、首要的资源，这个资源就是土地资源。这里所提到的土地资源是指农户拥有的承包责任田、包括在宅基地中的房屋和庭院、山林、墓地、“四荒地”等土地资源。

这里的房屋是指农家主要用来居住的场所。

承包田和宅基地中的庭院，主要是用来生产粮食、果蔬和经济作物等，这部分资源能满足农户生产和生活的基本需要，是农户依赖的根本资源。

山林是农户从集体经济组织中承包经营的林木和林下的土地，其中，土地的所有权属于村集体，农户分得的只是使用权，且规定了使用期限，也就是在使用期限内的土地使用权。在土地上生长的林木，其所有权属于农户，也就是说，林木归农户所有，经过林业管理部门的批准后可以采伐出售。

墓地是指在第一轮承包下经过村委会统一规划划归农家的墓地，在第二轮承包期内延续下来的土地。这部分土地农家只拥有使用权。

农村的“四荒地”是指原本属于农村集体经济组织所有的荒山、荒沟、荒丘、荒滩，简称“四荒地”。按照国家规定，这部分土地可以采取家庭联产承包的方式进行承包，也可以通过招标、拍卖、公开协商等方式进行承包；既可以承包给本集体经济组织内的成员，也可以承包给本集体经济组织以外的人。这里所指的就是农家以承包方式取得的“四荒地”使用权。根据现行的农村土地政策规定，“四荒地”取得的期限最长不得超过50年。但是，为了更大程度地鼓励“四荒地”的耕地化开发和植树等开发性利用，考虑到“四荒地”承包者在开发过程中，需要投入较多的资金、劳动和时间，如果使用期限过短，开发的投入成本难以收回，将影响投资商的投资热情，不利于“四荒地”资源的开发和利用，所以在确定“四荒地”的使用期限时，一般都格外延长，超过50年。

对属于本源性的土地资源，农家要倍加爱惜、养护并充分利用，使之产生最大的效益。目前的问题是土地的过度使用和化肥的滥用所造成土地肥力下降和土地板结。土地质量涉及土地安全，而土地安全涉及粮食安全，粮食安全更涉及国家安全。历史上就有不费一兵一卒而只利用粮食就灭掉一个国家的实例。说的是在春秋战国时期，齐国多年来就觊觎邻国夏的国土，但是夏国对齐国毕恭毕敬，齐国找不到进攻的理由。这时，著名的政治家、军事家、齐国宰相管仲让齐国国君齐桓公改穿丝绸的衣服，在国君的影响下，大臣和富豪权贵们纷纷效仿，一时造成市面上丝绸价格上涨。夏国的国民见齐国的丝绸昂贵，就把农田改为桑田，植桑养蚕，织了丝绸卖给齐国，赚了不少钱，而夏国所需要的粮食就从齐国进口。等到第三年，管仲又偷偷告诉齐桓公改穿别的，不穿丝绸，同时颁布法令，禁止出口粮食。一时间齐国的丝绸价格就直线下跌。夏国的丝绸因此滞销，同时夏国进口粮食的渠道又被齐国掐断，而桑田想改回农田又需要一年的时间，夏国由此发生了严重的粮荒，粮荒又导致民心不稳。这时，齐国趁机派出使臣游说夏国，夏国已经无力维持国家政权，在软硬夹攻下就这样乖乖地向齐国投降了。

现在，一些发达国家向我国推销廉价的化肥、高科技的种子，推销西方的饮食方式。它们首先鼓吹中国的饮食缺少动物蛋白，不符合健康要求，然后向中国介绍西方的饮食，而且现在是先从中国的幼儿开始培养，推出“肯德基”、“麦当劳”打前站，逐步改变中国人的饮食习惯，效法西方的饮食，最后从骨子里改变国人；鼓励我国农民大量使用这些现代化生产资料，在潜移默化中增强对它们的依赖性，再实行垄断，从中赚取高额利润。这里面也不完全排除它们采用的是“放水养鱼”和“温水煮青蛙”战略，如果我们不保持警惕，就会出现国家安全的大问题。

在第二轮承包过程中，国家为了鼓励农民保护土地，延长了承包期限，农民应该提高对土地安全方面的认识，切实保护好耕地质量，只有保证了土地的肥力，才能保证致富的可靠基础。

二、土地资源利用需要做的前期工作——农业资源利用规划

1. 为什么要进行土地资源利用规划

在经济发展思路上，一般有两种观念，第一种观念是边干边摸索，也就是通常所说的“摸着石头过河”。这种方式是在既无理论指导又没有可参考经验的情况下不得不走的一条路。就像我国20世纪80年代走的改革开放之路，就是在既无理论可指导，又无实践可借鉴，在无依无靠的情况下我国摸索出的改革之路，也是一条生路。但是，“摸着石头过河”的方式也有不足，就是要付出探索的代价，要交一定的学费。第二种观念就是按照理论指导，精心规划，稳扎稳打。这种方式与上面的方式相反，是按照规律和经验办事，稳步前进。这是在有理论依据和有前车之鉴的情况下采用的稳妥办法，在这种办法下会减少探索成本。

在农家的土地资源利用上，我们主张按照农业规律办事，稳扎稳打，减少不必要的“学费”开支。

要按规律办事，在农业资源的开发利用上就要先做好土地资源利用的规划。这里所指的规划是指对土地五年之内所做的种植或养殖品

种的打算。

按理说，农家对自己的土地了如指掌，对庄稼活也是烂熟在心，每户的土地面积等资源也是有限的，为什么还要费工夫做规划？因为做规划的前提是要做调查，要了解相关农产品市场的当前状态、将来的发展趋势，想要做的项目以及所选择的品种的前景如何，还存在哪些风险，有没有办法回避这些风险，周围的自然和社会环境是否允许开发这个项目等。通过这样的一番调查了解，农家就能掌握更多的信息，在这个基础上再做决定，就会有很高的成功率。比如，农家看好养猪这个项目，因为眼下猪肉的价格高。有了这个想法以后，就要先做市场调查，要看看本地生猪的供求状况，有多少家养猪户，这些养猪户能够满足市场多大比例的需求，需求上是否有缺口，缺多少，目前生猪的价格是在哪个位置上，是高位还是低位。如果自己也投资养猪，会使市场上猪肉的供应量增加多少，养殖后猪肉进入市场时的价格是在高位还是在低位等。这些调查实际就是围绕生猪销售的调查。

在弄清楚销售这些个问题之后，接下来还要了解养什么品种的猪能赚更多钱，以及猪肉生产方面的情况，因此还要进行一番猪肉生产方面的调查。

当与养猪相关的一系列销售和生产等基本情况都了解了以后，还要进一步了解与养猪相关的社会方面的要求和环境。譬如，在你打算建猪圈的这个地方是否允许你养猪。假如，你的猪圈所在地周围居民多，而你的猪圈的位置处在上水源，那就还得看环保部门是否允许，一般情况下这些地段不允许发展饲养业，以免污染水源，影响居民生活环境。如果打算建猪圈的地方临近回民同胞的居住地，还必须考虑如何尊重少数民族习惯等。只有通过这些详尽、细致、全面的调查研究，才能更好地决定养猪项目是上还是不上。否则，不经过这些事前的调查仓促上马，失败的可能性就会很大。这个调查过程就是规划过程。

小知识 2—1

稻田轮种蘑菇

几年前，在广东等沿海地区务工的牟昌仁在过年回家时看到，家乡四川东部的田地一年只种一季水稻，稻田在水稻收获后就一直闲置，直到第二年春末后才再种上水稻，很多稻田在大半年时间里，白白变成了“闲田”。

回到广东后，他了解到自己所任职的食品厂正在为原材料蘑菇的供应不足而大伤脑筋。“稻田蘑菇的生长时间与家乡水稻的种植时间不是完全不重叠吗?”牟昌仁萌生了一个大胆的想法：何不将家乡的闲田利用起来种蘑菇呢?

有了初步的计划后，牟昌仁毅然辞掉工作，拜当地的菇农为师，学习蘑菇种植技术，经过几个月的刻苦钻研，他完全掌握了蘑菇种植技术。2010 年下半年，牟昌仁带着广东企业的蘑菇收购订单回到了家乡。

回到家乡以后，牟昌仁把自己的规划告诉乡亲们，但是家乡的村民们对于他的计划充满了疑惑和不信任，加之种植蘑菇的前期投入特别大，牟昌仁几乎没有得到乡亲们的支持。“对农民来说，一年的纯收入能够达到四五千元就已经很不容易了，一下子要让他们一亩地投入一万多元钱来种蘑菇，不愿冒险也是合情合理的。”牟昌仁说，他很理解乡亲们的想法。

不服输的牟昌仁并没有消极等待。为了打消村民的疑虑，他从村民手中承包了 300 亩稻田进行试验种植，同时，聘请了部分村民在试验种植基地务工，并无偿对村民进行蘑菇种植技术培训。

“川东地区冬季气候比较暖和，非常适合种稻田蘑菇。”2011 年 6 月 11 日，在华蓥市阳和镇楼房沟村，牟昌仁指着长势良好的稻谷说：“种稻子就是让村民吃颗定心丸，而真正赚钱的是收了稻子之后的这一季蘑菇。”

“稻田蘑菇虽然投入比较大，但是产量和产值都很高。”据牟昌仁介绍，每亩稻田可收获蘑菇2.4~4吨，每吨销售价在10 000元左右，扣除成本，一亩田可获利两三万元，经济效益非常可观。

资料来源　神农网，2011-06-27。

为什么要做五年的规划呢？这是因为农业生产活动规划主要考虑两方面因素：第一个要考虑农作物的生产周期。对大田农作物和多数经济作物来说，生产周期是一年，即春种秋收，一年即可收获。有的蔬菜生产周期更短，或三个月或半年。但是，如果是特产种植，生产周期则会增加3~4年，比如一般的中草药种植就要3~4年时间才可以收获以及收回投资。一些经济林木的种植也要3~4年才可以结果。一般的牲畜养殖也是3~4年才能成熟（养猪的时间较短，工厂化养殖的时间是4个月）并收回投资。

第二个要考虑的是市场销售的峰谷周期。我们知道，农产品与工业品不同，其销售的市场价格是根据市场上该种商品的供求数量来决定的。当市场上缺少这一农产品时，它的价格就会上涨。看到该农产品的价格高，下一个生产周期中生产该种农作物的农户就会多起来，市场上该种农产品的供应数量就会增多，价格自然就会下跌。等到下一个周期来临时，生产的该种农产品数量就会减少，价格将再次升起来。这样一个由某种商品的供求数量变化而导致的价格波动，我们称之为市场销售的峰谷周期。对多数产品来说，这个周期一般为3~5年。

根据这两个原因，我们提出在做农业投资时，所要规划的时间不能少于5年。如果规划的时间过短，想尽快获利，那么上马的项目就容易受短期效应的影响，朝三暮四，变来变去，使农家的生产活动始终处在不稳定的变化状态之中。只有做一个时间稍长一点的规划，才能使农家有一个稳定的发展思路。

2. 农家大田作物种植的经济选择

农家对下一年所要种植品种的选择，也需要提前做好规划。对农家来说，土地的利用一般有两种选择，一是传统大田种植，就是指农家种植传统的大田作物中的主要品种，如玉米、水稻、小麦等，这些作物国家收购，并能享受到最低保护价和国家补贴，所以，在这种种植下产出的农产品销售能得到保障，不用费心寻找农产品的销售市场，但是在经济上，这种种植却只能获得稳定的平均收益，无法获取由于稀缺带来的更高的收入。但是，能得到稳定的收入也是大多数农民的合理选择。

为了确保能得到这份稳定的平均收益，在选择大田种植时也要考虑很多因素，主要有：

（1）该粮食品种上年的市场价格。

为了减少农民在种植主要粮食品种上受市场价格波动而造成的损失，保护农民种粮积极性，国家实行主要粮食品种销售最低价保护和种粮补助等政策。但是，国际和国内市场规律仍会影响不同的粮食品种并导致它们的价格产生波动。所以，在选择种植品种时，要顺应市场变化，跟上价格上涨的节奏。比如，近两年由于极端气候使部分国家遭受自然灾害，粮食减产，以及粮食向能源转化步伐加快，致使国际玉米价格居高不下。而大豆则相反，由于巴西、美国和阿根廷等国家使用转基因等先进技术种植等原因，大豆产量提高，致使国际上大豆价格相对便宜。在这种情况下，如果在大豆和玉米之间选择的话，就应该多种玉米。

（2）当年政府对主要粮食品种生产与销售的价格补贴政策。

为了鼓励农民多种粮食，保证国家的粮食安全，国家每年都会适当调整主要粮食品种的收购价格，每当调整时，都会向社会公布，农户应该关注相关政策的变化情况，以便调整来年种植的品种。

（3）当年农资价格变化及当年气候特点等。

市场的农资价格向来是制约农民收入的主要因素之一。近几年，由于能源缺乏等原因，生产资料价格不断上涨，国家给予农民的优惠政策被上涨的农资价格吃掉了一大块。对农资价格的变化情况，农民也应该格外关注，有条件的可以调整和替代，如用农家肥代替化肥、用土办法或生物技术代替农药等，以减少对农资的购买。

气象问题向来是制约农业的主要因素。特别是我国的农业，虽然我国处于科技和经济高速发展时期，但是农业仍然没有摆脱靠天吃饭的弱势产业地位。越是靠天吃饭，就越要关注气候变化。现在的问题是多数农民仍然停留在一般层面上了解气候变化，一是靠老经验，二是靠媒体上发布的天气预报，还是属于被动掌握阶段。现在，各地的气象部门都提供主动服务，一是气象部门提供有偿服务，这个服务可以提供局部地区的气候情况，可以使农民提前知道具体的气候变化情况，以便尽早采取措施预防；二就是气象部门有偿提供气候干预措施，比如，遇到早春寒时，气象部门会提供驱霜服务，或用气象炮弹，或提出可行的措施和办法。这样，就可以使农民对气象的掌握由被动走向主动。

（4）机会成本和沉没成本。

机会成本是从事经济工作经常用到的一个名词，指在投资时有几个可供选择的方案，但是你只能选择其中一个方案，其余的都将放弃，那么所放弃的其他投资项目获利最高的数额，就是投资中的机会成本。为了便于理解，我们可以举一个例子。农户老张多年来一直靠种地为生，年吃年用，日子虽然紧巴点，但是挺稳定。最近，他看到附近村里兴起了农家乐，已经开办的也赚了钱，所以也想试一试，于是和邻居老马商量。老张说："这么多年，我家光靠种地一年的收入只有 15 000 多元，根本不够花。最近我看邻村开办农家乐挺赚钱的，我想试一试。"邻居老马说："你胆挺大，挺敢造（胆子大、敢尝试）啊，你开过饭店吗？"老张说："这几天我偷偷考察了，咱们村上只有一家外地人开的饭店，但没有农家乐，我想用我那片菜地上种的蔬菜作为食材，利用我那房前屋后做场所，开一家农村特色的饭馆。另外，我想兼卖雪糕。我估算了一下，如果农家乐经营得好，每天至少可以赚 100 元，每个月我至少可以赚 3 000 元，肯定比现在种地的收入多。"老马又问："你家的农田怎么办？你家本来就不富裕，开办农家乐肯定需要很多钱，这可是个重要的决定。那你有厨师资格证吗？"老张说："我想把地租给别人种，一年能收土地租金 500 元。

两年前，我在城里花 3 000 元考了厨师资格证书，如果我不开饭店，这钱也就白花了。另外，我手里有 20 000 元存款，还缺 20 000 元，我准备向亲戚借或考虑和别人合伙经营。”老马说：“这可是个冒险的事情，你可得考虑好，20 000元存银行里，一年的利息可就是好几百元。”在这个例子中，老张准备将土地出租，放弃种地收入，而改行开办农家乐，也就是要放弃每年种田稳定的 15 000 元收入，这 15 000元就是老张选择开办农家乐的机会成本。知道了机会成本，就可以比较所选择的新项目的收入与所放弃的机会成本谁大谁小，只有投资新项目的收入大于机会成本，才能做出投资的决策。在老张开办农家乐的例子中，如果农家乐经营得好，每月能有 3 000 元的收入，一年下来（一般要扣除节假日和淡季，因此按照 10 个月计算）就是 30 000元，这个收入大于种田所得的 15 000 元。

在这个例子中，还有一个细节，老张还想把几年前学厨师所花的钱赚回来，否则就是吃亏了。其实，在投资活动中，这种支出叫沉没成本，就是指以前已发生或承诺、现在无法回收的成本支出，或者因当时判断失误而造成的不可收回的投资。沉没成本是一种历史成本，在眼下的决策中是不可控成本，不要影响当前的决策或未来决策。也就是说，在做投资决策时应排除沉没成本的干扰。老张考厨师资格证的花费就是沉没成本，是否办农家乐，不能以考虑回收这项支出为出发点。

农业生产向来是干一不干二的，你选择了这个品种就要放弃另一个品种。将选择改种这种粮食品种的收入和成本与放弃种植别的品种的收入和成本进行比较，一般情况下，所要选择的品种的收入大于所放弃的品种的收入时，这个方案才是可行的。

(5) 销售渠道选择。

农产品销售向来是制约农业生产的最主要因素，卖什么赚钱，好不好卖，决定了农民种不种以及种什么的问题。为了鼓励农民的种粮积极性，国家想尽一切办法让农民通过种粮得到更多的收入。现阶段，国家对粮食销售的政策是“坚持放开市场，积极搞活流通，完善产销衔接”。目前，我国玉米、水稻、小麦等主要粮食的销售渠道有：国家粮食交易中心、地方粮库、个体粮食购销商、粮食加工企业和农村集贸市场等。农户可以根据本地实际选择合适的粮食销售渠道，以争取获得合理的价格及各项服务。目前，一些地区实行藏粮于农的政策，鼓励农民以粮仓储备粮食，地方政府和粮食加工大企业以低廉的价格（或给一定粮仓补贴）供给农民粮仓，这样既能减少国家粮库储备粮食的压力，同时农民也可以根据市场行情出售粮食，市场价格高就出手，价格低就继续储备，从而保证农民取得更多的收入。

3. 农家经济种植的选择

这里主要是指农户按照市场需求生产经济作物和养殖畜禽等动物等活动，包括两种选择：

一是一般经济种植和养殖，也就是种植或养殖市场需求价格高于大田作物的经济作物，如种植大豆、小杂粮、果蔬或养殖猪、牛、羊、鸡、鸭等常见的经济植物或畜禽。

一般情况下，经济种植和养殖会得到比大田传统种植和养殖更多的收益。比如，2011 年小杂粮市场价格一度飞涨，一斤绿豆涨到 8 元，小豆、小米等的价格也涨了一倍多，一些山区农户饲养貂和狐狸等，其销售价格一般也比生猪贵。但是，小杂粮等经济种植和经济养殖也要承担比传统种植和养殖大一些的销售风险，因为经济种植和养殖的农产品国家只提供保护政策和指导价格，但不统一收购（在市场上猪肉和蔬菜价格波动较大时，尽管有的专家也提出要对蔬菜和主要肉食品实行国家部分收购的建议，以形成主要副食品蓄水池，但是这个建议仍然停留在纸上谈兵阶段），需要农户自行寻找销售市场，市场一旦饱和，产品价格自然下跌。如果碰到相关政策变化，也会影响销售和销售价格。比如，欧洲等国家的动物保护组织推动了欧洲市场禁止用动物毛皮制作衣物的政策出台，一些国家的海关还对穿戴动物毛皮的旅客实行了限制入境的政策，结果导致我国的家庭特产养殖一时陷入低迷状态。

小知识2—2

这两年，市场上大蒜、生姜、绿豆、大葱、鸡蛋等农副产品相继出现价格暴涨的情况，人们把这种现象戏称为“蒜你狠”、“姜你军”、“豆你玩”、“葱击波”和“火箭弹”。造成这种情况的主要原因是这些农副产品的供求关系出现了问题，短时间内供应短缺，结果造成价格突然上涨。但是，这个信号并不代表这些农副产品的价格以后长时间真会这么高，因此不能以这个信号来选择种植品种。

二是特色种植和特色养殖。所谓特色种植和特色养殖就是指种养的品种属于新、奇、特的农产品。这些农产品主要有以下特点：

(1) 野生、自然化特色。

从世界范围看，回归野生、回归自然成为时尚。特别是高收入人群，这些人的消费正在向野生化和自然化回归，热衷于野生产品和自然产品，喜欢吃粗粮以及食草类的禽畜。天然、野生、具有地方特色、按照传统工艺加工的农产品是这一人群的主要需求。有条件的农户可以种养这一类产品，从而获取更高的经济利益。比如，在一般的市场中，自然状态中生长的鱼的价格，比工厂化养殖的鱼的价格高一倍甚至更多，如果是纯野生的鱼价格会更高。现在的市场上，野生的菌类、肉类、鱼类、野菜类产品已经成为热销的高价产品。除了种植和养殖以外，以传统的加工方式生产出来的农产品，也得到了市场上这一人群的推崇，比如，用石磨磨的面粉、用土法榨的豆油和花生油、用碾子加工的大米和玉米等。其中，石磨面粉的价格比普通加工出来的面粉贵了一倍多。之所以土法加工的农产品价格高，是因为人们相信用几千年的土办法加工，会使农产品保持原有味道和原有品质。比如，用石磨磨的面粉就要比用高速旋转的机器加工的面粉更能保持小麦的香味和品质。

(2) 绿色、有机化特色。

这类农产品虽然不是野生和自然而生的，但是是按照国家颁布的绿色和有机化标准生产和加工的，是无公害的农产品，所以卖得价格高一些。比如，黑龙江五常市生产的一种绿色、有机大米，每市斤就能卖到7元到40元不等。目前，国家实施了“三绿工程”，即“开辟绿色通道，培育绿色市场，倡导绿色消费”，扩大了农产品的绿色消费，也给绿色生产提供了广阔市场。所以，农家在选择品种时，要抓住这样的市场形势，多生产绿色和有机农产品，发展绿色、有机农产品的生产和营销。前几年，一些农村根据当地的有利条件，形成了区域化的绿色农产品生产基地，如绿色镇、绿色村、绿色沟，有的甚至在国际上也享有声誉，如山东省莒县的绿色蔬菜生产基地，已经享誉国内外。这两年，刮起了一阵向有机化农产品生产基地发展的风，各种类别的有机化生产基地比比皆是，形成了一股有机化热。

小知识2—3

草莓盆景好吃又好卖

走进重庆市永川区代家店村的苏功六草莓园，你会发现这里很不同：游客们不仅提着一篮篮的草莓，还把一盆盆草莓苗搬上车，并得到一份保养手册和不少肥料。

一位游客说，来这里采摘的原因在于这里不仅品种多，而且还可以买到盆栽草莓回家。“将盆栽草莓带回家，不仅可以让市民享受到种植的快乐，还可以当作盆景美化家居，这在草莓的营销上是一个突破。”该区南大街街道农业服务中心负责人章元桥介绍说，2012年仅苏功六草莓园就已经销售了3 000多盆草莓苗。

因为盆景草莓好吃又好看，所以很受消费者青睐。苏功六今年承包了20多亩地种植草莓，收入预计能达到20多万元。

资料来源　神农网，2012-06-19。

（3）青嫩乳化特色。

所谓青嫩乳化是指生产和销售那些尚未完全成熟的农产品，以满足特殊群体的口味需要。在众多的消费者群体中，一部分消费者由于年龄较大或有特殊喜好，喜食青嫩乳化的农产品，如烤乳猪、烤乳鸽、烤仔鸡、烧仔鹅。也有的喜欢吃煮青豆、啃嫩玉米，崇尚鲜嫩食品。农户可以抓住这个群体的特点，专门生产这一类农产品，应该可以获得较丰厚的回报。比如，江苏省某镇户户养乳猪，产品销往中国台湾、新加坡等地，价格高时每只能卖到380多元，其利润远远高于普通饲养的猪。每一市斤带皮的毛青豆能卖6元到8元，其利润也远远高于成熟的黄豆。可以生吃的甜玉米同样很有市场。农家应该根据消费者的这些变化，适当选择青嫩乳化的生产和营销策略。

小知识2—4

卖鲜玉米多赚钱

在某镇农贸综合市场上，一村民的一筐甜糯玉米引起了人们的抢购，不到半个小时，50公斤玉米就卖完了。以往，该地农民种玉米均以收干玉米为主。近年来，当地村民瞅准城镇居民喜爱新鲜的甜糯玉米这一商机，纷纷改变销售模式，改卖干玉米为卖鲜玉米，取得了很好的经济效益。

（4）反季节特色。

目前，随着农业科技化发展，人们的口味变得越来越刁，其中反季节农产品被一部分消费者推崇。冬季吃夏季的蔬菜，夏季吃冬季的蔬菜。比如，酸菜原是东北冬季的主要菜色，现在，夏季和春季也有销售。这种错季化消费使反季节农产品的价格比应季节农产品的价格高出一截。如果农户能通过设施化种养（如盖塑料大棚、现代化工厂饲养等），并具备储藏保鲜能力，就能依靠反季节特色获得更多的收入。

(5) 奇特化特色。

在众多的消费者中，有这样一个消费群体：他们对奇色、异型的农产品有特殊的偏好。例如，乌骨鸡、七彩龟、黑小麦、五彩辣椒、黑芝麻、黑米、五彩土豆、黑色土豆、方形西瓜等农产品。这些产品由于颜色和造型特别，又有特殊的营养价值，有的还具有一定的药用价值，所以有较好的市场销路，而且价格也比普通产品高。农家在选择养殖和种植品种时，有条件的可以考虑奇特化发展之路，根据市场的需要来安排生产和销售。

小知识 2—5

创意文化桃

被人们称为桃王的北京平谷区夏各庄镇纪太务村果农屈海全，他果园里的桃子上结出了“福”、“喜”、“寿”等各种吉祥字，再过几天，即可接待游客采摘，眼下，平谷果农种出来的大桃越来越有文化味。

北京平谷区作为全国大桃主产地，近年来不断挖掘“大桃文化”，充分了解消费者的心理需求，策划开发了“贺寿”、“喜庆”、“寿星”、“十二生肖”等晒字桃和异型桃，受到许多消费者的喜爱。2012 年，屈海全精心培育了桃品种“华玉”，在 10 000 个桃尚未成熟解袋前，将写有祝福字的“即时贴”贴到了桃表面，桃成熟后，自然就形成了“文化桃”。屈海全的文化桃大多重量在 1 斤左右，鲜桃图案丰富，寓意特别，顾客大都买来送给朋友和亲人，表达祈福、祝寿、吉祥、平安的心意。他的文化桃不称重量，论个卖，每个售价 20 元。农业上的一点“文化创意”，使果农以人有我优的全新姿态面向市场，提高了经济收入。

资料来源　神农网，2012-06-18。

(6) 名牌化特色。

为了使农产品在营销上取得好的效益，农家还可以根据自己的生产和环境特点，建立自己的品牌，靠自创的品牌卖出更高的价格。这个办法在消费者特别关注食品安全的今天，是打开市场的金钥匙。要做到这一点，农家应该树立名牌意识，选择能在市场上叫响的农产品品牌名称，进行商标注册，并严格按照质量标准进行生产，从而提高农产品品质。同时，还要注重农产品的包装，美化农产品的外表，以满足消费者的需要。品牌树立起来后，还要努力维护品牌，使农产品能稳固地占领市场。目前，在农产品品牌建设上还存在一些难度，主要表现在以下几点：

第一，农产品品牌意识淡薄。受传统农业生产经营观念的影响，加上缺乏对于品牌重要性和必要性的认识，很多农民没有意识到品牌对于提升农产品附加值和市场价值的推动作用，更没有把品牌建设当做是一项可以致富的长期资源，农产品品牌意识淡薄，创建品牌的主动性和积极性不高。

第二，由于现在农家经营规模小且分散，农产品的销售数量不多，而且销售渠道窄，农家没有建立品牌的积极性。

第三，现有市场上销售的农产品大多是直接销售，初级产品比重较大，缺乏深加工，产品没有特色，过于大众化也影响了品牌建设。

第四，受资金影响，农家只能顾眼前的事情，长远利益考虑得并不是太多。

为了鼓励农产品创立品牌，近几年，各级政府在大力推行“一村一品”活动。所谓“一村一品”，就是指通过大力推进农业的专业化、特色化、品牌化建设，使一个村（或几个村）拥有一个（或几个）发展水平较高、特色优势明显的农业主导产品或特色品牌，从而大幅提升农村的经济效益和综合竞争力。国家财政对此还给予一定的补贴。对符合“一村一品”项目标准的产品或者品牌，农户应该积极争取国家的补助，以推动农产品品牌的创立，获得更高的经济效益。

小知识 2—6

临洮“一村一品”铺就百姓致富路

“我种了 4 分地的小香葱，至少可以卖 6 000 元，亩产 15 000 元至 20 000 元是没问题的，葱卖完后，还可继续栽种葱苗……”临洮县太石镇沙塄村村民安淑云指着自家的小香葱高兴地说。这便是该县依托乡域经济的发展，大力培育和发展“一村一品”，带领群众致富的一个缩影。

2012 年以来，临洮县紧紧围绕联村联户为民富民行动，以“一村一品”为切入点，围绕马铃薯、蔬菜、中药材等特色优势产业开发，以无公害标准化生产、农业产业化经营为目标，坚持政府主导、群众参与、因地制宜、突出特色的指导思想，使特色产业遍地开花，不但推进了传统农业向特色农业的转变，还激活了农村经济发展。

目前，该县逐步形成了以东北部高寒山区良种马铃薯扩繁、浅山坪区优质商品薯生产、城郊马铃薯淀粉制品加工等一批马铃薯种植、加工专业村。蔬菜种植初步形成了上营乡下营村蒜苗、辛店欧黄家大蒜、太石水泉胡萝卜、沙塄小香葱、龙门二十铺旱地辣椒、中铺弯腰子百合、新添崖湾韭菜等一批“一村一品”专业化生产村。中药材种植形成了窑店镇北大坪、连儿湾花麻湾、康家集邢家山等一批典型村。为了进一步搞好“一村一品”的后续跟踪和技术服务，该县还成立了由 320 名农业技术人员组成的“一村一品”专项服务队，为农户提供市场信息和技术支持，搞好产前、产中和产后服务，切实为农户解决后顾之忧。

据了解，沙塄村的小香葱除供应本县市场外，还远销甘肃、青海、四川、内蒙古、河南等地。水泉村的胡萝卜经过简单加工包装后远销四川、陕西、河南、广东等地，被称为“小人参”，并一直受到广大消费者的青睐。

如今在临洮，各乡镇“一村一品”的土特产已开始陆续遍地开花，各乡镇群众开拓创新，依靠“一乡一业，一村一品”，在加快乡镇区域经济发展的大道上，日子越过越红火，奔小康的步伐越走越快、路越走越远。

资料来源 《定西日报》，2012-06-26。

4. 经济林木的种植选择

如果农户有山林资源或者“四荒地”资源，就要考虑如何利用山林的资源条件种植经济林木。所谓经济林木是指以利用林木的果实、种子、树皮、花、叶、根、树脂来生产果品、食用油料、工业原料和药材等为主要目的的林木资源。比如，苹果树、核桃树、橡胶树、黄柏树、梨树等。俗话说，靠山吃山，靠水吃水，什么时候说什么话，到什么山头唱什么歌。辽宁省很多农村地处山区，有发展林木经济（也可以叫森林经济、林业经济）的最佳优势。如果利用好山区优势，发展林木经济，就等于办起了一家绿色银行。近几年，辽宁省很多农村已经在这方面做了许多有益的尝试。比如，辽宁省丹东地区地理位置特殊，是黄海的最北端，气候温和，雨量充沛，土质肥厚，有得天独厚的发展林木经济的条件。其中很多农产品已成为品牌，比如丹东板栗，其产量、营养含量、色泽和个头在全国众多的板栗产地中独树一帜，比日本板栗的品质还要好；还有丹东白桃，汁液饱满，甜酸适宜，个头适中，还耐保存，在国内众多的桃子品种中堪称一绝；还有丹东秋梨、核桃等。因此，丹东是当之无愧的发展经济林木种植的好地方。

小知识 2—7

山东胶州市洋河镇大王家村农民王秀强“不务正业”，开辟了养蚂蚱致富的新路子，成为当地有名的“蚂蚱王”。

王秀强 42 岁，养蚂蚱已经 2 年了，从原先只有 7 个棚发展到现在 12 个棚，养殖规模逐渐扩大。其中，11 个棚用来养蚂蚱，1 个棚用来养草，循环使用，1 个棚里面的蚂蚱超过万只，一共近 20 万只，年纯收入六七万元。这些蚂蚱吃的是自家种的草，称得上是纯天然的。王秀强一天要喂3次蚂蚱，凌晨5点就得起床割草，每天需要200多斤草，午后和傍晚再各喂1次，否则大蚂蚱饿极了就会吃小蚂蚱。

养蚂蚱之前，王秀强曾经收过废品，外出打过工，干活比较累，挣得却不多。他先后去过河北和高密，第一批虫苗就是从高密买来的。王秀强还专门买了台电脑，在网络上学习并研究养蚂蚱的窍门。

王秀强一年养三批蚂蚱，从初春一直养到深秋，2012年的第一批再过10天左右就发育成熟了，便可以拿出去卖了。每次卖的时候，王秀强会留下一些产卵的蚂蚱，不久，产下的卵会发育为成虫，满足下一批养殖需求。"到了蚂蚱成熟的季节，能有上千斤的产量，我一般都往附近饭店里销售，每斤能卖到30元钱，1斤蚂蚱在酒店里可以做成两盘菜，一盘菜就得30多元钱。"

资料来源 神农网，2012-06-19。

还有辽宁省朝阳地区。一提到朝阳，人们首先会想到干旱、风沙和贫困。其实，朝阳是个适合植物生长的宝地，这里四季分明，日照充足，日夜温差较大，降水偏少，太阳总照射量历年平均值居全国前列。这种优越的土地光热资源使朝阳成为适宜北方农作物生长及繁育良种的天然基地，适合发展农、林、牧、副、渔各业，是全省杂粮、油料、棉花、林果、畜牧的重点产区。其中，朝阳山杏是闻名全国的四大山杏产地之一，还有朝阳大扁枣、朝阳大枣等耐干旱果实也闻名全国。这两年，又建成了世界上最大的人工沙棘林地区之一。随着沙棘林的开发，与之伴生的野生动物也逐渐多了起来，建成了非常好的动物乐园，形成了自然链条。在这个地区，就可以多规划发展适合本地自然环境特点的林木，为农民提供更多的增加收入的途径。

发展经济林木最大的好处是一劳永逸。当果树幼小的时候，投入是最多的，收获却是最少的，在刚刚种下的一两年之内甚至一无所获。但是到了成熟期即"青壮年"时期，则投入最少，收获越来越大，可以持续十几年甚至几十年。比如核桃树，一旦成林产果，就能收益几十年。

小知识 2—8

大榛子种山边　亩收益超万元

黑龙江省通河县富林乡的三宝村、林胜村、太和村等 5 个村，在 1 000 亩山边地里种上了榛树，4 年后进入盛果期，每亩收入将超万元。富林乡位于小兴安岭南麓，境内多为林区山坡地，不宜种水稻，只能种植小豆、大豆等，且产量低。2011 年，农民许峰率先在 50 多亩山边地试种榛树苗，树苗全部成活。2012 年，他又增种了 40 多亩，预计亩产量可达 600 斤以上，按每斤 20 元计算，收入超万元。

资料来源　神农网，2012-06-14。

在进行经济林的规划时，规划的时间可以再长一些，因为经济林木品种一旦选定，要持续服务很长时间，比如，一种葡萄品种一旦选择并栽下后，可以持续服务几十年，一棵桃树也可以持续服务十几年，核桃树、梨树等可以服务几十年。所以，品种、地点等的选择一定要从长计议，慎之又慎。

三、做土地资源规划应该注意的问题

1. 要因地制宜

管仲曾说过："不务天时则财不生，不务地利则仓廪不盈。"这句话告诫人们干什么事一定不能违背客观环境的要求，要看天时，也要看地利。在生活中我们也能体会到：什么样的人会做出什么样的事，什么样的土地会长出什么样的庄稼。把这些道理用到这里，无非就是强调在进行土地资源规划时，不能盲从，要因地制宜，不能脱离本地的实际，生搬硬套外地的先进经验。

我们知道，制造工业产品主要靠人自身的技术制造能力，只要具备了制造能力，可以在各种场合下生产产品。现在，为了降低成本，一些制造类工业会选择在成本低廉且服务条件好的地方建厂。20 年前日本的很多企业看中了我国一些地区的廉价土地和劳动力，就把工厂从日本搬到了中国。这几年，由于中国经济的高速发展，推动了这些地区地价和劳动力价格的上升，这时，这些企业又把目光转移到东南亚一带的欠发达国家，因为那里的地价和劳动力价格相对便宜，又要把工厂搬到那里。这些企业之所以能够不断改变加工地点是因为这项技术在哪里都能生产出产品。与工业产品制造不同，农业的种植和养殖要受土壤、气候、技术等自然条件制约，离开了这些条件农作物就无法成活，就算是成活了也不能产生效益。比如，香蕉只能生长在纬度 30°以内的热带、亚热带地区，如果硬是把香蕉的种植转移到东北，那即使拥有再好的香蕉种植技术，也不可能成功。所以，农业的种植和养殖一定要因地制宜。

我国宁夏回族自治区中宁县二道渠和五道渠等村的农户就能因地制宜，根据自己所处的环境设计适合的产品品种。他们根据干旱土地的特点，用“压沙”（指在干旱的土地上铺上鹌鹑蛋大小的小石头，利用晚上凝结在石头上的水分来补充植物所需水分的耕作方法）等办法在贫瘠的干旱土地的石头缝里种出了富含葡萄糖、维生素、氨基酸和多种微量元素的压沙西瓜，取得了很好的经济效益。辽宁省西部的朝阳也因地制宜，充分利用干旱土地的特点，以专业人员为主，集中土地经营管理，种植了枣树、核桃等果木，也收到了可喜的经济效益。

在因地制宜发展农业生产的过程中，还要注意的一点是暂时不要选择技术尚不成熟的种植和养殖项目。农业生产不同于工业生产，受农时影响最大，加上农家的资金基础相对薄弱，所以一般不以农家为实验基地。中华蜜蜂是一个国家支持、市场销售价格又高的品种，但是中华蜜蜂在饲养中与意大利蜜蜂种群之间的恶斗问题至今没有解决，中华蜜蜂斗不过意大利蜜蜂，结果造成中华蜜蜂群越来越少，在饲养“洋蜂”的地区中华蜜蜂无法生存，这是目前科研部门正在研究的一个课题。但北方的某个村庄，只看到了中华蜜蜂的价格高，有饲养传统等好处，但忽略了“洋蜂”的存在这个致命的因素和科技研究暂时又无法解决的现实，结果自然难逃厄运，当年就宣告失败。

辽宁省东北部山区土质肥沃，植被茂盛，农家就可以根据这个条件发展林业、经济林业和林下种植及林下养殖等产业。

小知识 2—9

葡萄藤下种草莓　利用空地增财富

“2012 年我两亩葡萄园套种的草莓可以收入 6 000 元。” 5 月 9 日，笔者在合江县南滩乡大久村葡萄园采访时，果农王文泉正在将草莓装车。

王文泉说，在葡萄园里套种草莓，以前没有尝试过，是政府派来的大学生村官指导的。“成本不高，对葡萄也没有影响，还充分利用了葡萄藤下的空地，增加了收入。”

大久村村支书邹仕明说，葡萄园在九十月份葡萄采收后，就任其闲着，直到第二年二三月份葡萄藤开始抽新芽后才开始管理，种草莓能更好地利用土地。

王文泉今年在葡萄园套种了两亩草莓，他说：“葡萄园里种草莓不需要特别的技术，一亩草莓至少能卖 3 000 块钱。”

资料来源　神农网，2012-06-08。

还说丹东地区。由于丹东地处黄海的最北端，气候偏冷，又加上水草肥美，滩涂淤泥肥厚，所以生长的海产品鲜味格外浓。根据这个特点，就可以利用滩涂和人工网箱等办法多养殖贝类、蟹类海产品。目前，辽宁省的庄河地区就因地制宜利用优越的黄海滩涂人工饲养各种贝类，产品已经占据了沈阳、大连两地的市场。

在进行农业种养的规划时，还要考虑销售对象，要根据销售对象来确定农产品的生产。如果你所处的销售环境中中低收入人群消费者居多，这时农产品的生产就要以中低端产品为主，可以考虑选择那些产量高、品质并不是特好的品种，反过来，如果你所处的销售环境是大城市，富人居多，那就可以考虑生产那些高端产品。目前，北京、上海和广州等大城市的消费已经达到高档的层次，所以想进京的农产品，一开始就要定位在有机的层次上，绿色层次都有些过时了，无公害层次就更不能提了。

2. 大胆使用农业新技术

我国人均耕地面积居世界第一百二十六位，耕地缺乏。在这种情况下，为了保证粮食总产量能满足人们日常的饮食需要和牲畜食料以及工业用粮等方面的需求，粮食的年产量就要达到人均 800 ~ 900 斤的水平（我国 2011 年夏季和秋季的粮食总产量是 57 121 万吨，创造了新的历史纪录，比 2010 年增产 2 473 万吨，增长 4.5%。人均粮食产量是 879 斤）。

为了不断提高粮食产量，国家在保证工业经济和社会科学高速发展的同时，不断加大对农业科学技术方面的投入，促使农业科学技术也高速发展，各种新科技不断涌现。在提高粮食产量上，我国的科技水平已经达到了世界顶尖水平。特别是玉米、水稻和小麦等人类粮食需要的三大品种上，我国的科学技术水平已经居世界前列。

从主要粮食上看，长期以来，我国的玉米亩产量一般是在 500 公斤左右。而山东的"玉米之父"李登海经过十几年的科学实验，已经创造了亩产达到 1 096.29 公斤的世界性记录，每亩地的产量超过 1 吨多。现在我国东北平原玉米的亩产都在这个水平上。"小麦之父"李振声经过 40 年的研究，终于把小麦的平均亩产提高到 717.2 公斤的水平，夏玉米平均亩产 1 006.85 公斤和在同一块土地上一年两熟的玉米平均亩产 1 628.3 公斤的超高产纪录，在世界上处于顶尖水平。著名的"水稻之父"袁隆平经过研究和实验，现在已经实现水稻亩产超 900 公斤的水平，平均亩产比正常水平超过 30%。

谷子向来是中国人的主要粮食之一，中国人喜欢谷子胜过其他粮食。但是，谷子是低产作物，以往亩产都在 200 公斤到 300 公斤的水平上徘徊，燕赵大地上的“杂交谷子之父”赵治海经过多年的潜心研究，已经把谷子的亩产量提高到 831.95 公斤，是以前平均亩产 200 公斤左右的 4 倍还多。

在其他种植和养殖及管理等方面也“高人”辈出，这些“高人”的科研成果都已经运用到农业生产活动上，所以在我国，无论你种植什么或养殖什么，都有相应的科技知识的支撑，农业科学技术匮乏的时代已经成为历史。

就在这样的大好形势下，国家仍然没有放松农业科技发展，还在进一步推动农业科技向更高层次挺进，2012 年的中央一号文件中再一次强调：“稳定支持农业基础性、前沿性、公益性科技研究，大力加强农业基础研究，在农业生物基因调控及分子育种、农林动植物抗逆机理、农田资源高效利用、农林生态修复、有害生物控制、生物安全和农产品安全等方面突破一批重大基础理论和方法。加快推进前沿技术研究，在农业生物技术、信息技术、新材料技术、先进制造技术、精准农业技术等方面取得一批重大自主创新成果，抢占现代农业科技制高点。着力突破农业技术瓶颈，在良种培育、节本降耗、节水灌溉、农机装备、新型肥药、疫病防控、加工贮运、循环农业、海洋农业、农村民生等方面取得一批重大实用技术成果”。

在中央的高度重视下，大批的农业科研成果不断涌现。我们常说，科学技术是生产力，而且是第一生产力，科学技术可以使产量成倍的增长，促使质量向越来越优的方向发展，科学的力量是无穷的，所以，农民兄弟应该大胆应用。

除了在种植方面大胆使用农业新技术和新材料之外，在经济类种植、特产种植和养殖等方面，也有各自的先进技术，都有各自的高招，对这些领域也要大胆应用新技术。除了种植技术和品种等方面外，在田间管理上也有很多新技术，农家也要积极采用。譬如，现在很多地方的农户使承包地“暖起来，循环起来”就是这方面新技术应用的结果。暖起来就是在承包地上建立塑料大棚，在大棚内实行多季节立体种植，地下种土豆，地面和半空种蔬菜，空中和顶棚种藤蔓类蔬菜。在立体种植模式下，每亩地的收益为15 000 ~20 000元，有的甚至更高。所以，大棚种植是一项经济效益较高的种植方式。同时，大棚种植能抵抗自然灾害，防寒保温，抗旱防涝，可以提早或延后栽培，延长作物的生长期，达到早熟、晚熟、增产、稳产的目的。过去，农时完全是由“老天爷”掌握，使用大棚种植后，生产者也可以掌握一半的农时。不要小看这一半的农时主动权，它使生产者可以根据市场行情延长或拖后一段时间进行种植或收获，从而在市场上争取到好价格，同时在产量上也会有所提高，一举多得。所以，这项技术深受生产者的欢迎，特别是我国北方地区在这项技术的应用上发展很快。

还说大棚，大棚原来主要用于蔬菜生产，随着人们对大棚作用的深入认识，大棚的应用范围越来越广泛，已经超出了蔬菜生产的范围。当前大棚已用于花卉种植和栽培以及果树生产，如用于栽培葡萄、草莓、西瓜、甜瓜、桃和樱桃等（现在我们可以在寒冬腊月里吃上新鲜的樱桃和西瓜等这些只有在夏季才能吃到的水果，都得益于塑料大棚技术）；大棚技术在林业方面主要用于林木育苗、观赏树木的培养等；大棚技术在养殖业主要用于养蚕、养鸡、养牛、养猪、养鱼等；近几年，北方的农户还在试验用大棚种植和栽培南方的果木和蔬菜，玩起了跨地域特点的种植，木瓜、火龙果和毛荔枝等本来只在南方才能生存的植物，东北、西北的农户利用大棚技术大胆引进，也取得了实验性的成功。所以，随着科技的不断发展和人们的不断探索和试验，大棚的应用范围还在不断扩大。

所以，暖起来虽然投入会大一些，但是可以取得更好的经济效益。同时，国家对农户发展塑料大棚还有一定的财政补助，是一举多得的投资项目。

循环起来就是指循环农业，是指在农事活动中想尽办法使各种农业资源往复使用，多层与高效流动，尽量使用清洁能源，吃干榨尽农业副产品和废弃物，以此实现节能减排与增收的目的，促进现代农业和农村的可持续发展。通俗地讲，循环农业就是运用物质循环再生原理和物质多层次利用技术，实现产生较少废弃物的生产和提高资源利用效率的农业生产方式。循环农业作为一种与环境和自然友好型农作方式，具有较好的社会效益、经济效益和生态效益。循环农业的前提是采用新技术、掌握现代信息并有一定的资金作基础，一旦形成能力，将一劳永逸，可以循环往复地不断使用，以更好地推进农村资源循环利用和现代农业持续发展。现在农村沼气的使用就属于循环农业。开展循环农业一定要坚持绿色生产，确保农产品的安全性。同时要坚持干净消费，农产品在“吃干榨净”后再回归大地，保证土、水净化。

小知识 2—10

小鹌鹑变成大买卖

湖南省长沙县双江镇团山村的隽永鹌鹑饲养专业合作社，在合作社社长吴铁的带领下养鹌鹑。“这些鹌鹑只养了 42 天，就开始产蛋获利了，这种周转速度是其他家禽望尘莫及的。”吴铁笑称。

45 岁的吴铁以前在星沙一家事业单位当司机，2009 年 4 月的一次偶然机会，他得知养鹌鹑投资风险小，获利比较快，一个月左右就能见到效益。于是，他邀请几个朋友合伙，回乡搞起了鹌鹑养殖。为避免盲目投资带来的风险，吴铁回乡后，从江西以每只 0.75 元的价格，试着买了 15 000 只小鹌鹑。

温度的控制、湿度的掌握、疫病的防治……好学的吴铁在当地农技人员的指导下很快就上手了。吴铁说：“一年下来，我养鹌鹑的收入比当司机的收入还要高些。”通过前期的试养，吴铁下定了养鹌鹑致富的决心。2011 年 7 月，他成立了合作社，又购买了 15 000 只小鹌鹑，租用团山村的一所废弃学校建起了鹌鹑养殖基地。

“鹌鹑蛋的营养价值很高，加上双江的环境适宜，我养的鹌鹑蛋不愁销路。”潜在的市场使吴铁信心满满。来到新建起的鹌鹑育雏室，打开育雏室的大门，一股热气便扑面而来，两排规整的饲养笼一字排开，食槽、水杯一应俱全。吴铁介绍说，育雏室的温度要控制在27℃左右，以提高鹌鹑幼仔的生长速度，到了产蛋期，一般将温度控制在24℃左右，便可顺利产蛋。

目前，该合作社饲养了30 000多只鹌鹑，每天产蛋量达到500余斤，直供市区马王堆、高桥等批发市场，2011年一年实现纯利润190 000元。吴铁说："鹌鹑蛋不仅产量大，且四季均产，就算鹌鹑到了产蛋末期，肉也可以吃。"其合作社饲养鹌鹑采用绿色养殖模式，自行研制饲料配方，用玉米、豆粕、肉粉、鱼粉和贝壳粉加食盐调成，不使用任何添加剂，且鹌鹑的粪便还是上好的有机肥。

产业发展的同时还带动了周边村民就业。农裕村村民饶俊立家里有4亩地，年收入不过万元，如今，他农闲时就到合作社打工，喂食、收蛋、铲粪，每天工作3个小时，一年下来可增收2万多元。据吴铁介绍，合作社目前共有11人，接下来准备办一间厂子，进行产品深加工，带领更多村民致富。

资料来源　神农网，2012-06-19。

3. 争取与科研院所合作

在进行土地规划时，有条件的农户还可以考虑与有关科研院所合作，将自己的承包田地作为农业科学实验或实习基地。现在一些学校和农业科研院所，为了教学和科研需要，要建立试验和实习基地，有的农户的承包地或者林地就符合作为基地的条件，比如，提供承包地作为新品种试验田，在林地中试验品种和进行管护试验等。这些科研院所希望能够把科研成果运用到实践当中，也希望与农户建立合作关系，请农户直接参与实验。存在这种可能的农户应该积极争取，把自己的资源当作科研、试验以及实习的基地，通过这种合作，可以使农户优先使用新品种和新技术，同时还可得到一定的科研补助资金，并能获取更多的信息，开阔眼界。甚至一些中等专业学校，为了增强学生的动手能力和其他实践技能，也积极在农村选择一些农田作为教学实习基地，有条件的农户应该积极争取，以便通过这些活动掌握更多的经济和技术信息，积累更多的人脉资源。

4. 土地流转

土地规划的最后一步就是土地流转。发生这种情况的前提是农户有了其他的发财之路，自己不想再经营土地，而将土地转给其他人耕种，这时就涉及土地流转了。目前我国农村土地流转的方式主要有：

（1）土地转让。

农村土地转让是指经承包方申请和发包方同意，将部分或全部土地承包经营权让渡给其他从事农业生产经营的农户或个人，由其履行相应土地承包合同的权利和义务的行为。转让的前提是自愿、有偿。一般情况下，承包方有一定的经营能力，并且有一定的经济实力。转让后原土地承包关系自行终止，原承包方承包期内的土地承包经营权部分或全部灭失。

（2）土地转包。

土地转包是指承包方将部分或全部土地承包经营权以一定期限转给同一集体经济组织的其他农户从事农业生产经营的行为。转包后原土地承包关系不变，原承包方继续履行原土地承包合同规定的权利和义务。接包方按转包时约定的条件对转包方负责。承包方将土地交他人代耕不足一年的除外，不足一年的仍然维持原有的承包关系。

（3）土地互换。

土地互换是指承包方之间为方便耕作或者各自需要，对属于同一集体经济组织的承包地块进行交换，同时交换相应的土地承包经营权。

（4）土地入股。

土地入股是指实行家庭承包方式的承包方之间为发展农业经济，将土地承包经营权作为股权，自愿联合组成农业生产合作社等形式从事农业生产经营活动；或承包方将土地承包经营权量化为股权，入股组成股份公司或者合作社等，从事农业生产经营的行为。

（5）土地出租。

土地出租是指承包方将部分或全部土地承包经营权以一定期限租

赁给他人从事农业生产经营的行为。出租后原土地承包关系不变，原承包方继续履行原土地承包合同规定的权利和义务。承租方按出租时约定的条件对承包方负责。

(6) 土地代耕。

土地代耕是指第三人（即代耕方）接受土地承包方的委托，在承包方有效取得家庭承包经营权的前提下，因暂时代其耕种承包地而取得的耕种该土地的权利。土地代耕权是根据承包人的授权而产生，代耕方和承包方的权利、义务由双方协商确定。代耕期间承包方与发包方的原始承包关系不变。

由于农村和农民土地的重要性和稀缺性，也为了保护农村集体经济组织和农民的长远利益，农村的土地流转不能随意进行，国家规范了农村土地的流转范围。目前，我国农村土地承包经营权流转的原则是：土地不改变农业用途，不得用于非农业的其他用途，以确保国家的基本粮田面积。具体有以下几个方面的原则：

第一，不得改变土地的集体所有性质。也就是说，土地的集体所有的性质不会因为土地流转而改变。你的本轮承包期结束后，土地仍然归还集体经济组织，由集体经济组织进行再次分配。

第二，不得改变农村基本粮田的土地用途。也就是说，不论土地以什么方式流转，也不论是什么身份的人使用土地，如果是基本粮田，土地的用途只有一个——那就是用于农业生产，或者用于种植或养殖农产品，不得将土地转为其他非农业用。比如，不得将土地用来盖厂房或居民住宅等。如果是“四荒地”，还要看此块“四荒地”在土地规划上是怎样标明的，应该按照土地规划来使用土地。如果是农业用地，那么这块“四荒地”只能围绕农业这个大方向来安排具体用途；如果是建筑或商业用地，那么可以在这块“四荒地”上安排非农业项目。在这里，对基本粮田国家制定了极其严格的保护政策，也就是国家保护耕地政策，通常称之为“土地红线”，我们应该严格遵守，任何人不得突破。

第三，不得损害农民土地承包的眼前利益和将来利益，应该在建立健全土地承包经营权流转市场的基础上，按照依法、自愿、有偿原则进行。

（7）土地抵押。

为了支持农村经济发展，国家的金融部门放宽了农村融资抵押的政策，允许用土地作抵押进行融资。

农村可以用来抵押的土地有：

一是由抵押人依法承包并经发包方同意抵押的荒山、荒沟、荒丘、荒滩等荒地的土地使用权。

二是乡（镇）、村企业的厂房等建筑物可以抵押的，其占用范围内的土地使用权同时抵押，但乡（镇）、村企业的土地使用权不得单独抵押。

三是土地承包权抵押。通过招标、拍卖、公开协商等方式承包农村土地，并依法登记取得土地承包经营权证或者林权证等证书的，其土地承包经营权可以依法抵押。

对农户来说，土地资源是有限的，也是宝贵的。如果土地使用规划做得好，就会无形中扩大土地面积，也意味着增加了资源数量；如果利用得好，就可取得更高的经济效益，就像农村常说的“吃不穷，穿不穷，算计不到会受穷”。把有限的资源算计好、规划好，为农家发财致富打下成功的基础。

在农村家庭土地的利用中，现在存在的问题是有的农户不经过仔细调查，也不精心策划，就轻率决策。几年前北部山区中草药五味子的市场价格较高，一时间大家争相将农田改为栽种五味子。由于五味子除了药用外，滋补保健方面的终端产品研究和开发投入不足，五味子的新用途没有得到很好的开发，需求量没有增加，结果不到两年，价格便下跌了，甚至下跌到不及种粮食的收入。这时人们又把刚种下不到两年尚没有收获的五味子苗铲除，改回种粮食。一前一后的改作，损失了不少资金和时间。从 2011 年开始，一些加工厂家加强了五味子的深度开发，推出了五味子酒、五味子汁、五味子果脯等产品，这些产品的市场前景看好，所以预计 2012 年五味子的价格又会有所上涨，有些将五味子苗铲除改种粮食的农户又要后悔了。

这个例子提醒我们，农业种植和养殖一定要提前规划，在精心规划的前提下再进行决策；一旦决策了就要坚持到底，顶住一切困难坚持到光明到来的那一天，切忌盲从跟风，轻率决策，朝令夕改。在这一方面，广东潮汕地区的人值得大家学习。潮汕地区的人创业既善于事前精细策划，一旦做起来又能守住并坚持住，只要还有一线希望就绝不放弃，就是我们通常所说的“不撞南墙心不死，撞了南墙也不回头”的倔强性格。潮汕人在经营商铺时，决不轻言倒闭，会一直坚持，直到迎来转机。也就是这种倔强成就了很多企业家，香港富豪李嘉诚、庄世平以及内地腾讯公司的总裁马化腾等都是潮汕这块土地培育出来的杰出人才。

在规划方面，我们也要向美国人学习，他们决策投资事项的规矩是：

第一，先分析这项投资的风险都有哪些，其中哪些是主要的风险，哪些是次要的风险，也就是把风险作为第一要素来考虑。

第二，研究有没有办法控制和限制这些风险的范围，有办法控制或者虽然不能完全控制但能限制并包裹住风险使其不扩大的情况下再往下走，如果主要风险控制不了也限制不了，就应该放弃这个项目。

第三，分析那些次要风险是否会扩大，在什么条件下会扩大，能不能控制和限制。等把这些问题都弄清楚了以后再策划其他事项。美国人这种风险意识至上的投资决策习惯，能够在很大程度上避免投资失误，从而提升做事情的成功率。

小知识2—11

蔬菜种植基地的规划流程

近几年，随着国家对农业的扶持力度加大，很多人都对蔬菜种植产生了浓厚的兴趣，但大多数人从来没有搞过农业，想做但对于怎么做一点头绪也没有，下面我给大家介绍一下基本步骤，希望对大家有所帮助。

1. 选择好土地

选择土地。选土地之前要考虑好销售，要不会给以后的销售带来困难。土地要选择有水浇条件、能防止淹水的肥沃土地，做到旱能浇水、涝能排水。

2. 品种选择

要选择好品种。好的品种对病虫害的抵抗能力强，产量高，品质好，各方面都优于普通品种。好种子虽然贵点，但菜农还是会选择好品种。在寿光，菜农是不会种普通品种的，宁愿多花钱也要买好种子。

3. 种植技术

种植技术在蔬菜生产中起着决定性作用。好的技术、好的模式对蔬菜的产量、质量、品质有很大的影响。在寿光菜农的温室里，番茄、辣椒、茄子都长得像树一样，足有1.8～2米高，产量多的都在30 000斤以上。在蔬菜种植中，要勤观察，多分析，发现问题尽快处理，不能拖延，以免造成重大损失。

4. 肥料投入

选择好品种，有了好的种植技术模式，蔬菜的产量就会比较高。采摘期比较长，这就需要充足的肥料。在寿光，菜农每亩使用15平方米鸡粪、100斤复合肥当做基肥。有的地方如果缺乏微量元素，还需要再补充上。在蔬菜采摘过程中，还需要随水冲使腐熟好的有机肥作追肥。

5. 嫁接

近几年，茄子、辣椒、番茄、西瓜、黄瓜等都要进行嫁接。嫁接后长势旺盛，产量高，采摘期长。尤其对根线虫、黄萎病等有明显的根治效果，基本可以杜绝，从而降低了农药使用量，适合无公害蔬菜的生产要求。

6. 激素处理

用激素处理过的花朵坐果率高，而且种子生长迅速。寿光菜农自己配制的点花药效果都很好用。多种激素配制的鲜花王，能让黄瓜的花朵永不凋谢，始终保持刚刚开放时的样子。在市场上，这种销售时仍带有鲜花的黄瓜每斤的价格比没有鲜花的高出两角钱以上。

7. 人工投入

消费者对蔬菜的质量要求日益提高。高质量的蔬菜可以卖个好价格，质量差的蔬菜价格就低。这就要求我们在蔬菜的生产上要做到精细管理，只有实现精细管理，蔬菜的品质才能有所提高，才能卖个好价格。在精细管理所投入的人工比粗放管理多一些的情况下，一个工人可以管理2~3亩茄果类蔬菜。

8. 效益分析

蔬菜的效益因当地的气候、市场和管理水平等原因存在很大的差距。在北方大棚蔬菜发源地寿光，在当地市场的带动下，蔬菜种植和销售已经形成规模，菜农的收益还是很可观的。一般情况下，茄果类蔬菜每亩的效益25 000~30 000元，有的甚至更高。

资料来源　寿光农业技术员协会，2010-02-26。

四、农家在扩大生产规模时应该注意的问题

农家土地资源规划的目的是为了更好地利用土地，使有限的土地能产出更多的农产品，并能取得更高的经济利益。那么，要更好地利用土地，就涉及调整和扩大生产规模的问题，为了保证能通过调整和扩大规模来取得更高经济利益的目标，就要注意以下的问题：

1. 扩大生产规模需要考虑的事项

农家在扩大生产经营规模时，要重点考虑以下问题：

（1）摸准市场需求脉搏。

要扩大规模，首先要看市场的“脸色”，这个“脸色”就是市场的有效需求。可以根据往年的市场需求情况，当地该种产品的生产情况，推测以后的市场前景，只有在确信市场需要自己生产的产品又能卖出去的情况下，才能考虑扩大规模。由于对市场预测不准造成的扩

大规模失败的例子比比皆是。北方有一位农民在中草药价格比较高的时候，租赁了200多亩土地种植五味子，投入了近800 000元。经营了4年，就在刚刚收获的年份里，每公斤五味子的价格由原来的100元降到24元，未来的变化趋势也看不清楚。那么，他的这项投资就是一项高投入、低产出的投资，细算下来，还不如种粮划得来。如果选择继续维持，前景也不明朗；如果毁掉换品种，前期投资就等于打了“水漂”，所以骑虎难下。

在摸市场需求的时候，一定要注意不同的市场需求，绝不能只顾及一个市场。第一，摸清本地市场的需求和供应情况，在供应上有多少缺口，农家自身可以占据多少比例（也可以叫市场份额）。本地市场往往是农产品销售的第一市场，所以，必须要详细一点，要摸清楚。第二，摸清国内市场。摸国内市场的主要目的是了解国内的需求趋势，弄清楚想开发的产品在国家这个大市场中，是属于需求旺盛的朝阳产业，还是需求逐渐低迷的夕阳产业。了解大趋势后，还要进一步了解外地个别地区的需求情况，该地区对于你想投产的产品是否有需求，是否有销售市场等。细致地做完这些前期工作后，才能够据此决定是否扩大生产经营规模。第三，还要顾及国际市场的动态。现在的经济已经是没有国界限制的国际大市场经济，国外同类农副产品的市场动态难免会影响到我国，进而影响到国内每一个农户，所以必须要摸清国外的市场变化情况。

（2）注意耕种和饲养条件。

虽然农业生产是靠规模出效益，但是规模要适度，并不是越大越好，其主要原因之一是耕种和饲养条件决定规模效益。

耕种条件主要是指土地的位置、运输条件、土壤条件、水利条件、气候条件、当地人文环境等影响生产的自然和人文环境。这些条件决定应该种什么，怎么运出去，采用何种耕作方式（是机械化还是人工）等。

饲养条件是指当地的气候、环境、地理等影响养殖的基本条件。耕种条件和饲养条件同属于自然条件，对农户来说都是需要适应的条件，不是靠人为可以改变的因素。如果不顾及这些条件，就容易造成投资失败。有一位农民从1982年起就开始“捡”别人的撂荒地种，随着村里外出务工人数的不断增加，他捡的荒地也就越来越多，种粮面积也越来越大，现在已经达到250多亩，成了当地有名的种粮大户。但是这位多年的种粮大户并没有富起来，其原因在于人工成本与农资价格涨得快，粮食却卖不起价。2011年，他下大决心购买了收割机，本以为可以因此减少人工成本，提高种粮效益。但是，由于他可耕种的稻田分散，有的是梯田，收割机上不去；有的虽然是平坝，但不连块；邻近的土地上种植的品种又不统一，成熟期也不一样，收割机就在地边停着，干瞪眼用不上，只好像往年一样请人收割。他请了20个人，忙了好一段时间，才收完了200多亩稻田。但是，当年的人工成本由过去每人每天80元涨到了每人每天100元，光工钱就花了60 000多元，加上办伙食杀的两头猪，总共多花了70 000元。结果，能赚钱的算盘还是落了空。从这个例子可以看出，耕种条件是规模效益的决定因素，千万不可忽视。

（3）家庭经济条件。

扩大规模，意味着要增加资金投入，包括种子、化肥等农资投入和人工及管理费用的投入等都会增加。增加的资金来自哪里，是借贷还是用自己的储蓄。如果借贷，则要衡量农产品收获后预计的成本利润率能否抵上贷款的利率。如果贷款是1%的利率，一年下来就是12%。接下来预测扩大规模后将增产多少，可以因此多卖多少钱，再扣除由于扩大规模所要多发生的生产成本（包括材料、工时和各种费用），余额就是利润。用利润除以生产成本，就是成本利润率。如果成本利润率高于12%，就说明扩大规模是有利可图的；如果成本利润率低于12%，就意味着白忙活，还可能赔钱。

（4）算好保本点。

在做出了扩大生产规模的决定以后，还要计算保本点。也就是，产量达到多少才能保本，不至于亏损。在计算保本点时，先要确定什么是变动成本。我们知道，在从事农业生产经营的过程中，会发生一系列成本费用，也叫农业生产费用。在发生的农业生产费用中，有一些费用是随着生产的数量成正比例变动的，如化肥、农用薄膜、农药、雇用的人工、种子等。如果耕种面积多，这些费用也就多；如果耕地面积少，费用也相对少。随着产量而变动的费用，也就是变动费用。除此之外，还有一部分费用是不受产量变动影响或影响不大的费用，如农机具的折损（在会计上叫折旧）、借款的利息、管理用房的折损、农场主本人的工资、电费等，这些费用基本上不会随产量的增加而增加，也就是不随产量变动，这样的费用就是固定费用。弄清楚了这些以后就可以计算保本点，也就是用预计当年的固定费用总额，除以单位毛利。单位毛利也叫单位边际贡献，是单位销售价格减去单位变动成本后的余额。

举个例子，某农家计划今年扩大玉米种植规模，预计全年扩大种植部分要发生 15 000 元固定费用，当年的玉米市场销售价格每斤为 0.8 元，其中，单位变动成本占售价的 60%，为 0.48 元，单位毛利为 0.32 元。扩大规模后保本产量是：

$15\,000 \div 0.32 = 46\,875$（斤）

经过计算，该农家要扩大玉米种植规模，产量必须达到 46 875 斤才能保本。如果产量超过保本点，就有利可图，超得越多，利润越大。如果产量低于 46 875 斤，就意味着收入抵不过费用，如果要投产，就可能亏损。

（5）在养殖规模的确定上，要注意成本的临界点跳跃。

所谓成本的临界点是指养殖规模与发生的费用之间有一个合理的比例关系，当超过这一比例时，成本就会大幅度提高，这个比例就是临界点。发生的成本突增，就是成本的临界点跳跃。农家在发展养殖时经常会遇到这个问题。比如饲养土鸡时，在鸡舍内，每只鸡要占用 25～30 平方厘米的面积，如果你有 250 平方米的鸡舍，只能考虑饲养 1 000 只鸡。而人工的安排，则以两个人为宜。如果你硬要扩大到饲养 1 300 只鸡的规模，就会带来一系列问题。首先就要扩建鸡舍，还要增添人手，这样一来就要额外发生更多的费用支出，额外发生的费用会大于增加这300只鸡所带来的收益，这就是成本的临界点跳跃。所以，在确定养殖项目时，一定要根据饲养品种的科学饲养要求来确定饲养规模，也就是按照标准化要求饲养，不能盲目扩大，否则就是不经济饲养。各种畜禽类的饲养标准，可以在当地农业部门的畜禽技术服务部门索取。

2. 选择种植品种要踩准市场的需求节奏

前面提到，在扩大品种规模时，要摸准市场的脉搏。除了在扩大规模时要摸清市场的需求之外，在具体品种的选择上还要注意掌握市场需求的节奏。关于种植品种，我们经常会看到这样的现象：上一年，隔壁邻居种的蔬菜品种卖了好价钱，今年我也种了同样的品种，可是，拿到市场上去销售时发现同样的产品怎么一下子多起来了，结果价格大跌。这种由于市场上同类产品数量变化导致价格变化的现象称为市场需求节奏。对农家来说，如果掌握好了市场需求节奏，那么所种养的品种始终在赚钱。如果踩不准市场需求节奏，会“一步赶不上，步步赶不上”，等到你种养的甲产品上市时，正是甲产品数量多、价格下跌时。第二年，你可能又换成乙产品，等到乙产品上市时，又发现乙产品数量也多起来了，价格下降了，反而甲产品的价格又上去了。你就好像掉进了一个怪圈里，一年半载挣脱不出来，这就是市场需求节奏的作用。

对农家来说，无论是扩大生产规模，还是变换种植品种，都是在原有规模和品种上进行的扩大和调整，都涉及额外的开支，从本质上看，都属于一种投资行为。在目前完全放开的市场经济条件下，农产品的价格，生产者——农民说了不算，而由市场来决定；而农民使用的农资和劳动力价格，农民作为买家也说了不算，由市场中的厂家和商家说了算。所以，农家作为买方、卖方两头都说了不算，而由市场说了算，也就是由市场的供求规律说了算。但市场变化无穷，并且说变就变，不好掌握。尽管如此，也要硬着头皮掌握。特别是种植品种，是决定农民收益的重要因素。无论是主要产粮区的农户还是非主要产粮区的农户，选择好种植（养殖）品种，不仅决定当年的实物收成，而且也决定经济收成。

在产品品种的稳定性上，农产品与工业产品不同。在工业企业中，确定了生产品种以后，一般能保持很长的生产时间，一直到产品被市场彻底淘汰后才需要转产，这个周期能持续几十年甚至上百年。但是，农产品品种却不同。由于农产品受气候、国内外经济和政策变动、本地市场相同品种参与人数的多少等因素影响，其市场价格、市场需求量始终处于多变的状态中。农家要想在种植业上取得更高的收入，必须经常调整品种，紧紧跟住市场的变化，以实现最好的种植效益。如在主要产粮区，国家对玉米、水稻和小麦等主要粮食品种给予的最低保护价、市场粮食销售价格，以及该种作物消耗农资成本的多少、国家财政给予的补贴多少，这些因素往往像指挥棒一样，指导和影响着农家选择种植品种。如果某种粮食品种的市场价格高，国家给予的补贴也高，足以抵偿农资成本，这种粮食品种就会成为农家首选的种植品种。如果经济作物利润高，农家就会放弃主要粮食作物的种植，改种有利可图的经济作物。那么，农家如何在调整种植品种过程中避免陷入怪圈，从而取得理想的效益？以下几种方法是值得参考的：

（1）逆向思考，算好经济账，适时调整。

在这里，有两种策略可以参考：一是以不变应万变。在一段时间里，种植的品种保持相对稳定，你有千条妙计，我有一定之规，看准了市场的变化，即使是说龙叫了，也不变，保持种植品种的稳定。二是适时权变，即时调整。看风向要变，撒腿就跑，及时更换种植品种。无论是哪种策略，算好经济账是第一位。

在算经济账、选择种植品种时，要注意躲开“跟风”的陷阱。这里举一个股票市场的例子。在股票市场上有一种怪现象，交易大厅里精明的股票专家赚不过交易大厅门口卖冰棍的老太太，因为老太太见买冰棍的人多了，也就是股票价格上涨的时候，这个时候就要把手里的股票卖掉；当买冰棍的人少了，也就是股票价格下跌的时候，就应该买进股票了。这个老太太的这种想法其实就是逆向思维。对农家来说，在选择种植品种时，有一个通常的做法就是“价高进，价低退”。由于大家都这么做，结果市场上出现了这样一种现象：农产品甲上年的价格高，今年大家就会蜂拥而上种植农产品甲。第二年，市场上农产品甲的数量大增，导致其价格下降。由于大家都种农产品甲，会导致农产品乙的数量少，从而农产品乙的价格上升。第三年，大家又会蜂拥而上种农产品乙。第四年，农产品乙又出现价格下降，农产品甲的价格又回升了，大家再次转向农产品甲的种植。如此“跟风”的农家不仅自身疲惫不堪，而且挣不到钱，因为卖出的时候总是价格最低的时候，因为踩在了不赚钱的市场节奏上。如何避免掉进这样的循环陷阱中呢?

①密切关注政府近期与此有关的大政方针。

前面提到，国家和各级政府为了保证各个时期的农产品需求，会根据宏观情况适时发布一些告诫性的信息，以引起各级政府、有关部门、生产单位的注意，以便提早预防。这些信息反映的是宏观需求和供给情况，是大的趋势，对于农民来说是最实用的参考信息。比如，近几年，为了保证全国人民的吃饭问题，国家对主要粮食作物给予各种补贴和价格保护政策。这就反映了国家希望农民多种粮食的愿望。所以，种粮食是国家支持的，农民按照这个要求种植粮食，也是有利可图的。还有一些是国家公布的预警性的信息。比如，2011 年生猪存栏数量少，国家适时提出了担忧，并宣传饲养生猪的好处等信息。还有，国家领导人最近关注的事情就是宏观上需要加强的地方，如国家领导人到农村了解农资使用的信息，就意味国家可能出台农资补贴等相关政策。密切关注国家和各级政府公布的大政方针，然后及时地进行调整，以便更好地保障稳定的收入。例如，2011 年，最先按照国家发布的信息增加生猪饲养的农户都赚了大钱，而后来跟风的却赔了钱。如果农家密切关注国家政策上的变化，紧跟形势，按照国家一定时期的要求适时调整种养品种，就可以得到稳定的收入。如果错过时机进行调整，市场就会变成另外一种情况了。那么，这些信息从哪里能够得到呢？最好的途径就是报纸、电视和广播。所以，农家应该注意收集这些信息，有时候阅读就等于在挖掘金矿。

②关注国际形势变化，及时调整。

从中国加入世界贸易组织至今，中国的市场包括农业市场，就不单纯是中国的，而是世界的。外国政治、经济形势的变动，多多少少会影响到我们。美国有一个气象学家叫洛伦兹，他在1963年提出了一个叫“蝴蝶效应”的理论，其大意为：南美洲亚马逊河流域热带雨林中的一只蝴蝶，偶尔扇动几下翅膀，可能两周后会引起美国得克萨斯州的一场龙卷风。其原因在于：蝴蝶翅膀的运动，导致其周边的空气系统发生变化，并产生微弱气流，而微弱气流的产生又会引起它四周空气或其他系统产生相应的变化，由此引起连锁反应，最终导致其他系统的极大变化。“蝴蝶效应”说明：一件坏的、微小的事情，如果不及时加以引导、调节和控制，任其发展，会给社会带来大的危害，戏称为“龙卷风”或“风暴”；同样，一件好的、微小的事情，只要正确指引，经过一段时间的努力，也将产生积极的轰动效应，或称为“革命”。积弱成强，就是这样的道理。2008年8月，美国发生了金融危机，很短的时间便波及亚洲，日本、韩国等相继受到影响。为了应对危机，这些国家相继减少农产品进口，造成我国以外贸出口为主的种植业产品出口受到了影响。2012年，日本由于海啸和地震自然灾害以及由此引发的政坛变动频繁等原因，国家经济遭受严重影响，人们的收入降低，导致市场购买力大幅下降，对农产品的进口需求也逐渐萎缩，从而也影响了我国一些地区的农产品销售。现在的市场经济是世界的、全球的，世界各国都联系在了一起，牵一发而动全身，一个国家出了问题，别的国家按照联系程度的不同也相继会遭殃。就好比美国得了感冒，日本就会跟着发烧，别的国家也会跟着咳嗽，哪个国家都别想独善其身，想挣脱出去，也不容易。所以，新时代的农家必须“眼观六路，耳听八方”，还要有一点“运筹于帷幄之中，决胜于千里之外”的本事。

（2）选优良品种，依靠新科技发财。

种子是农业生产中不可替代的重要生产资料，优良品种是研究人员经过多年的研究，并通过实践反复试验，又经过层层审核才允许在市场上销售的特殊商品。在种子的管理上，我国实行计划管理，没有实行完全的市场化，其目的就是保证种子的质量安全、可靠。农家购买种子，一定要到当地农业行政部门管理的种子公司购买，不能随意到市场上采购，并且要谨防商家“忽悠”，确保种子的可靠性。同时，还要积极采用新的耕种技术。使用可靠的种子和新的耕种技术，可能会多花一些钱，但这是值得的。

（3）要考虑环境保护和动物保护以及国际时尚的发展趋势。

环境保护和动物保护是人类文明的象征，也是人类为了保护自己，经过长期观察积累而形成的观念。这些观念直接影响着农业生产。比如，现在非常富有的人在饮食消费时首选原生态产品，野菜、野果、野生鱼类等成了这些人饮食消费的主打；一般富有的人则消费绿色和有机农产品，这些农产品虽然不是野生的，是人工生产出来的，但是是按照国家规定的农药使用标准和施用农家粪肥来生产，并按照传统方法加工的；收入处于一般水平的市民主要选择市场上价格比较便宜的农产品，这是人们消费的主要趋向。我们在种植和养殖及加工中，就要注意这些发展和变化趋势，按照这个趋势去组织生产和销售。

国际时尚是指在一定时间内，国际上流行的饮食、穿着、生活用具等方面追求和崇尚的风气。以上提到的追求原生态食品和绿色食品的风气，就是当前的国际饮食时尚。再比如，盛装食品的篮子流行用柳编制品，而少用化学制品、塑料制品；棉布或亚麻、丝质也逐步取代化纤类制品，成为国际上衣着使用原料的流行时尚。对这些趋势和变化，农家也要掌握，如果没有及时掌握这些变化，也会给我们的投资带来不利的后果。前几年，北方有一位农户见河北农户饲养貂赚钱，经过论证，觉得本地的自然条件比河北好，养貂一定能赚钱。所以，前年就投资开办养貂场。到现在，貂养得很好，但是貂的销路出了问题，养的貂没人买，并且前景也不看好。这项投资之所以出现这样的尴尬局面，主要是在投资时没有考虑国际时尚的变化。饲养貂的目的是为了卖貂皮，销售人群主要是发达国家的贵族阶层。由于近几年国际动物保护组织活动积极，一些国家抵制用动物皮毛或骨骼为原料的制品，有的国家海关还禁止穿貂皮的人入境，因此，贵族阶层的人随之改变了时尚追求。又加上近些年大气的温室效应，气候变暖，穿貂皮的人越来越少，所以，貂的市场价格一落千丈。而该农户正赶在这个时候投资养貂，其结果可想而知。

3. 眼睛盯住国家的“三农”政策

前面提到，农村经济活动是由“政府、市场和民俗”这三只手左右着的。其中，政府这只手是能看得见的手，主要通过政策约束、舆论导向和经济支持（如财政补贴）来引导生产和消费。根据目前农村劳动力、土地的实际情况，国家制定了一系列“三农”政策。其根本目标就是逐步缩小城乡差别，实现城乡一体化。具体目标是农业生产现代化、农村建设城镇化、农民生活市民化。围绕这些目标，又制定了一系列引导和鼓励性质的政策，比如，眼下迫切需要解决的农民增收、加强农业基础建设、农村的小城镇建设等政策。国家对每一项政策都给予了资金支持。农家要时刻关注这些政策，及时了解以便在投资活动中大胆运用这些政策。眼下，国家在三农方面的以下发展建设方向给予了大力支持，这些或许就是农家投资的好机会：

（1）小城镇建设。

在社会主义新农村建设中有一个主要的任务就是农村的小城镇建设。这个问题在党的十七大报告就提出了要求，那就是：“走中国特色城镇化道路，按照统筹城乡、布局合理、节约土地、功能完善、以大带小的原则，促进大中城市和小城镇协调发展。”通过发展小城镇建设，把人口、商品、文化、信息、科技、教育、金融和饮食服务等聚集起来，把农村变成功能俱全的小城镇生活环境。建设小城镇的过程就是建设小社会的过程，其中包含了许多投资和就业机会，有条件的农家可以积极参与这个过程，占领一席之地，分得一杯羹。

（2）小流域综合治理。

所谓小流域是指由一条坳沟或河沟沟道为主体所构成的，以分水岭和出口断面为界的一个独立而完整的自然集水区域，是山地和丘陵区的基本地貌组合单元。其范围没有固定的标准，一般在5～30平方千米之间。小流域综合治理是指在小流域内，在全面规划的基础上，建立水土流失综合防护体系，达到防治水土流失、合理利用土地资源的过程。通过治理，达到生态效益、经济效益和社会效益的协调统一。在治理过程中，涉及一些开发和预防性的工程，如栽树、整理河道、修建水坝、土地整理等，而这些工程的进行需要劳动力。这些物资和劳动力方面的需求，农家可以提供，有技术条件的，也可以承包某项工程。所以，小流域治理过程也是农家投资和提供劳务活动的好时机。

(3) 农业专业化和集中化建设。

当传统农业发展到一定阶段后，就要向更高层次发展，那就是现代农业。其主要的表现是从小商品经济向市场经济过渡。现在，一些发达国家已经先于我们跨入了现代农业的门槛，如美国、日本、欧洲发达国家。现代农业的一个主要特征就是实现农业专业化。所谓农业专业化是指农业生产单位（各农户）之间实行明显的社会分工，各单位逐步摆脱“小而全”的生产结构，生产项目由多到少、由分散到集中，由自给自足转变到专门为市场生产某种农产品，其他生产项目或者降为次要的地位，或者成为从属的、辅助的生产部门，甚至完全消失。农业专业化包括农业生产专业化、农艺过程专业化和农业区域专业化三个方面。

农业生产专业化是指把传统农业的一锅“乱炖”的生产过程分解成不同的生产单位，大家分别负责自己专业的部分，从而极大地提高产量。比如，可以把农产品生产、加工、销售混为一体的生产经营方式，分解成分别从事农产品生产、农产品加工和农产品销售的专门的生产经营单位，这样可以专心从事一种产业，以提高生产效率。

农艺过程专业化又叫农业作业过程专业化，即把生产某一种农产品的全部作业过程分解为若干个阶段，分别由不同的专业化的生产单位来完成。比如，家畜饲养中的养鸡产业，可以分成育雏、饲养、产蛋和鸡销售等，不同的专业生产经营者专门从事不同生产阶段的工作，这样可以保证产品的质量和产量始终处在最专业管理的程度上。

农业区域专业化又称农业生产区域化，是指根据所在区域的特点，形成专门集中生产某种农产品的专业化地区。比如，我国经过多年的调整和长期演进，在东北平原上已经形成玉米生产带、大豆生产带、水稻生产带和杂粮生产带；新疆、内蒙古形成棉花生产带、畜牧生产带；中原大地形成小麦生产带、玉米生产带；华中和华南地区形成水稻生产带、果蔬生产带等。这些地带生产品种相对集中，农场经营规模不断扩大。小规模的家庭农场逐渐减少，取而代之的是大规模经营的农场。

（4）农工商一体化，产供销一条龙。

在以上生产环节的专业化分工的基础上，实行农工商一体化、产供销一条龙，这是农业产业化最突出的表现形式。所谓“农工商一体化，产供销一条龙”主要是在农业企业集团、农业联合体内部，通过某种经济约束或协议，把不同农业生产单位生产过程的各个环节纳入同一个经营体内，形成风险共担、利益均沾、互惠互利、共同发展的经济利益共同体。如我国的蒙牛、伊利等乳制品联合生产企业，从奶牛的饲养、原奶的收购和运输，到乳制品的精加工、产品的销售和出口进行一体化经营，不仅效率高、周期短、生产成本低，而且随时可以根据市场的需求变化调整产品的品种和数量。经过多年的打拼，蒙牛、伊利现在已经成为我国数一数二的乳制品生产企业。

（5）服务社会化。

随着农业产业化发展，对产前、产中、产后各个环节的科技、防疫、信息、科研服务也提出了相应的需求。服务社会化就是由社会成立专门的机构来为农户提供以上服务。

（6）农村环境治理。

2012 年，中央已经把农村的环境治理提到重要日程上来，这将给农村发展、农村家庭生活和生产活动带来一定的影响。

以上是在国家政策的引导下我国三农事业发展的趋势。这些发展趋势，有的已经临近，有的已经成型。这些发展趋势或许离目前的大多数农家还有一定的距离。但是，市场经济就像是一条无形的绳索，将所有的经济单位都绑到一起，同呼吸，共命运，一损俱损，一荣俱荣。所以，农家必须要提前做好准备。对于像小流域治理等已经开展多年的项目，农家应该积极投入精力，争取在新农村建设中发挥出应有的作用。

以下是4个适当扩大生产经营的例子，希望可以给农民朋友一定的启发。

案例一：某种烟大户，全家4口人，有2个劳动力。除了自己的15亩承包地之外，又租用了15亩地，其中25亩种烤烟，5亩种水稻。当年，烤烟毛收入50 000元，水稻毛收入4 000元。当年的支出：支付土地租金2 000元，燃料费1 400元，肥料2 100元，外请劳力1 500元，自家2个劳动力成本折价8 000元。收支相抵后，当年纯收入39 000元，人均纯收入9 750元。

案例二：某种粮及养猪大户，全家6口人，有2个劳动力。集中了亲属家土地共35亩。其中，9亩种辣椒，收入18 000元，成本1 800元；15亩种水稻，收入15 000元，成本1 500元；9亩种玉米，收玉米10 000斤，折价7 500元，成本1 500元；其他土地种油菜，收入2 000元，成本600元。出栏商品猪220头，纯收入25 000元。全年收入共计67 500元。假设自家劳动力折价9 000元，则全年种养成本为14 400元，全家年纯收入为53 100元，人均纯收入8 850元。

案例三：某果树种植大户，全家5口人，有2个劳动力，租用加上自有的果园共40亩，园区内有梨、葡萄、李子、柿子、杨梅、板栗等近10种果树，其中梨树较多，有20亩，800多棵。由于管理得当，当年秋天卖果子就收入65 000元，扣除管护费4 000元，肥料款4 000元，药物、运输费用2 000元，外请劳力工资2 000元，其他耗材2 000元，自己投入劳动力折价6 000元，则纯收入45 000元，人均纯收入9 000元。

案例四：某种茶大户，全家4口人，有2个劳动力，拥有茶园

50 亩（其中租赁土地 30 亩）。目前有 30 亩茶园投产，每亩茶园卖青茶一年毛收入为 8 000 元左右，减去成本 5 000 元（包括土地租金、工人工资、肥料、自己投工折价、专用农药、运输费、电费等），每亩茶园的纯收入在 3 000 元左右，30 亩投产茶园每年的纯收入可达 90 000 元。在卖青茶的同时又培育茶苗，纯收入达 50 000 元。两项合计，全年纯收入 140 000 元，人均纯收入 35 000 元，劳均纯收入可达 10 万元以上。

以上介绍的种粮食、种经济作物（种茶、烟）、种经济林木（果树）和家畜养殖 4 种类型的例子，表明适当扩大生产规模是有利可图的。

正是：

人无远虑有近忧，
阴雨未到先绸缪。
农事按照规划走，
顺水顺风弯路少。
胸中备足未来策，
山林稼穑山富豪。

话题三　可借用的财富——农村环境资源的开发

青山绿水藏卖点，
环境资源也生钱。

一、哪些是农村的环境资源

所谓农村环境，是指影响村民及牲畜生存、发展的外部环境，包括空气、水、土地状况、植物、动物等物质因素，也包括涉及本村的历史、习惯、观念、制度和行为等非物质等因素，也就是说，环境既包括自然因素，也包括社会因素。

在农家的致富资源中，环境是一个可以依靠并在一定程度上可以利用的外部资源，因为一个村的环境是全村人共有的资源，在不影响其他人的前提下，经过一定的批准程序，每个村民都可以自由享用。具体来说，环境资源包括自然资源和人文资源两部分。

1. 自然环境

自然资源是指所在农村的自然环境，包括在视觉范围内的周围的群山、江河湖海等水源、空气、森林及村内的其他属于自然状态的资源。山主要包括远处在视觉范围内的山峦、近处的山包、沟壑等属于地形地貌方面的环境。

水是指临近村庄和在视觉范围内可见的海、江、河、湖、溪流、水塘、沟渠、蓄水池等以水为主的自然环境。

空气是指本村的自然空气。

其他环境包括道路、村内能看到并起到景观作用的树木（如古树、珍贵树木、绿化和美化树木等）、本村民居和其他建筑、场院等。也就是说，凡是映入眼帘的各种自然物都是农村的自然环境。

之所以把它们看成资源，是因为农家可以利用或者借助这个环境创办产业。在创办产业时，这些自然环境可以作为重要的陪衬要素。比如，村里有一个水塘，经过申请，农家可以在水塘边上开办一个农家饭店，由于有水塘这一自然环境陪衬，客人在水波荡漾的水塘边就餐，不时地看着鱼儿跃出水面，这样的就餐环境更吸引人，就容易招揽客人。如果农家临近葡萄园，就可借助葡萄园环境开办一个农家乐饭店，客人在挂着一串串葡萄的葡萄架下就餐能获得额外的享受。如果农家在临近古树边开一家土特产品专卖店，借着古树的名气和韵味，也能吸引更多的顾客购买。即使是远处有奇特形状的山峦，也可以作为农家开办产业的场所，客人在就餐时，不时遥望一下远处的山峦，也会增加愉悦的心情。所以，这些自然环境是名副其实的农家致富的资源。

在农村的所有资源中，自然资源是一切资源的基础，它属于大环境性质的资源，其他的文化、饮食等资源都是在这个大环境下发挥作用的。如果这个人环境干净整洁、风景奇特、山清水秀，那就会给其他资源带来好的环境，也会使这些资源更好地发挥作用。反之，如果一个村到处都是废弃的塑料袋，水面上漂浮着垃圾，村子里污水横流，臭气熏天，那这个村的所有资源都会被这个自然环境所破坏，也就无法成为可利用的资源，而是需要治理的对象。因此，自然环境是最重要的资源，是所有资源的基础。自然环境干净整洁并富有特色，是农家发财致富的前提。

应该看到，农村的自然环境，有些是可以通过人力来改造的。譬如，如果我们多植树，就会使村庄改变成绿色或者森林般效果的环境。如果能把溪水引入村庄，就会形成溪水环绕的水乡环境。反过来，如果把一个污染项目引入村里，也会使村庄的生存环境遭受灾难。

2. 农村人文环境

农村人文环境是专指由于本村祖祖辈辈的人类活动（包括历史和现代）而产生的社会大环境，是人为因素形成的一些记忆、传说、典故、历史、形象等社会性的资源，这些资源大多是无形的，它们存在于人们的观念和思想及口头上。虽然是无形的，但是它的作用却很大。一个新奇的故事就会使一个默默无闻的村庄陡然间出名。

在人文环境中，有一部分资源是有形的。譬如，当有人走进村子，看到一位童颜鹤发、仙风道骨的老人，就会使人产生一种这个地方的风水好、人长寿的感觉。反过来，一进村庄，首先看到一个衣衫褴褛或痴聋呆傻的人，很容易使人产生一种不好的心里感觉。

一个村庄如果现在或过去出现过著名人物，有过战事，或者居住过在历史上有一定影响的名人，或者发生过一些奇闻轶事、著名的天象（如陨石）和奇特的自然现象，挖掘出名人的坟墓或遗址、在近代发生过重要的历史事件等，这些也是不可多得的人文环境资源。杨利伟成为航天英雄后，对每个绥中（辽宁省葫芦岛市）人来说是极大的荣耀和鞭策。英雄的出现，也给当地经济带来了新的生机，得知杨利伟最爱吃绥中大白梨后，就借此机遇给本地的水果申报了“杨利伟”商标。此外，当地还酝酿在旅游、招商等方面也利用杨利伟的品牌效应。安徽省小岗村是农村改革开放的探路人，他们当时是顶着坐牢甚至要被杀头的可能大胆实行联产承包的生产经营方式。由于小岗村对中国农村改革开放的特殊贡献，也给这个村庄带来了人文效应，成为了代表农村改革的圣地，吸引许多人到这里参观学习和体验生活，这些也给小岗村带来了一定程度的商业发展机会，使这个村名也变成了一项资源。

当然也有利用“负面”资源的例子。西门庆本是小说《水浒传》中作者施耐庵塑造的一个人物，尽管此人名声不佳，但可以说是家喻户晓。近两年，在发展地方经济的推动下，这样一个人物也成为了被挖掘的资源，山东省两个县和安徽一个县一共三个地方在争夺西门庆故里的名分，三个县都号称是西门庆的正宗出生地。其中一个县竟然还对外宣称挖掘出并复原了传说中西门庆与潘金莲第一次幽会的地点。难怪有人感慨道："荣辱何须论短长？流芳遗臭尽文章！西门一段风流债，万户千家认老乡！"其实这三个县要争的并不是西门庆这个人物，而是在争取这个旅游资源，因为有了这个资源就可以招揽更多慕名而来猎奇的游客。这几年兴起的乡间旅游，很多就是利用乡村自然环境和人文历史资源来发展经济的。

由人文环境可以引发出人文景观，所谓人文景观又称文化景观，是人们在日常生活中为了满足物质和精神等方面的需要，在自然景观的基础上增加了一些相关的文化特点。比如，传说、故事、事迹、碑文等口口相传和文字记载相结合而构成的景观。近几年各地广泛开展的红色旅游，就是在原有自然环境资源的基础上，再糅进国内革命战争和抗日战争的有关革命事迹而形成的人文景观。

从理论上看，人文景观具有以下几个方面的特点：

（1）能给乡村旅游带来很大的吸引力。

有了乡村青山绿水的自然环境，再加上一些故事和传说，这个环境就会生动起来，从而吸引更多的人。杭州的虎跑寺是著名的弘一法师李叔同出家之处，因此，这个寺庙的香火特别旺，很多游客到杭州，一定要去那里感悟一番，休会、品味大师曾经生活居住的环境。这就是一个特殊的人文资源。东北出过许多著名的历史人物，他们生活过的地方，无论是住房或街道都是值得挖掘的资源，只要能够挖掘出来，就是一项可以利用的资源。当然，挖掘历史并不全是为了商业目的，更深层次的是为了更好地传承中国文化，在传承文化的同时兼顾商业利益，这是一件再好不过的事。

（2）能展现一定时期的历史。

一个村庄，如果挖掘出特殊一点的人文历史，就可以提升这个村庄的名气，从而吸引游客前来参观和游览。所以，要想拥有人文景观就应具备一定的历史积累。2010 年，河南安阳县安丰乡西高穴村据说发现了曹操高陵墓，国家有关部门进行了考古挖掘。就在考古挖掘进行的过程中，当地民众和政府相关部门就预测了这一次发现可能给当地带来的旅游资源，将产生多少旅游收入，还会带动相关的商业、工艺品加工、交通等产业的发展，宏图一片。这就是人文历史的作用。

（3）要形成人文景观，还需要有一定的文化内涵。

这里所说的文化内涵是指人文景观要能反映出高尚的人类精神和思想方面的内容，反映出的事理要正确，要符合国家、民族大义，不能低级趣味。同时，这个文化内涵越丰富越好。

（4）可以用多种形式表现。

人文景观既可以是实物，如房屋、场所、文物古迹，也可以是精神形式的，如神话、传说、民俗风情或者说唱艺术等多种形式来表现。表现形式越贴近当地实际越好，比如，东北地区就可用二人转形式表现，苏南苏北地区则用评弹艺术表现最好。

人文景观还可具体分为以下几类：

第一类是文物古迹类，包括古文化遗址、历史遗址、古墓、古建筑、古园林、古洞窟、摩崖石刻、古代文化设施以及其他古代经济、文化、科学、军事活动遗物、遗址和纪念物。例如，沈阳故宫、北陵公园，桓仁县的清陵，丹东的明长城，宽甸县的五女峰，西安的兵马俑，甘肃莫高窟石刻以及象征我们民族精神的古长城等，这些闻名于世的游览胜地都是前人留下的宝贵人文景观。

第二类是革命活动地，包括现代革命家和人民群众从事革命活动的纪念地、战争遗址、遗物、纪念物等。例如，丹东抗美援朝纪念馆、东北抗日联军遗址、黑山阻击战遗址等。这些人文因素加上当地的自然风景，就形成了特殊的人文景观。如果哪个村庄与当年的革命活动有联系，就可发展成独特的环境资源。

第三类是现代经济、技术、文化、艺术、科学活动场所形成的景观。如果村庄比邻知名度高的古迹、剧院及各种展览馆、博物馆，或者是农业示范园、农业观光园等，这些同样是很好的环境资源，可以把科研、科普、观赏、参与结合为一体，开展一种符合新时代特点的观光活动。

第四类是地区和民族的特殊人文景观，包括本地区特殊的风俗习惯、民族风情，特殊的生产形式和生活方式（如云南摩梭人的走婚文化、东北满族的萨满文化等）、贸易活动、文化艺术及体育和节日活动，民居、村寨、音乐、舞蹈、壁画、雕塑艺术及手工艺成就等丰富多彩的风土民情和地方风情。例如，近几年的旅游旺地云南，除了具有得天独厚的自然条件外，居住于此的各民族独特的婚俗习惯、劳作习俗、不同的村寨民居形式、服饰、节日活动等，这些都会形成独特的文化景观，可以吸引更多的游客。一些昔日的“雕虫小技”也能登上“大雅之堂”，既使传统手工艺得到了传承，也帮助当地农民找到了致富“宝葫芦”。

二、怎样利用农村的环境资源

以上介绍的是一些环境资源的理论知识。那么，对于农户来说，应该如何利用这些环境资源来发财致富呢？

1．利用农村大环境资源，借助他山之石来为我所用

这是一种借助农村公共的环境资源和别人的资源来为自己发财的办法。如果农户靠近名胜古迹或湖畔等，就可以借助主景区外的周边地理条件办一些辅助性的商贸和其他服务产业。比如，可以办个家庭小旅馆、风味小吃店、休闲茶饮店、美容美发店、土特产品售卖点等，拾遗补缺，在不冲击主体景区利益的前提下，通过开发辅助性的环境资源发财致富。这样的资源我省各地都比较丰富，应该大力发展。

要利用别人的资源，实际就是寄人篱下，就要做好与资源权益相关单位的利益沟通，有时还要付出一定的代价，比如要支付一定的遮光费、排污费、环保费等费用。同时，在经营中还要注意与相关单位保持良好的关系。

在谈到这一点时，还要多说几句。从实行联产承包责任制以后，农户基本上是以单打独斗的方式从事生产和经营活动。但是，我们现在是处在市场经济条件下，这就要求我们不能做传统农民，而要做现

代农民。做现代农民就不同以往了，以前是重农抑商，对商人另眼看待，认为无商不奸。现代农民则需要从商，从商以后，就需要与各个行业、各种各样的顾客以及众多的监管部门等发生不同性质的关系，甚至与周围邻居的关系也发生了变化。这就要求农户学会与不同的人打交道的本事，同时还要注意兼顾同行业中别人的利益，不能吃“独食”，只有这样，小生产不断积累才能做成大买卖。西安市有一个著名的小吃叫“贾三包子”，历史悠久，其经营之道，除了诚实守信、童叟无欺、注重品质外，还有一个就是关照同行。他们每天只做三袋面的包子，卖完了就改卖别的产品，以照顾那些名气不如他们但同样以卖包子为生的商铺。他们这种做法，既照顾了别人，也提升了自家店的名气，一举多得。

2. 农家自身挖掘和制造景观

如果实在没有什么可以借助的资源，农家就需要自行挖掘人文资源或自然资源，以达到利用的目的，这种情况可以称为挖掘和制造景观（这里所指的景观并不是指建造一个类似假山之类的景点）。如果能够挖掘和采集到农户周边某一建筑、山沟、物件、植物有特殊的历史或有一段故事，或者是形状有奇特之处，或者与某个名人有一点关系，都可以称为人文景观，都可以成为卖点。具体可以从以下几个方面入手：

（1）挖掘历史或现时人物或事件。

这里的挖掘是把过去的事件、人物的历史和故事挖掘出来，形成景观资源。就东北来说，有悠久的历史，从上古开始就有人类繁衍生息，多少个民族在这块土地上世世代代生存发展，多少重大的历史事件是在这块黑土地上发生的，可以演绎出多少故事趣闻，这些都是人文景观可以开发的最好资源。不用说远的，光抗日战争和解放战争就有多少故事发生在东北。东北抗联是东北地区抗日斗争的光辉典范，当年抗联的活动区域主要就是白山黑水之间，在这里，他们演绎了许多可歌可泣的革命故事。这些历史、典故如果挖掘出来，仅就一个东北抗日联军的历史，就可以给我省丹东地区、抚顺地区、沈阳地区、本溪地区的人文历史添上浓重的一笔，可以给千万个农户带来丰富的旅游资源。解放战争时期，在三大战役（东北战役、平津战役和淮海战役）中，东北战役是第一个战役，也是最重要的战役，没有东北战役的胜利就没有后面的胜利，所以，围绕东北战役就可以挖掘出众多的故事，这些故事就是最好的人文资源。除此之外，再往前追溯，汉代、唐代、宋代、辽代、金代、明代和清代很多事件都发生在东北，辽代、金代和清代的辽宁是当时的首都所在，这里埋藏了浩瀚的正史和野史故事，把这些故事与村子里的青山绿水相结合，再辅以一定的宣传，就能逐渐吸引大量的游客。

（2）制造故事。

所谓制造故事并不是让人们编造谎言，而是根据一定的地理地貌、湖光山色和人文故事，再挖掘一些与此相关的新故事与这些自然环境和人文历史相结合，以形成更加有特点的奇闻怪事。也就是制造善意的故事。就像我们到地下溶洞参观，讲解员会根据溶岩的形状编一些动人的故事讲给游客听，以引起游客的兴趣。许多流传至今的传说，都是古人善意编造的。历史上就曾有这样一个民间故事：一个进京赶考的书生，在一座荒山野岭上发现有猎人下的野鸡套上套着一只野鸡。这时的书生正饥渴难耐，就解下野鸡，烧熟后饱餐了一顿。吃完后感觉不过意，便把随身带的一串鱼干放在野鸡套上便继续赶路。猎人溜野鸡套时发现后惊讶不已，在荒山野岭竟然套到了鱼干，这太不可思议了，肯定是神仙显灵的结果。此事一传十、十传百，当地群众都相信这是神仙显灵，便集资在该荒山野岭处建了一座庙宇，命名为“干鱼庙”，一时间香火兴旺。三年后，书生赶考顺原路返回，看到原来的荒山野岭处建起一座干鱼庙，百思不得其解，打听后才知道庙宇是因何而建，便写下一首打油诗：“来时野鸡套，回时干鱼庙。世上本无神，都是凡人造。”

历史上有一些事件和人物也是编造出来的。水泊梁山和一百单八将以及孙悟空等人物和花果山等地名都是作家凭空创造出来的人物，可是这些虚构的东西被现代人用上了。江苏省连云港市花果山中的水帘洞，就号称是当年孙悟空待过的地方。紧接着福建武夷山九曲溪、湖南衡山、陕甘道上的彬县也发现了水帘洞，都号称是正宗的孙悟空待过的水帘洞。现在又有证据说江苏连云港的水帘洞是正宗的，因为《西游记》作者吴承恩是江苏淮安人，而淮安与连云港又相距较近。

林冲、鲁智深、潘金莲和西门庆以及水泊梁山的其他人物也是作者凭借一定的资料创造出来的人物。经过历史的沉积这些人物及其所处的地点倒成了真事，还引起了现代人把他们当成历史来探究，甚至还出现了为争夺西门庆的出生地几个县争吵不休这样的事。采挖人参是东北一个历史悠久的行当，领头赶山的人叫人参把头。吉林省一个县正处在古代采挖人参的人进山的线路上。几年前，当地凭借民间传说就修建了一处“人参把头坟”，还根据民间流传的参农传唱的民谣“家住蓬莱本姓孙，千里迢迢来挖参，三天吃了个蝲蝲蛄，你说伤心不伤心”为证，说人参把头姓孙，这个坟就叫孙把头坟。就是这样一个臆造的空坟，也能吸引不少人来参观。

这方面，我们应该向住宅开发商学习，为了增加商品房的卖点，他们是先造景后卖房，而且造景的想象能力很强，在宣传的用词上有颇具夸张性的“创意”，能把一滩浊水描绘成浩瀚的太平洋，能把楼前的一棵小树勾勒出大森林的效果。如果我们能把商品楼开发商造景的精神用到农村环境资源开发上，农村会出现更多更好的环境和自然文明景观。

所以，只要符合不伤害国家和民族大义的原则，编造些善良而有意义的故事，再把这些故事做资源当卖点来实现致富的愿望也是一件有意义的事情。

由于经济的高速发展，人们的居住环境已经向现代化的大城市转变，但是有很多个民族的根还在一些古村寨中，所以，国家对超过百年以上的古村寨（民国以前形成的村寨）的原始房屋建筑和各种古迹实行保护政策。如果你所在的村庄有这些资源，就应该寻找国家政策上的保护，而村民也可以开发利用这些资源吸引外来游客。

三、怎样宣传农村的自然资源

市场经济与自给自足的自然经济不同，在自然经济条件下是为自己消费而生产的，而在市场经济条件下则是为别人需要而生产的。为了让别人知道你有什么产品，可以提供什么服务，就要宣传，通过宣传把你的产品和服务特点告知消费者，继而推向社会。在市场经济下，商品的宣传是包括在销售环节的，作为销售环节的一环。

古代皇帝的女儿和普通百姓的女儿在婚嫁上是不同的，皇帝的女儿不愁嫁，不管长得多丑，也不愁嫁不出去，所以也不用宣传。而普通百姓家的女儿却要委托媒婆来说媒。同样，作为普通的农村与大城市也不一样，大城市人气旺，什么东西都能卖出去，特别是像北京这样的超大型城市，更是如此。但是农村就不行，有好的东西不宣传外界是不会知道的。所以，农村环境资源创造出来后，就需要通过宣传来让外界知道，以实现它的价值。这个宣传过程就是景点的售卖过程。从经济循环角度看，制造环境资源属于规划过程，宣传过程就是策划过程。没有宣传过程，这些资源外面不知晓，就会被束之高阁，发挥不了作用。同样，如果宣传不到位，人气上不来，知道的人不多，也达不到目的。东北人善于“忽悠”，但是这主要体现在日常生活的笑谈中，在经商方面，反倒是老实本分，不会“忽悠”了。其实，文化需要宣传，不宣传文化就传扬不出去，宣传的手段之一就是会“忽悠”，所以东北人应该把擅长的“忽悠”能力用到商业活动当中，这样才能获得经济效益。

要宣传农村环境资源，可以按照少花钱、办多事的原则进行，主要的办法有：

(1) 印刷宣传材料或名片。

通过印刷一些景点介绍等宣传资料来达到宣传目的。宣传材料的内容应该满足“三个点”的要求，即特点、卖点和买点。所谓特点，是指所宣传的景点要有不同于其他景点的特色，有不同点才能吸引人，不同点越明显，吸引来的人就越多。所谓卖点，指所宣传的景点要有独特的服务，能满足人们的需求，人们才愿意来，比如，你所宣传的景点不但风景好而且饭菜也有特色，服务态度也好，还讲究诚信，那么就能吸引更多的来客。所谓买点，是指所宣传的景点要使消费者愿意花钱来观赏，那么景点的买点就自然上升了。

在介绍所宣传景点的特点时，应该注意宣传得越具体、留下的悬念越多越好。比如，在介绍所宣传景点的特点时，经常会说“这里风景优美，拥有天下奇观”，但如果换成“这里风景奇特，景区拥有关外十八景”，就能吸引更多的游客。因为“天下奇观”这一说法空一些，而“关外十八景”就具体化了，能吸引更多的人来观看和探究，看完了这个景还想看另外一个景。

（2）电话联系。

电话联系并介绍是一种常见的销售办法。许多农产品就是通过电话销售出去的。但是，电话联系并不等于随机地打出大量电话，而需要一定的技巧。一般情况下打电话时要注意：

①首先要树立足够的自信心，相信所宣传的景点，也相信自己有能力做好这件事，有了信心才能有底气，有了底气才有可能说服对方。

②打电话给对方前要想好该说的话。

③打电话或接电话时首先要调节自己的心态，不能太紧张。

④要调整好自己的语调和语气，要有热情。

⑤注意文明礼貌，在不影响对方的情况下介绍情况，并要控制电话时间，简化你的对话内容、保证谈话效果。

（3）寻求媒体支持。

目前，无论是报纸、广播，还是电视台、网络，对涉及农民的事物都有相应的支持政策，而且会在宣传价格上给予优惠或提供各种帮助，农民兄弟应该积极与它们联系，寻求帮助和支持。

（4）与旅行社合作。

目前，各家旅行社都想方设法开发旅游产品，如果我们周边的环境资源有特色，就会引起旅行社的兴趣，可以与旅行社共同开发和经营。比如森林旅游，特别是其中的住森林木屋和溪水漂流及采挖等项目，是近几年各家旅行社在寻找的开发项目，而我省北部山区符合这样条件的乡村比比皆是，如果宣传得好，就会引来更多的合作者。

四、在开发和利用农村环境资源时应该注意的问题

开发和利用农村环境资源，是一项投资活动。凡是投资活动，都要耗费自身财力并要与周围自然和非自然环境发生关系，且伴有一定的风险（没有风险的投资是不存在的）。为了减少风险，保证投资活动取得预期的经济效果，就要注意以下问题：

1. 项目的选择和服务内容及地址的选择应该因地制宜，体现本土特色

（1）项目的选择要因地制宜。

适合农村自然资源开发的产业类项目主要有三大类：一是餐饮服务类，如开办农家乐、乡间旅游、农村生活体验等；二是商贸类，如办一个售卖当地特产的商铺；三是其他服务类，如开办浴池、美容美发等。首先，选择哪一种项目主要考虑当地消费群的需要，当地不需要或者当地消费不起的项目不能上。其次，这个项目是否适合当地的气候、风土人情。如果这是一个少数民族居住的村庄，那么所选择的项目一定要符合民族政策和当地民族习惯。如果这是一个水面广阔的地区，选择的项目就应该围绕水产类考虑。如果这是一个高寒地区，那就要选择适合烧烤、乱炖等热闹、热乎、热情的“三热”饮食项目，要适合这个地区的气候特点。项目的选择能真正做到因地制宜，就会给这个投资活动打下一个良好的基础。

（2）服务方式要有本土特色。

俗话说，什么时候说什么话，到什么山头唱什么歌。我们的产业是在农村中创办，那就要有农村特色。所谓农村特色，就是要有土气，越土气越有特点，千万不要搞成南不南北不北、城不城乡不乡、洋不洋土不土的“四不像”项目。比如，有的农家乐要求服务员的穿戴向城里大饭店学习，穿旗袍和高跟鞋服务，这与周围的泥地、草

房不相匹配，就有些不土不洋了，还不如穿农村带大襟的衣服更合适，如果穿家织布（家庭自己纺织的土布）的衣服就会更好。

就算是“土气”也还是要符合当地的特点。所谓“一方水土养一方人”，一方人有一方人的价值观念和生活习惯。同样是东北人，吉林、黑龙江和辽宁三省的民风和生活习惯就各不相同。同一条河流，上游和下游的民风也不同，同样是鸭绿江流域，下游的丹东和中游的集安就不同，集安又与上游的长白县不同。即使是同一方水土内的村寨之间也不完全相同。所以，在服务方式上要尽量考虑本地化，不但在大方向上符合本土化要求，而且要有独到的本地特色。

小知识 3—1

本地和本土的不同点

本地是具体的一个点，如具体某个村镇、某个村，也可以扩大到某一片；本土则是比本地稍大一点的范围，可以是一个省的范畴，也可以是一个地区和一个县的范畴。

在南方的一些红色旅游的景点附近，农家办了一些农家饭店，他们打出了红军的牌子，设计了当年红军吃过的红米饭、南瓜汤和米酒，还给米酒起了个名字叫“红军可乐”，很受游客的喜爱。可是到景点中却发现，售卖的纪念品有很多是与本地景点项目不搭边的纪念品，想买红军当年穿过的草鞋、布衣、斗笠什么的买不到，摊位上都是外地的珍珠项链和一些假古董。

在我省东北部地区，历史上满族、赫哲族、鄂温克等少数民族，东北抗联、东北军、解放军、抗美援朝志愿军等革命武装力量都留下了许多历史、事迹、战绩和故事等，也留下了当年他们在饮食上、居住上的一些习惯。仅就饮食方面，就有丰富的资源，如果开发出来就是最鲜明的本地特色。比如当年的抗日联军，常年战斗在深山老林，条件非常艰苦，但是战斗力却异常旺盛，除了他们的革命斗志外，还要得益于他们以野菜为主的饮食，这个以野菜为主的饮食就有开发价值，如果再起个带有抗联的名字就是一个特色。历史上的高句丽民族，他们喜食生冷食品，善于腌制野菜，但他们大多长寿，其中就有饮食方面的原因，如果挖掘出来，就会有独特的卖点。

在房间和景点的布置上，也要符合土气和本地化特点的要求。在布置景点时，要体现本地的特色，因为我们是在乡村里开发利用，所以其景观的设计在风格上就应该体现当地特点。但有一些农家餐旅饭店不是这样做的，在外观的布置上却模仿城市里饭店的豪华，桌子和凳子也按照城里大酒店的样式配置，结果花了不少冤枉钱，效果却不好，就像一个人身着一身西装，脚上却穿着一双球鞋，不协调。

（3）服务质量要标准化。

虽然我们在总体设计上要体现本地化特点，但是在服务质量的标准上却不能本地化、更不能低档次要求，要高标准、严要求。这里面包括服务态度、饭菜质量、卫生条件等方面一定要符合有关部门的要求，不能降档次。这里面的卫生不仅指环境卫生和干净，也包括在饭菜的营养搭配上要符合卫生要求。一般情况下，食物中的蛋白质、碳水化合物、矿物质、维生素、膳食纤维等要素国家都有健康标准，农家饭店在饭菜制作和配比上，不仅要求口味好，有特点，在营养搭配上也要符合国家营养搭配要求。

2. 规模和档次上要量力而行

所谓量力而行，就是根据自己的经济能力来决定办多大规模和设定什么样的档次。其实主要是看这个项目未来能带来多少经济效益，风险有多大，中间需要多少流动资金，然后再看看自己在资金（也包括物资）方面的储备能力和筹集能力，也就是看有多少存款，如果存款不足，是否能以最小的代价筹集到所需要的资金和物资。

对未来经济效益的判断，本书专门有一章“农家投资和资金筹集”来讨论，这里不再赘述。需要指出的是，这里所提的量力而行并不是根据你现在有多少钱来确定项目是否建设和建设规模多大，这种考虑是静态考虑，太保守。我们提倡的是要用发展的眼光去看，也就是说，要用动态和发展趋势来分析和决策。如果项目看好，就可以采取举债赊欠或采用其他办法（如租赁）进行，不能等到钱赚够了再投资，到那时“黄花菜都凉了”，投资的好机会不会永远等着你，机会一旦错过往往就不会再来。有的人以为搞投资是有钱人的行为，只有有钱才能投资。其实不然，有钱的人就不一定需要投资了，他们要举办如慈善、募捐、公益等更高雅的活动，没有钱的人才更需要研究投资，通过投资来改变命运。

所以，对农业方面的开发和利用各种资源等的投资行为，既要审慎又要大胆，抓住机会，敢于下手。

在这里要提醒的是“谨慎跟风，切忌盲从”。所谓谨慎跟风，是指对别人已经开展起来的同类成熟项目，如果这个项目是外地的，本地还没有，这样的项目可以大胆跟进；对本地已经有的同类项目，我们再上，就是跟风，这时就要格外谨慎小心了。所谓跟风的实质就是参与竞争。是否要参与竞争主要看市场的饱和程度，如果该种产品或服务市场并不饱和，就可以大胆跟进。如果有饱和的趋势，就要谨慎，要仔细研究，甚至赶紧掉头转向或放弃。比如，村子里已经办起了几家饭店，你要再办，就要设计出与那几家饭店不同的菜品和不同的服务方式。比如，你开的是满族风味的饭店，我就开朝鲜族风味的饭店，相互补充，这样大家都有生路。如果没有新思路，只是采用同样模式去硬性竞争，就容易出现恶性竞争的后果：甲饭店为了招揽更多的顾客就压低价格，乙饭店为了生存也压低价格，最后两家做起蚀本买卖，结果就是两败俱伤。

所谓切忌盲从，是指在投资决策中，不经过细致、全面的分析研究，只是根据主观臆断来进行投资项目决策的行为。切忌盲从是投资中经常提起的警句，所谓盲从就是没有经过精心计算和精心策划，也没有经过实地调查，人云亦云，仅凭一股热情就上马的项目，这样的项目往往是注定要失败的。

东北某地盛产葡萄，把葡萄榨成汁，卖葡萄汁的利润要比卖成串的葡萄多1.5倍左右，要建一个榨汁站需投资约500 000元，预计当年就可以回本。一些农家看好了葡萄榨汁产业，在当地建起了一批榨汁站，这些榨汁站当年便面临原料不足的困难。可是，2012 年又新建了 4 家。但是当地的葡萄种植面积并没有增加，反而还减少了近 2 000亩。所以，到 2012 年秋天，这些榨汁站将面临本地原料来源紧缺的危险，如果到外地收购，在当前能源价格如此高涨的情况下，运输等各项成本就会增加。这些榨汁站都很头疼，忧心忡忡，正在积极想办法。所以，这种盲从性的投资必然会带来极大的风险。

3. 保护环境

保护环境是一条最重要的原则。前面提到，农村的自然环境是农民发财致富可以依赖的资源，没有了这个基础，农民任何发财致富的设想都将是泡影。既然这项资源如此重要，就要加倍的爱护，要像爱护自己的眼睛、珍惜自己的生命和名誉那样爱护和保护它。目前，多数农村存在的问题是：

（1）被污染的农村环境。

现在，多数农村的生活垃圾和污水没有合乎环保要求的掩埋办法和场所，任其自由排放。还有一些村庄饮鸩止渴，在招商引资中引来了一些污染项目，钱没有挣到，反而被工厂排出的废水、废气、废渣污染得一塌糊涂，面目全非，甚至到农民无法生活的地步。

（2）被破坏的农村环境。

一些农村没做好环境评估就办起了或引进了小水泥厂、采矿场、采砂场等以挖掘和采掘化石资源为主的企业，这些企业把大山挖掘得满目疮痍，昔日绿树丛生的山脉变成了泥石沟壑、寸草不生的荒野；采砂场把河流挖掘得支离破碎，昔日的碧水清流变成今日的黄汤翻滚，泥沙俱下；这些工厂排出的废气弥漫在农村的原野和天空上，让人无法喘气，甚至令人窒息，昔日的月朗风清变成了今天的乌烟瘴气。前几年，因为工厂排污等原因导致的突发性环境事故接连发生。西北某县发现 250 名儿童“血铅超标”事件；南方某省因对一铅锌矿污染的恐惧和不满而发生与污染企业的冲突；因饮用水砷超标，南方某市的 80 000 多名群众饮用水受到严重危害等事件比比皆是。环境的破坏就是对生我养我的家园的破坏，家园被破坏，何谈发财致富？

（3）被透支的农村环境。

所谓透支环境这里主要指对土地资源的使用只注重从土地上攫取粮食而不注意保养土地，使土地中腐质物数量严重减少，土地板结严重，肥力逐年降低。土地肥力的降低会导致土地的沙化、荒漠化或石漠化（指土壤层被风、雨等外因剥蚀，使土壤层变薄，底层的石头冒出），使自然环境遭到一定程度的损害，也使农作物的品质严重降低。

以上提到的问题，是我们在农村环境开发和利用中不可回避的问题。也提醒我们在利用农村环境资源的时候，如果仍像以上所提的那样，只注重使用而不注意维护和养护，甚至破坏，垃圾随处堆放，塑料袋漫天飞舞，这势必严重影响农民的生存条件，到头来一切资源都将毁于一旦，到那时，别说是利用环境来发财致富了，就是生存的基础都将坍塌。

值得欣慰的是，目前农村环境治理已经成为党和各级政府密切关注的问题。2012 年中央一号文件就提出："把农村环境治理作为环保工作的重点，完善以奖促治政策，逐步实行城乡同治。"在中央的要求下，各地政府正在加大力度解决农村污染等问题。我们在利用农村环境资源开办一些项目时，必须把环境保护放在第一位，对可能排放的污水、气体以及可能产生的垃圾、噪音和刺激性的强光等都要事先估计到，并有相应的治理办法。一时想不出好办法的，就请教当地环保部门，当地环保部门仍不能解决的，就请大专院校和科研部门作为课题研究解决，总之就是一句话：绝不能坑害家乡，坑害生我养我的家园。

4. 保护好历史遗迹

应该看到，经过了文化大革命的十年浩劫，也由于这几年房地产的过度开发，再加上长期以来对传统文化的不重视，农村中现存的历史遗迹已经很少了。对现在仍然存在的历史遗迹，要像爱护眼睛一样来珍惜和保护。所以，要制定很好的保护政策并切实执行。特别是一些老村寨，都会存在一些历史遗迹，如老式房子、废弃的碉楼、老古井、废弃的碾子和石磨、废弃的老式牛车、老式的衣物和家具，这些建筑物和物件都记载着历史的沧桑，都应该好好保护。其保护的缘由以后章节中还会提到。

正是：

好雨池塘涟漪现，
好风襟袖感觉真。
青山绿水虽无言，
农家爱惜需情深。
如借村色觅新径，
勤奋荒草变森林。

话题四　可采编的财富——农村文化资源的挖掘

莫嫌村野书香淡，
风俗人文好资源。

一、什么是农村文化资源

从本书开头我们就接触到了“资源”这个名词，在此还要复述一下这个概念。前面已经提到，所谓资源就是生产资料和生活资料的天然来源，是人类生存和发展的基础，主要有自然资源、经济资源、人力资源、文化资源、政治资源和制度资源等。资源的特点是潜在性和具有经济价值，在一般情况下它是潜在的，在得到利用的条件下可以实现价值。就像一粒种子，放在口袋里没有什么变化，一遇到泥土和水分，就会生根发芽。一条河流在没有别的开发和利用前，就在那里默默地流淌。但是一旦搞起漂流，给人们带来了新的用途和特殊的享受，就会产生旅游经济效益。同样，一旦修成水渠，将水引入稻田，灌溉庄稼，便产生了农业经济效益。

那么文化资源呢？所谓文化资源是指人们所从事的一切与文化活动有关的生产和生活内容的总称，它以精神层面的存在为主要形式，同时文化资源也能够产生直接和间接的经济利益。

文化资源的直接经济利益主要体现在演出卖票，取得票房收入。文化资源的间接经济利益主要是通过文化娱乐使人们得到娱乐享受，进而提高劳动积极性而产生的经济利益。文化资源的丰富程度和质量高低以及对这些文化的利用程度对当地的经济和社会发展产生多重作用。

一个地区文化积淀多，其资源就丰富，如果再注重开发，由此引来的产业和人脉就多，当地的经济和社会就会得到更快的发展。

就像东北的“二人转”，虽然流传了几百年甚至更长时间，但是停留在小规模、低层次上，经济效益也很微薄。自从赵本山带领众师徒大胆改革，提高了“二人转”的表现层次和演出品位，并频繁出现在国家主流媒体后，使更多的人了解、接受进而喜欢上这种艺术形式了，使“二人转”艺术得到了前所未有的发扬光大，形成了一条产业链，由此也给演出团体、演员及产业链条的相关各环节带来了丰硕的经济利益。

与别的资源相比，文化资源具有一定的特性：

1. 无形性

文化资源主要存在于精神层面，平时看不见摸不着。例如，北方山区有信奉“山神爷”的传统习俗，据说3月16日（农历）是山神爷的生日，每逢这一天，山区的人们都会举办一些热闹的祭拜活动，但各村的祭拜形式又有不同，由此就形成了独特的山区传统文化。还有中国人家喻户晓的儒家文化，我们所能体会到的思想来源于儒家的诸多论著以及人们口口相传的孝悌典型人物事迹，它总是无形地存在于人们的思想灵魂中。这个特点也告诉我们，在进行文化资源开发时，应该特别注重不断提升和丰富精神品质，把正确的、符合时代特点的精神层面的文化资源开发出来，并使其发扬光大，而远离那些低级趣味类的文化，也就是我们常说的低俗文化，我们要开发和利用的是先进文化，只有这样才能深刻把握文化资源的丰富价值和意义。比如，前面提到的东北“二人转”，现在已经走出东北，成为大江南北乃至港澳台都喜闻乐见的乡土文化，甚至还传播到欧美等发达国家。但早期的“二人转”中却掺进了一些“荤段子”等低俗内容和形式，使“二人转”登不了大雅之堂，给这种文化形式带来了一定的负面影响。现在各地开发的“二人转”等民间艺术，就剔除了低俗的糟粕，变成了能登高雅殿堂的艺术，从事这个行业的艺术人员，也得到了前所未有的经济效益。这个特点提醒我们，在挖掘乡村文化资源时，不一定只从已有的文字资料这个渠道中寻找，还可以扩大途径，从百姓的口口相传中、记忆中、想象中去挖掘，也就是说，不一定从已有的资料中挖掘，还要善于从未知的层面上挖掘，有时候甚至需要“无中生有”，只有这样，挖出来的文化资源才有新鲜感。

2. 差异性

所谓文化的差异性是指文化的内容不同，而且又是以不同形式表现的。文化的特征越明显，也就越吸引人。风情万种、千姿百态才是文化，如果在内容和形式上平平，千人一面就没有特点。比如，前面提到的山区祭拜“山神爷”，虽然大家都在祭拜，但是在形式上却各有千秋，一个村一个样，有的在村里举行公祭，也有的村是一家一户到山上个别拜祭，穿戴打扮也不一样，念的祷词内容也不一样，从而形成风格各异的北方山区祭拜文化。之所以文化资源有差异，是由于文化资源产生的背景和条件等不同，导致不同地域的文化资源大不一样。这也是文化资源得以交流和共享的前提。只有存在差异才能产生互相交流，在差异互动中互补增强。一般情况下，差异性越大，越能吸引人。如果山沟里曾经出过宰相，这个差异就可能产生更大的轰动效应，会吸引更多的人慕名而来，从而产生更大的经济效益。这个特点提醒我们，在挖掘文化资源的过程中，一定要从新鲜、奇特、怪异、特殊、不寻常等方面着手，力求挖掘出来的山村文化资源在内容和形式上都不一般，这样才能够更吸引人。

3. 对环境的选择性

文化资源的选择性是指作为文化资源，其生命力要在一定的环境和条件下才会形成资源，这个环境和条件就是资源形成的根基。任何文化都必须在适合自己的环境中才得以产生、生存和发展。前面提到的祭拜“山神爷”文化就是以山区为条件生存的，城镇里就没有这种文化。“二人转”是在东北寒冷的环境中，漫长的冬季室外寒冷无法表演，人们就利用室内南北对面火炕为条件产生的民间文化，同时产生了独特并粗犷的“嘎哒话”为主的各种表演形式。而江南地区由于气候温和，可以在室外表演，又因为有吴越软语的语言环境，就出现了社戏及昆曲、越剧等以才子佳人为主题的细腻表演艺术形式。京韵大鼓是河北和京畿地区民众喜闻乐见的民间艺术形式，这个地区长期以来由于地理位置特殊（皇城根下），人们说话特别留神小心，尽量回避政治，所以京韵大鼓的内容就是以百姓小事为主、以颂扬为主的艺术形式。如果把“二人转”搬到江南，或者把昆曲和京韵大鼓搬到东北农村的火炕上表演，会产生什么样的艺术效果就可想而知了，昆曲那种细软绵长和优美娇柔的动作，与东北人的大嗓门，刚猛雷利、风风火火的性格截然不相符。京韵大鼓也是一样，那种悠、油的拖腔，老半天也不出一个字，与东北人快言快语、麻利豪爽的语言习惯也不相符。所以，文化对环境的依赖是很强的，什么样的环境产生什么样的艺术。文化资源的这个特性提醒我们，在开发文化资源的过程中，一定要因地制宜，选择适合当地人的艺术形式，也就是按照当地人的需要来设计。

小知识 4—1

吉林省提出，要把庄稼院变成文化大院。通过文化大院的建设，可以丰富农民的精神生活，继而提高生活质量。一个富裕并欢乐融融的庄稼大院就是一个快乐、安逸、舒适的乐园。在这里生活的人们和神仙没有区别。

在这里还可以举一个例子。江苏省常熟市是一个尊重文化传统的城市。在这里，历史文化名人众多，其中一位就是清末政治家、光绪皇帝的老师大学士翁同和。近几年，当地政府和百姓一起围绕这个历史人物做了很多文化资源的挖掘工作，如把翁同和的故居申报为全国重点文物保护单位；中国史学会和常熟市分别召开了“甲午战争与翁同和”、“戊戌变法与翁同和”等学术研讨会；还拍摄了 8 集电视连续剧《翁同和》；扩建了翁同和纪念馆等。这些挖掘工作，现在已经产生了巨大的社会效益和经济效益。

还是举一个江苏的例子，说起沙家浜，如今可谓家喻户晓，沙家浜镇是当年新四军创建的水乡游击根据地，此地名气以前并不是像现在这样大，它是借助当年的样板戏《沙家浜》而出了名。为保护和开发这个传统革命文化资源，当地的镇政府与有关部门共同投资，建成了“沙家浜革命传统教育馆”，每年吸引了数万名参观者来此参观学习。沙家浜镇还凭借其知名度和当地文化资源，利用阳澄湖和芦苇荡等风光秀丽的自然景观为依托，大力发展旅游业，投资兴建了富有江南水乡特色的芦苇荡风景区，复原了剧中的“春来茶馆”，培养了一批“阿庆嫂”。除了发展自然景观外，还据此相继成立了沙家浜京剧队以及舞龙队、舞狮队、腰鼓队、秧歌队、荡湖船等近十几支文艺团队，为前来游玩的游客演出，并组织团队到外地演出，把昔日的沙家浜变成了革命传统教育与旅游观光和文艺欣赏相结合的一块乐土。此外，沙家浜还在自身文化资源开发和利用的基础上不断向周围村镇延伸文化资源的开发和利用，使附近的古里镇的藏书、徐市镇的灯谜、谢桥镇的书画、虞山镇的黑板报等也跟着出了名，使当地的文化资源连成了片。在发展文化资源的同时，又与当地的土特产、饮食文化和风土文化相互配合，带动当地土特产的生产和加工产业，形成了独特的以旅游风景胜地为中心，乡土文化、乡土特产、乡土饮食相配合的一个长长的产业链条，取得了可观的社会效益和经济效益。

二、农村文化资源都包括哪些内容

农村文化资源究竟包括哪些方面？一般来说包括以下 4 个方面：

1. 属于实物方面的文化资源

这是指那些看得见摸得着的、以实物形态为主的文化资源。属于这一类的有：

(1) 村周边看得见并可以利用的山水风光。

前面已经提到，一个村的山、水、植被、林木等，都属于山水风光资源。这里面包含两部分因素：一是自然景观部分，是指那些自然界中的山山水水。二是人造景观部分，当地人为建造的牌楼、桥梁和其他建筑等。如果再为这些自然景观附上一些传说、故事、历史典故等，就叫自然景观的再加工。经过再加工会使这些自然物增添更多的内容，从而引起更多人的探究兴趣。比如，一个并没有什么特色的山包包，如果挖掘到这个山包包在抗日战争时曾是一个战场，在那里消灭过日本兵，那么这个山包包就可能成为一个旅游景点。在景观再造过程中，一般都要取个名字，这个名字一定要考究一些。通常，北方不如南方注重地名的选择。比如，流经吉林和辽宁两省的浑江，清澈见底，碧波荡漾，这条江最早叫婆猪江，到了清朝康熙年间，因孝懿仁皇后佟佳氏的家乡就在浑江边上，为了纪念这位仁厚的皇后，又把江名改为佟佳江。到了清末民初，东北这个曾经的皇家禁地逐渐放松管制，流入了大量的关外人员，使得原来寂寥的皇家禁地变得热闹起来了，浑江两岸聚集的人越来越多，江上行船、放排的人络绎不绝，江水的清洁度不如过去，外地人就顺口叫成了浑江。而广东的湛江，本是浑浊得看不到底，却有一个好听的名字。望文生义，一看“浑江”，自然而然就会与污染联系在一起，但一看“湛江”二字，就会与碧海蓝天联系在一起。可见，名字多么重要。所以，在开发文化资源时，取的名字一定要土一些，但是文化品位要高一些。十几年前，有一种酒取名叫“二房酒”，一提到这个名字就会使人想到一些陋习，这种酒如果用于朋友聚餐，倒也无妨，借这个名字还可以给席间增添热闹的气氛，但是绝上不了正规和档次稍高的宴席台面，如今这个品牌已经退出市场。所以，名字的选择一定要有所讲究，否则将影响发展。瑞蚨祥是北京经营绸缎、布匹的老字号，已经有一百多年的历史，现在生意仍然红火，并向更广阔的领域扩展。乍一看名字会有疑问，怎么以虫子为名呢？再细琢磨，就会发现意义不凡，“蚨”也叫青蚨，是古代的一种虫子，这种虫子有奇功，如把青蚨的血涂到钱币上，不管钱币流转到哪里，还会自动回来，也就是能回财。所以，难怪瑞蚨祥的产业能够百年旺盛。农家在开发资源的过程中在取名上就应该多参照这些成功的例子。也有靠偶然灵感取了个响亮名字的品牌，波司登是亚洲最大的羽绒服生产品牌，其创始人高德康最开始给企业取名时，憋了很长时间没选到合适的，一次偶然机会，有人提到美国有个叫波士顿的城市，是国际大都市，这启发了他，就在这个灵感启发下，取了“波司登”这个名字，现在这个品牌已经几乎与耐克齐名。大连韩伟集团生产的鸡蛋，在最初取名时也憋了很长时间，没找到合适的。一次，清华大学的学生到企业见习，韩伟董事长就请他们也想想，学生们就根据母鸡下蛋时的鸣叫特点，提议叫“咯咯哒”。这个名字就此叫响，一直到现在。

（2）村寨聚落和乡村建筑。

根据人们居住方式的不同，居住有单户居住、村寨居住、城镇居住之分。村寨聚落主要包括与居住直接有关的生产和生活设施以及场所等。人们在这个场所里居住、生活、休息和进行各种社交活动，同时这里也是人们进行文化交流的场所。

村寨聚落的形式反映了这个区域的经济发展水平和风土人情，由于人们聚落形式的不同，形成了风情各异的居住风格，这些居住风情也是乡村文化的宝贵资源。

土楼是福建闽西地区一种独特的建筑形式，在历史上因为政治迫害、逃避战乱等原因，北方发达地区的难民逃难到此地，这些人被称为客家人。为了防范兵匪的袭扰，这些客家人就发明了这种像炮楼一样的原型居住形式。由于其独特的造型和特殊的历史，这些土楼现在成了当地宝贵的旅游资源，吸引了来自世界各地的游客。这些土楼的先人在建造时万万没有想到，他们给后人留下了巨大的资源，这些资源就是巨大的财富。

在我国的西北黄土高原地区，先辈们世世代代都居住在窑洞里。经济发展以后，这些窑洞都已经废弃多年。近几年，在开发文化资源时，这种居住方式又被挖掘了出来，成了城里人体验过去生活的好场所，也成了珍贵的窑洞文化资源。

“地窨子”赫哲语称“胡日布”，是东北先人两千多年前离不开的地下居住形式。那个时候的东北人以渔猎为主，采用的是“夏则巢居（在林中树木之间距地一定高度用木头搭设的住处），冬则穴处（地穴或半地穴）”的居住习俗。南宋皇帝宋徽宗父子做了金国的俘虏，被押解到现在的黑龙江阿城地区，就被囚禁在这样的地穴中。这种地穴或半地穴式的房子一直延续到民国以后。解放后，这种居住方式早已废弃。近两年，北方有的地区就把这种居住方式倒腾出来，作为当地的旅游文化资源，也吸引了很多游客前来体验。

这两年有的乡村把先人的巢居也作为文化资源开发了出来，他们在树林中建起了小木屋，吸引城市人前来体验，也收到了很好的经济和社会效益。有媒体介绍，欧洲人近两年就兴办森林小木屋，并且收费不菲。在德国，住宿木屋一个晚上要价400多欧元，可见这是一个经济效益很高的文化资源开发项目。

农村房屋的建筑风格也是一种资源。北京地区的四合院、江南四水归堂式的江南民居建筑、以雕梁画栋为主的岭南风格建筑、以徽调为主的徽派建筑以及平实、朴素、简洁的东北平房和平头建筑，都代表着一定的地域和时代特色，这些特色就是一种宝贵的文化资源。如果这些建筑物的建造时间超过 百年，就是文物了，还要实行国家文物保护措施，也就更有价值了。

（3）民间艺术。

民间艺术是针对宫廷和官办艺术而言的，是指劳动者为满足自己的生活和审美需求而创造出来的艺术，是老百姓自给自用、自娱、自乐的艺术。民间工艺所用的材质取自于日常生活中所接触的物质和材料，有纸、布、竹、木、石、皮革、金属、面、泥、陶瓷、草柳、棕藤、漆等不同材料，用它们可以制成各类民间手工艺品。民间通过不同的制作艺术，用这些材质制作了绘画类、塑作类、编织类、剪刻类、印染类等艺术品。在生产方式上，民间艺术主要是以一家一户为生产单位，以父传子、师带徒的方式世代传承的。如果划分得再细一点，可以将其分成以下类别：

①民间工艺品制作。

这类工艺品大都与民间传说有关，就地取材，主要有木刻、桦皮工艺、漆器工艺、熟皮工艺、砚石工艺、竹编工艺、柳编工艺、漆器陶具、玉器工艺、大理石工艺、黄杨木雕、瓷器、风筝、剪纸、麦秆画、年画、铅笔屑画、唐卡、拓真画（采用拓的技法制作的图案或图形）、银饰、纸编画、苏绣、鱼皮衣制作等。内容大都是活泼向上、吉祥如意、长命健康、富贵有余、儿孙满堂等，用于民间传统节日、传统宗教活动等。这些民间工艺品流传广泛，生动有趣，是中国传统文化和日常活动的结晶。

②民间绘画。

民间绘画是中华民族的艺术瑰宝，是中国民间文化的重要组成部分，在世界文化艺术殿堂中也占有重要席位。新中国成立以来，特别是改革开放三十多年来，中国民间绘画艺术已逐步发展为既具有鲜明的时代感、又富有生活韵味的现代民间绘画。

③民间舞蹈艺术。

民间舞蹈艺术源远流长，经历代发展，传承至今，其种类因地域而别，内容十分丰富。东北地区的满族萨满文化中，就有丰富的舞蹈内涵，如太平鼓舞蹈、迎神舞蹈等。

④民间戏曲。

我国各民族地区的戏曲剧种约有 360 多种，传统剧目数以万计。民间戏曲的最大特点是地域性，一方水土产生一方民间戏曲。东北最著名的有二人转、黄龙戏、龙江戏、评戏和民间的说唱艺术等。

⑤民间园林建筑。

我国的民间园林建筑艺术是世界文化中最具特色的，占有重要席位，并与其他门类一起构成了中国传统文化。我国民间园林艺术的发展大致可分成三个时期：第一，先秦及秦汉时期为“自然时期”。这个时期是从“囿”到“苑”的发展时期，其特点是占地宽广、工程浩大、人工设施增加，以自然景色为主，粗犷豪放。第二，唐宋时期形成了以游乐、观赏为主调的古典园林艺术，在园林中增添了绘画技术与造园艺术，使造园和文学、绘画相结合。第三，明清时期是中国古典园林艺术的全盛时期，中国园林建筑艺术已具备了功能全、形式多和艺术化三个特点。无论是北方还是南方的农村中，仍然有早年的大户人家留下来的庭院，或多或少都能体现一些园林艺术，如果加以保护和进一步挖掘就可成为农村不可多得的文化资源。

⑥民间家具。

我国的民间家具也是中国文化的重要组成部分，是一部“用木头创造的人文历史”，其历史悠久，自成体系，具有强烈的民族特点。包括室内陈设用的凳、椅、几、案、柜、箱、笼、罩、管等，花样繁多，其制作工艺技术在明清两代达到了鼎盛时期，这个时期的家具以高级硬木为主要用材，以木材自身的高雅材质、天然纹理和光润色泽，使家具产生了特殊的意韵、品质和独特的审美价值，并运用精湛的工艺，使家具实现了制作工艺技术与文化韵味的完美结合，在世界家具史上树起了一座丰碑，成为中华民族最具代表性的国粹艺术之一。

⑦民间服饰。

民间服饰主要是人们用来穿着、搭配和修饰的衣物。它主要包括4类：一是衣着类，包括用棉、麻、丝、毛等质料制成的衣裳、鞋帽、手套等；二是配饰，包括佩戴在身上的戒指、手镯、耳环等配饰物；三是人体装饰，包括文身、描眉、涂唇、染指、刮脸等；四是装饰，包括背包、挎包、腰刀、荷包等生活装饰物。由于我国民族众多，各民族又有不同的服饰，所以拥有多姿多彩的绚烂的民间服饰文化。

国家对民间工艺给予了政策上的极大支持，对拥有特殊工艺技能的人授予了非物质文化遗产的传承大师等称号，并给予了相应的技术职称待遇。

民间工艺蕴藏在民间，其中最大的宝库当然是农村，身在农村的人更应该格外注重民间工艺的开发、挖掘、利用和保护等工作，注重那些不起眼的技术，力争把小玩意做成大买卖。关注那些散落在民间被现代文明淘汰的技术、物件、场所和建筑，现代文明也是在这些过去文化的基础上发展传承而来的，我们在享受现代文明的同时，不应该忘记历史，在适当的范围内，经常品咂一下过去，这样可以使我们更加珍惜眼前的一切。所以，开发这些历史资源，既能够继承和发扬传统民族文化，使人不忘记过去，同时还能取得一定的经济效益，具有双重意义。

2. 属于乡村行为方面的文化

所谓行为就是人的举止行动，如果这些行动具有社会价值或经济价值，并能产生一定的影响，就可以称为行为文化。按照类别划分，行为文化还可以分成：

(1) 生活习惯。

这里主要指在婚丧嫁娶和日常生活中所形成的习惯，这些习惯形成了一定的文化，在这些习惯基础上形成的文化便成为了特殊的卖点，吸引人来探究、观摩。云南摩梭人的走婚是当地少数民族一种独特的婚嫁习俗，这个习俗保留到现在仍在发挥作用，对于一夫一妻制的内地人来说，这种习俗是很稀奇的，从而能够吸引外来人。几年前，俄罗斯长寿考察团经过调研发现，农村中从事两类职业的人比较长寿：一是蜂农，二是种植葡萄的农民。这个发现引起了很多人主动、积极地接触这两个行业，一时间，与此有关的地区便成了旅游的热点地区。北方长白山区的农民祖祖辈辈吸食刺五加叶，春天当野菜吃，夏天当茶饮，经研究发现常食用刺五加叶的人心脑血管方面的疾病很少，所以这个发现也促使刺五加种植业得到发展。北方的朝鲜族喜食狗肉、辣椒和泡菜，一家杀狗，邀请全村的同族人前来品尝，做泡菜时全村的妇女也集聚一起互相切磋，共同制作，他们把这些活动当成了一次集会，有时还载歌载舞。这个习惯也是一种乡村文化，也有挖掘和开发利用的价值。想象一下，在通红的枫叶树下，一群朝鲜族妇女聚在一起载歌载舞，还做着辣白菜，这样的场景是北方农村特别是朝鲜族集聚地常见的画面。但是对城里人来说，却是难得一见的，因此，对他们来说，这便成了成卖点。所以，与众不同的生活习惯，就形成了多姿多彩的农村行为文化，这些文化如果利用得好，就是农村发财致富的资源。

(2) 传统节日。

所谓传统节日，是指历史上形成并传承下来的特有节日。我国一年中的传统节日主要有：

- 春节（农历正月初一）
- 元宵节（农历正月十五）
- 头牙（农历二月初二）
- 寒食节（清明节前一天）
- 清明节（节气清明）
- 端午节（农历五月初五）
- 七夕（农历七月初七）
- 中元节（农历七月十五）
- 中秋节（农历八月十五）
- 重阳节（农历九月九）
- 冬至（节气冬至）
- 腊八节（农历腊月初八）
- 尾牙（农历腊月十六）
- 祭灶（农历腊月廿三）
- 除夕（农历十二月三十）

过传统节日对我们有什么好处?

第一，可以延续本民族历史，并增强中华民族的凝聚力。

一个民族要得到繁衍，历史和文化的传承是最重要的，通过过传统节日，中华民族的文化得以顺利传承，使历史和文化不间断。现在经济处于高速发展时期，但是这不能改变中国人亘古不变的传统和习惯。在对传统节日的重视程度上，不论是政府还是商家包括每一个人都是越来越重视，通过过传统节日不仅能够延续我们民族的文化和历史，商家还可借此机会赚钱。

第二，可以建立人与自然及人与人之间的密切关系。

中华民族的伦理关系和宗族亲情关系是世界上独一无二的，依靠这种密切的亲情关系，中国人产生了巨大的凝聚力，可以战胜任何艰难险阻，推动并延续着整个民族向前发展。人们通过过传统节日就可以保持并进一步密切这种亲情关系。同时，通过寒食节、七夕节、清明节和中秋节，增强人与自然的和谐关系，也可以唤起美好的向往。

第三，有利于扩大消费，增加商业机会和就业机会。

每一次节日就是一次较大的消费活动，在一定时间内可以带动饮食、交通、住宿、旅游等方面消费的扩大，并可以在特定时间内增加就业机会，从而推动经济发展。

所以，把传统节日过好，并充分利用节日带来的商机，也是农户开发乡村文化的重要一步。

（3）地产节日。

所谓地产节日，是指利用当地物产、习惯、人文历史、环境等要素，由本地自创的节日。节日原本就是纪念日，或纪念某个人，或纪念某个事件，或想推广和发扬一种精神或风气所形成的纪念日。除了传统节日以外，为了宣传本地的人物、物产、环境或提高本地的知名度，本地也可以自创节日。现在我国很多地区都有自创性的节日。如南方的茶叶节，北方有人参节，樱桃节、槐花节等。如果本地有特产，并能形成一定的理念，就可以自创这类节日。组织这类节日的目的就是借助节日招揽游客，以达到宣传的目的。譬如，本地生产葡萄，就可以自办葡萄节，选定一个采摘葡萄的日子，再组织一些相关的活动就是一个节日。通过这个节日，可以提高本地以及本地物产的知名度，从而得到更多的商业和文化价值。

小知识 4—2

财神爷有丈母娘吗？这几年，有的地方制造了一个节日，他们一口咬定正月的某一天就是财神爷丈母娘的生日，应该买罐头和祭品祭拜，一些人还真相信了。你信吗？

3. 属于农村制度方面的文化

所谓农村制度文化是指在农村文化建设方面形成的乡规民约、村民议事制度、生产生活的组织方式等制度和规定。它是为了保证农村生产和生活秩序而形成的约束性的规定。农村光有文化还不行，各行其是，形成不了统一，各种资源也无法得到有效利用，必须要有相应的制度约束范围，村民在这个范围内行动，才能取得理想的效益。

农村制度文化主要包括以下三个方面：

一是村内形成的理念，这个理念往往是治村理念。

每一个村一定时期在文化建设上都有一定的理念。比如，在这几年中，张家村以尊老为主，李家村就可能以重视教育为主，马家村则可能以发展经济、脱贫致富为主。过几年，情况有了变化，马家村的治村理念就可能变成以重视教育为主，张家村有可能就以发展经济为主了。

二是乡饮制度。

所谓乡饮制度是指一个村历史上形成的聚餐文化制度。中国的乡饮历史悠久，并且遍布中国大地和各民族，有的甚至传到了国外。不同的地区不同的民族都有自己独特的乡饮制度。东北农村人杀年猪就是属于这种制度。每到年岁末，农村家家户户都要宰杀饲养了一年的猪，称为“杀年猪”。每家杀猪时一定要把全村人或左邻右舍请来聚餐。猪肉一定要在刚刚宰杀趁肉新鲜时赶快放入锅中，在煮到一定火候后，再放入酸菜，待快要出锅时再放入血肠，等到将菜熟了端上到桌上时，你可以会看到白生生花花的猪肉配上黄中带绿的酸菜，再上面是还有紫红色的血肠，红白黄相配，从色泽上看就非常诱人。热腾腾、香喷喷的猪肉，夹杂着鲜嫩爽口的酸菜，再配上外皮哏啾脆嫩、内心滑腻绵软的血肠，吃到嘴里那是满嘴生香。在白雪皑皑的冰天雪地中，能吃上这么一顿饭菜，就是东北人的最大享受。通过杀年猪时的聚餐活动既展示了一下这家主妇的厨艺，也进一步联络并巩固了一下乡情。吃着热气腾腾的“杀猪菜”，任何烦恼、辛苦都将烟消云散，而平时村民之间发生的一些不愉快，也在这一杯杯烧酒里、一碗碗白肉血肠中尽释前嫌。

江西婺源县农村有“喝姑嫂茶”的乡饮制度，每年从正月初一开始，从村头第一家起请全村人吃饭喝茶，席桌要按照长幼之别排列，有过荣誉的村民要排在头席，那些在当年犯过错的村民要排在末席，有时甚至还不配坐凳子，只能站着吃。每一道菜端上来时，要由长辈先动筷，其他人才能跟着动筷。通过这个活动，既展示了这家主妇的厨艺和男人的制茶技艺，增强了全村人的乡情意识，也弘扬了正气，从侧面鞭策了后进村民，把品尝菜肴、增强乡情和尊老爱幼等结合在一起，村民间平时发生的一些不愉快，也会在热闹的“姑嫂茶”

中得到化解。第二天再换第二家，依此类推，一直到正月结束。

东北的朝鲜族每到杀狗吃狗肉的时候，也一定要把全村同族同胞请来，边吃狗肉，边载歌载舞，以此增进乡情和民族团结，平时发生的一些不愉快，也在香甜的狗肉、烧酒和歌舞中得到了化解。这些活动既增进了村民之间的情谊，也形成了独特的中国农村文化。

三是制度的设计和建构。

在理念形成的前提下，还要形成条约式的制度和约定及评价或惩罚制度，使村民实施时有具体的参照。

四是组建相应的机构、组织。

这里有行政组织和民间组织两种存在形式。行政组织主要指村委会和村党支部，由其负责执行国家的相关规定。还有由村民组成的民间组织，比如家族族长等组成的议事或审事组织。农村制度文化建设是一项很重要的工作，一些经济发展起来的村庄，无一例外都非常重视这方面的建设，如华西村就有一套完整的村制度，形成了独特的华西村文化。

对制度文化的建设方面，作为一个农户，一方面要积极参与其中，并发挥积极作用；另一方面要积极遵守这些乡规民约，并享受由此带来的经济效益和社会效益。

小知识4—3

村落的规划和布局就是村制度文化建设的组成部分，每一个村民和投资者都必须在这个规划框架内建设。如果没有这个规划，个人随心所欲地建设，整个村落就会形成散乱的局面。

综合以上可以看出，乡村制度文化建设涉及的面比较广，也比较重要，它必须与村里的自然资源和其他资源合为一体才能发挥作用，其中，自然资源是基础，文化资源是依附在自然资源之上发挥作用的。通过村先进文化的传播，使村庄的名声向外界传播，人气增强了，自然就会带来经济收益。同时也应该看到，村文化资源的培养是一个漫长的过程，不是一朝一夕、一蹴而就的，需要长时间一点一滴的栽培和养护。

三、如何挖掘本地的文化资源

1. 规划、寻访并寻找、整理本地文化资源

在定下要挖掘本地文化资源的想法后，首先要做的是挖掘规划，也可以叫挖掘方案。挖掘方案是整个挖掘工作的总体想法和具体实施办法及步骤。挖掘方案是整个挖掘工作的指导书，包括总体想法、准备挖掘的内容、准备聘请的专家、预计目标、费用计划和时间安排等，具体的挖掘工作就依照这个方案进行。规划和方案先行是避免失误、保证工作有条不紊进行的必要手段。要打破过去边想、边干、边改，车到山前必有路，先干起来再说的办事老套路，要走科学决策、按计划办事的路子，避免在资金和时间上的浪费。

小知识 4—4

小能人有大效应

近年来，山东省垦利县兴隆街道着力开发乡土人才资源，实施“能人带动”工程，大力培育管理能人、法律能人、文化能人。乡土能人成为了农村发财致富的领头人和指路人。

其次是寻访。要挖掘历史，就要寻找历史的印记。这些印记一方面是在文献记载中查找，主要是在村志、乡志、县志以及与当地历史有关的名人传记中查找。如果当地有报纸，也是一个查找的途径。另一方面是寻访老人和与事件有关的人物。一般来说，文字记载的历史都是一些较大的事件，更多的历史藏在民间，确切地说是大多在老人的记忆中，所以要寻访老人和相关的人物。寻访结果要形成文字材料，并妥善保存这些材料，因为这些材料有不可估量的价值。

再次是寻找。对一些构成文化资源的物件，要通过寻找才能得到，有的甚至要付出一定的代价才能得到。比如，一些老物件、老工具或用具等都要到人家家里去“淘换”，或在村里寻找，要得到，可能还要花费一点“银子”。

最后是整理。东西寻到后，还要进行维修、加工，使之达到一定的艺术水平，这些老物件只有艺术化了以后才有观赏价值。在整理时，有些工作需要请专家来完成，比如修缮和绘制。一些古建筑和设施等方面的文化资源也要进行修整，经过修整后达到复古和美化的要求。在整理过程中，应该明确东西的所有权，必须在所有权确定以后再进行修缮。

2. 宣传

所谓“酒香不怕巷子深”，为什么呢？就是因为好酒浓郁的香气飘出去了，即使巷子再深也会有人特意上门购买。还有一句“穷在闹市无人问，富在深山有远亲”，这说明再偏远的财富也会吸引人。这两句话在如今也适用。农村的包括文化在内的各种资源，如果不宣传，就没人知晓，没人知晓就没有人气，没有人气当然赚不到钱。封建社会小户人家的姑娘都是三门不出四户的小家碧玉，要想找个好婆家，也要宣传，向周围的人介绍自家姑娘如何懂规矩，女工（针线活）怎么好，人长得多漂亮，身体又是如何健康，怎么能干活，当然，对自家姑娘爱使小性子的毛病是不能说的。整个宣传主要靠媒婆的一张嘴来进行。农村的资源也得学习小户人家宣传自家姑娘那样，必须靠自己或者借助媒体来宣传、推介，外人才能知道。要想让更多的人知道农村的资源，就要通过各种途径、抓住一切机会进行宣传和推介，要善于把好的方面和特色宣传出去，让人们知道。就像托媒婆介绍自家姑娘，只介绍好的方面，爱使小性子的毛病是断然不能说的。

农民要经商，首先头脑一定要活、精明，能算账，还要能算开账。其次就是练嘴，要敢说、会说、说得到位，说出的话中听。现在社会上各行各业都在热心帮助农民致富，特别是媒体，它们特别愿意帮助农民办事，很多商家对农村的事情也非常热心，经常举办一些商业活动，农家可以借助这些平台来宣传自己，就像托媒婆给自家姑娘找对象一样，利用一切资源抓住各种机会宣传自己。

小知识 4—5

别让咱的河蟹贱卖了

“丹东的河蟹卖得太便宜了！还没长成就捞出来了，一斤只卖 5 元钱，有时甚至更低，最大的也就卖 15 元一斤，好东西都给作贱了！”9 日下午，在客来多市场门前一位沈阳人不禁感叹道。旁边的一位丹东本地人回答说：“没有一个统一的品牌，形成不了规模，好东西也卖不上价，你看人家盘锦都成中国‘蟹都’了！”

“秋风起，蟹脚痒；菊花开，闻蟹来”，意思是说中秋节前后正是河蟹肥美、大量上市的时间。可是刚过 9 月，我市的河蟹就已经提前上市了。不论是在早市，还是在市区内各个市场，都能看见卖河蟹的，规模小的用一个网兜拎着，规模稍大的则是用筐装着。有九连城的、爱河的、鸭绿江的，甚至还有大洋河的，一公斤河蟹的价格从 10 元到 30 元不等，甚至还有更便宜的，但是都打着同一个旗号——野生的。2008 年中秋节前，记者一位从山东来的亲戚看过丹东的河蟹市场后说，品质差不多的河蟹在烟台的价格至少能翻一番。

由于近年来丹东市水域的污染逐步减少，各条江河里的河蟹数量都在增加，但是自然生长的河蟹数量毕竟和规模化养殖不能相提并论。记者从东港市海洋与渔业局了解到，东港市从 20 世纪 90 年代开始在稻田里养殖河蟹，用于养殖河蟹的稻田数量逐年增加，2008 年已经发展到 80 000 多亩，河蟹的产量也超过了 5 000 吨。与盘锦相比，即便是这样的规模也已经差了不止一个档次了。早在 2004 年盘锦的河蟹养殖面积已达 130. 2 万亩，成蟹产量 25 万吨，产值已经超过了 10 亿元。而每年 9 月份的盘锦“河蟹节”更成了盘锦的一个标志，盘锦的河蟹已经在北京、沈阳等全国十几个大中城市销售，价格最低也在每公斤40元以上，而与此配套的盘锦无公害蟹田大米也成了东北大米的代名词，反观丹东市的河蟹价格多年来一直徘徊不前，别说走向全国，就连丹东也很难走出去。

丹东河蟹和盘锦河蟹都属于中华绒螯蟹中辽河水系的一种，与驰名天下的阳澄湖大闸蟹是一个品种。丹东和盘锦同是沿江（河）沿海，但是丹东市对海水养殖及捕捞的重视程度要远远超过淡水养殖的发展，稻田养蟹的规模没有做大，更没有以丹东或东港来为河蟹命名。管理的不规范，造成了你捞你的，我卖我的，不管河蟹长没长成卖了再说，价格自然上不去。

资料来源 辽宁省就业网，2009-09-11。

要宣传就要有所润色，以干巴巴的形式宣传是无法收到好效果的，要发扬东北人的“忽悠”艺术，选择一种群众喜闻乐见的方式进行宣传。在宣传时，还要注意不能太死板了，说点好话，留点悬念也是必要的。记得在20世纪80年代，有人发现长白山天池里有怪兽，著名作家白桦也曾见到过怪兽的轮廓，还以自身名誉担保确有其事。可是，该省的相关部门却以长白山天池水太深，水温太低，腐质物太少，养不活这么大的怪兽等理由一再批驳和否认这种可能。或许这些部门是以科学、求真的态度来看待这个问题，但是如果从有利于发展长白山旅游这个经济角度来看，不如留着这个悬念，通过这个悬念吸引更多的人来旅游。还有一个例子，1997年有两个记者在长白山西麓探险时迷路，7天时间也没有转出大山，地方政府也派人搜寻，最后终于找到了，人找到后，故事也结束了。本来这是一次宣传这个地方有多神秘的最好机会，因为从事记者这个职业的人基本都见多识广，然而这样的人在此都迷路了，不正说明这个地方很神秘吗？如果借此事大作一番宣传一定会收到很好的效果，这么好的机会却没利用好，实在可惜。

3. 做好后续服务

如果前面一系列的工作做好后，不愁招揽不来客人。这时，就要看后续服务能否跟上了，这同样是非常重要的一个环节。如果把人“忽悠”来了，但是村里的环境卫生实在让人看不下去，农家乐的卫生条件也不怎么样，让人无处下脚，饭菜的质量和口味又一般，服务员的服务态度也不热情，以上这些哪怕只发生了其中一件事，那前面所做的一切都是白费，客人也不会再来。并且，通过曾经来过的客人的口口相传，后续的客人也会越来越少。所以，任何一个环节都很重要，一顿饭、一片垃圾、一滩污水、一句话都可能让一切努力前功尽弃，所以，农村文化资源建设不容易，宣传不容易，维护和保持更不容易，但是一旦形成且保护得当，就会成为取之不尽、用之不竭的资源。

如何做好后续的服务工作，对农家来说应该做好以下几个方面：

一是做好服务人员的上岗培训工作。

虽然，我们的环境是农村，举办的各种事业或产业也是以“农”字开头的，但是我们的服务还是要按照正规化要求来做。所以，必须按照正规化要求来培训员工。对讲解员、接待员、服务员等工作人员，都要按照标准化要求来培训。因为要想实现服务标准化，就必须接受标准化培训，磨刀不误砍柴工，多花一点时间和资金也是值得的。

二是卫生治理要常抓不懈。

前面提到，要进行农村文化资源的开发利用，环境是重要的基础条件。对环境的首要要求就是卫生，只有首先做到符合卫生要求才能进行其他事项，特别是对我国多数农村长时期存在的环境卫生的脏乱差现状，把卫生要求提到一定高度来认识是非常必要的。目前，对农村的大环境卫生和农家的小环境卫生来说，只要做到四个字即可——整洁、干净。条件好一点的，可以在这个基础上再美化。

三是村民文明化程度要符合要求。

农村的环境是一个整体，当客人来到村庄后，对全村的整体环境来说是一次考验，如果在客人面前村民表现出良好的素养，就会给农家的资源环境加分，来的客人也会越来越多。反过来，如果客人看到了村民吵架甚至满嘴脏话等现象，自然会给农家的资源环境减分。所以，为了更好地利用村庄和村民的资源，农村的社会主义文明化建设也必须跟上。

小知识 4—6

这样的创意合适吗

一身侵华日军的打扮，手握“三八大盖”押着“花姑娘”，还一脸的奸笑……这不是在拍电影，而是安徽某农村景区重现的“鬼子进村”场景，在这个集体参与的旅游项目中，游客有的扮鬼子，有的扮汉奸，还有的扮“花姑娘”。“创意挺好，可这说得过去吗？”对于该旅游项目拿国耻来取乐的行为，不少游客非常愤慨。而对于外界的批评，该镇政府旅游办的负责人则认为，让游客了解这段历史，具有教育意义。

正是：

野语村言勿弃嫌，
道听途说细分辨。
陈年老史有新用，
往事风烟细耕翻。
只要抱定挖掘意，
平地波澜才生钱。

话题五　自身的财富——农村人力资源开发

人力资源莫轻看，
气力手艺吃饱饭。

一、哪些是农村的人力资源

所谓农村的人力资源，是指蕴藏在农村里、有劳动能力的农村人员。如果按照法律规定，农村劳动力则是指乡村人口中年龄在16岁以上、能经常参加劳动的劳动力，如果再具体一些，则是指男性在16岁至59岁、女性在16岁至54岁且有劳动能力的农民。除此之外，我们这里所指的农村人力资源还包括虽然超过以上年龄，但是仍身怀一定技艺、技术或经验的人员；不仅包括能身体力行的，而且包括虽然不能亲自动手但还能指导、帮助、策划别人的老年人及残障人员的，这些人虽然不能亲为，但是还有指导、协助、教育他人创造财富的能力，所以，他们仍然是农村可以开发的人力资源。

现有的农村劳动力资源，如果细分，主要包括以下几类：

（1）从事农林牧渔业、农村工业、建筑业、交通运输业、商业、饮食业等各种生产活动的劳动力，从事采集、捕猎、农民家庭兼营工业等副业生产劳动并从中直接取得实物、现金收入的劳动力。

（2）从事农村房地产管理、公用事业、居民服务和咨询服务业，卫生、体育和社会福利事业，教育、文化艺术和广播电视业，科学研究和综合技术服务业，金融、保险业，以及乡镇经济组织（政务）

管理等工作，并取得实物、现金收入的劳动力。

（3）国家向乡村调用的建勤民工，由集体经费支付工资或补贴的乡村脱产干部，到全民所有制单位或城镇集体所有制单位工作，并取得实物、现金收入的合同工、临时工。

（4）自行外出就业但没有转走户口的劳动力。

（5）身怀技艺和可以指导、带领、传授技艺的老人、残障人。

（6）通过某种合约、亲情等关系建立起来的，可以为农家致富贡献技艺、技术或者可以从事策划、设计等工作的外乡人、外国人等。

也就是说，农村的劳动力资源包括的范围是比较广泛的，除了青壮年以外，那些有技能、有思路、有手艺的老年人、妇女、有残疾但有劳动能力的人也都属于农村的劳动力资源。

目前，我国的农村劳动力资源相比几年前发生了一些变化。在改革开放初期，农村存在大量的剩余劳动力。在那段时间里，随着我国经济的快速发展、生产力水平的不断提高，在工业化、城市化进程不断加快以及农村耕地不断减少的形势下，农村剩余劳动力数量不断上升，部分人面临“无地可种、无业可就”的困难局面。大量农村剩余劳动力向非农产业转移，实现转岗就业是当时亟须解决的问题。而现在，农村面临的问题是青壮年劳力急剧减少，有些地方还出现了无人种地的局面。

说到这里，我们还应该认识到，从新中国成立后的发展过程看，我国农村劳动力对新中国的发展是有巨大贡献的。建国初期的第一次国民经济恢复时期、20 世纪 70 年代初的第二次国民经济恢复时期以及改革开放初期，农村向城市输送了大量廉价的劳动力，这些劳动力成了国家建设的主要力量，也是这部分力量使国家能在这些关键时期渡过难关并顺利向前发展。特别是在文化大革命时期，农村又接收了大量城市家庭无力抚养的无法读书又没有工作的知识青年，大大缓解了城市压力；在很长一段时期里，农产品又承受着“剪刀差”，农民工也承受着低收入等诸多困难。可以说，我国经济能取得现在飞速发展的成绩，国家的经济实力得到如此的壮大，是在农民做出巨大贡献的前提下实现的，农民在新中国的成立、新中国的建设以及改革开放等方面的丰功伟绩，应该永远被载入史册。

目前，农村虽然出现了劳动力老龄化和劳动力数量逐渐减少的问题，但仍然有巨大的潜力，在农民队伍中，除了体力以外，还蕴藏着可以创造财富的经验、技艺、传统文化等知识和技能，如果能够进一步挖掘这些潜力，对当前的农民致富能够产生积极的推动作用。

小知识 5—1

现时农村蕴藏的商机

（1）开办农村建材店，以解决农村房屋改造之需。

（2）开家早餐店，以解决农民提早下地劳动所需。

（3）开设“电脑医院”，以解决农村电脑维修之难。

（4）开一家美发店，以解决生活富裕起来的农民的爱美之需。

（5）开家农资专卖店，以解决农村种子、化肥、农药、农业用塑料薄膜之需。

二、农村人力资源应该具备的素养

农村的人力要成为人力资源，应该具备以下条件：

1. 身体素质

身体素质也就是健康程度，这是判断农村人力资源质量的主要因素。有一个健康的身体是做一切事情的先决条件，否则你即使拥有再多的财富，如果整天躺在病床上，那些财富对你来说也没有太大意义。所以，想发财致富，先要把身体保养好、锻炼好。

2. 知识素质

知识素质主要是指看你掌握了多少生产、生活、科技、文化和社会及国家政治等方面的知识。生产、生活和科技知识的掌握，可以直接产生生产力，增加农户的产品数量和提高产品的质量。掌握文化、社会及国家政治等方面的知识可以使农民及时了解社会的发展并跟上这个发展速度，也可以及时掌握国家的相关政策，使农户自身的发展符合国家的发展要求，从而使自身权益得到保障。在这里，并不要求农户有多高的教育背景，当然有较高的教育背景更好，也就有较好的基本理论功底，但是受各种条件限制，农民所具备的知识可能不系统和不完整，而可能更简单和更实际一些，只要有基本的阅读、计算能力，再掌握一些与农业有关的科技基本常识，达到能满足生产需要的知识程度就可以。

3. 技能素质和劳动经验

这是指一个人具有从事一种或几种职业和劳动的专门技术或业务能力，其主要表现形式是动手能力，包括操作技能和管理能力等。对农户来说，主要是指农业生产技术（包括种、管，以及对土壤、肥料、种子、农药等的使用）、农机操作技术和农业科技运用能力。劳动经验也是不可或缺的要素，虽然现在已是信息时代，科学技术已经成为生产和生活的主要决定因素，但是农业种植技术、方法、管理技术、农产品加工、民间工艺以及对气候的掌握等方面，经验还在起着相当重要的作用，毕竟有一些领域是科学技术涵盖不了的，必须靠经验的积累。不仅我国如此，就连欧美发达国家和日本，这些国家的科学技术应该说已经很先进了，但是仍然离不开经验。日本的农业种植一半靠科学、一半靠经验。就连丰田这样的世界顶尖的现代化生产企业，其主要流水线上的关键部位，仍然是由经验丰富的师傅顶岗，为了使关键技术不泄露，这些岗位往往是由父子来传承。

在中国历史上，农民在社会层面上是属于高层次的，属于“上九流”，按照阶层排列是仕、农、工、商，农民排在第二位，也就是说，除了当官的和有学识的人，接下来就是农民了。同时，对农民的技能要求也是很高的，一个地道的农民必须要会种地、农村一般的建筑活、简单木工（要会自己做大车）、简单铁匠活等，也就是说，凡是农业生产所需要的技艺都应该会，否则会被人笑话，会被称为

“二八月庄稼人”。现在，在党的政策鼓励下和科技发展的推动下，农民的社会地位在逐步提高，在工业化时代逐渐向专业化分工转变的环境下，农民掌握的技能不需要太全面，但是对农业和自身所从事的职业的基本技能还是需要完全掌握的。在这个基础上如能再掌握几种其他的技能，那就更好了。

4. 思想素质

思想素质主要是指农家的思想意识、劳动态度、道德品质和法律意识等。对思想素质有的人可能很不以为然，认为一个在黄土地里刨食的农民不需要什么思想素质，素质高或低都还是要靠力气干活吃饭，靠老天吃饭。其实并不是这样，一个农民如果有国家意识、大局观念，并在思想上能跟上时代步伐，奉公守法，那他就能了解国家政策，也就能很好地遵守国家政策；就能掌握当前的市场信息，也就能判断明年种养什么能赚钱；如果时刻关注国际形势，也就能知道外国的农产品是什么行情。如果能这样做，那距离发财就不远了，只是早一天晚一天的事。否则，如果目光短浅、没有大局观、法律意识淡薄，只知道眼前村里边的一点事，即使再精明也很难发财，甚至越精明离正道越远，个别的人还可能误入歧途。

现在我国农村的人力资源方面也出现了一些问题，由于进城打工、进城购房、进城念书（由于农村学校合并以及为了让孩子上更好的学校，父母陪孩子进城读书）等原因，大批的青壮年劳动力背井离乡，来到城市寻求生存机会和商业机会，现在留在农村的劳动力多是“三花”人群，即花白头发、戴老花眼镜、穿花衣裳（指留守的妇女），出现了劳动力匮乏的现象。现在有人已经提出了这样的疑问——将来农田谁来种。所以，我们必须想办法解决目前农村劳动力资源存在的问题。

现在的农民应该具备哪些知识呢？随着时代的发展，现代农业已经与现代农业生产、科学技术、气象、国内外市场、人力等诸多领域密切结合，那么现在的农民也应该随之掌握与此有关的各方面知识。在诸多需要掌握的知识中，有两方面是最重要的：第一是农业生产技术，这是重点中的重点；第二是理财知识。两方面都具备，还要做到祖先告诫我们的两个字——勤俭。勤是创造，多生产物质，俭是节约和运筹，光勤不俭不行，挣一个花一个没有积累，就无法形成财富；同样，光俭不勤也不行，只知道守财，不会生财，那也会越过越穷。现在的农民是市场化下的农民，不仅要会生产，还要会赚钱。要赚钱，就要会理财，那就必须掌握一定的财务知识。比如，农家都有哪些资产，这些资产应该如何管理，怎样分析自身的经济和财务状况，怎样与银行打交道，怎样投资等，只有把生产能力与生财、聚财、用财这三财之道统一起来的农民才能适应市场经济的需要，才称得上是新时代农民或现代农民，也才可能使自己的财富得到最大程度的增长。

三、如何挖掘农村人力资源

前面讲的都是农村人力资源的理论知识，说得这么热闹，然而就眼下的农村实际，如何挖掘和开发农村人力资源才有效呢？

1. 挖掘已经尘封的老技艺，用老技艺生产农产品

近两年，食品安全问题已经成了全民关注的大问题。仔细分析，食品安全不外乎由以下几个方面原因造成的：

①滥用高科技造成农产品污染。

在种植方面，过度使用和滥用农药造成农药残留污染，以及使用转基因技术生产潜在对人体有害的农产品。在农产品加工方面，非法使用化学材料造成污染，如在牛奶中非法添加有毒化学品；面粉中加入过量的、对身体有害的添加物；用新技术抛光陈旧、过期的大米冒充新米；将使用新技术提炼的地沟油用于餐饮，用有毒化学品生产“毒豆芽”等。2011 年国家公布的 24 起重大食品安全事件中，其中 15 起就属于以上提到的问题。

②采用现代加工技术造成的食品品质上的变化。

为了延长保质期、降低成本、提高产品产量、延长仓储时间，过度使用添加剂、使用化学品代替老工艺（如用酒精勾兑白酒，虽然

降低了成本，但是已经丧失了烧酒原有的醇香；虽然用现代技术榨油比传统技术榨油的出油率高了，但是多了汽油等化学品的残留）。

小知识 5—2

2011 年食品安全事件

1. 双汇瘦肉精事件。爆发源：瘦肉精。

2. 雨润烤鸭问题肉。爆发源：病变淋巴和脓包。

3. “塑化剂”风波：多行业被波及。爆发源：邻苯二甲酸二酯（DEHP）。

4. 进口奶粉死虫活虫。爆发源：死虫、活虫。

5. 全聚德违规肉。爆发源：“无证驴肉”。

6. 立顿铁观音稀土超标。爆发源：稀土。

7. 速冻食品病菌门。爆发源：金黄色葡萄球菌。

8. 可口可乐中毒。爆发源：农药残留。

9. 牛肉膏事件：猪肉变的牛肉。爆发源：添加剂超量。

10. 京津冀地沟油机械化规模生产。爆发源：地沟油。

11. 浙江检出 20 万克“问题血燕”。爆发源：亚硝酸盐。

12. 染色馒头：食入多量危害健康。爆发源：香精、色素。

13. 沈阳“毒豆芽”。爆发源：亚硝酸钠、尿素、恩诺沙星、6-苄基腺嘌呤激素。

14. 北京惊现美容猪蹄。爆发源：火碱、双氧水。

15. 内部员工曝到期产品回炉黑幕。爆发源：回炉面包。

16. 南京查处鸭血黑作坊。爆发源：膨大剂。

17. 重庆查处 5 个制销潲水油窝点。爆发源：潲水油。

18. 东莞地下作坊日销上万黑粽。爆发源：黑作坊。

19. 广东中山出现毒“红薯粉”。爆发源：墨汁、石蜡。

20. 香精包子。爆发源：香精。

21. 暗访市场带淋巴“血脖肉”。爆发源：血脖肉。

22. 肯德基炸薯条油7天一换。爆发源：炸薯条。

23. 俏江南南京店陷“回锅油”。爆发源：回锅油。

24. 山西老陈醋95%为醋精勾兑。爆发源：醋精。

资料来源　食品商务网，2011-12-10。

这些问题的存在，给某些已经被淘汰的农产品加工技术提供了一个适当恢复的机会，比如，土法榨油技术、烧锅技术、酱菜技术、土法磨米磨面技术、土法制作酱油技术等，那些拥有这些技术的农民就有了用武之地，而且用传统办法加工的农产品大有市场。比如，土法榨的豆油虽然看上去不如现代技术生产出来的豆油清澈，但是安全性和味道都能够得到保证。用土办法酿的烧酒喝起来就有一股醇香。

除了这些，还有前面提到的文化资源开发的诸多传统民间工艺制作技术，拥有这些技术的农家都应该充分利用起来。只要不断挖掘，会发现一些淘汰的传统技艺也有复活的机会。比如，制作靰鞡鞋的技术，就可以在开发旅游纪念品中得到利用；制作酱油的技术，可以在传统食品制作上得到开发和利用。

挖掘传统技艺要采用一定的方法：

①设计规划、方案。

对农家来说，对老技艺并不是有一件恢复一件，而是要选择性地开发。那么，这就有一个选择、判断的问题，选择和判断的标准是看其是否有用，是否能产生商业价值，也就是有没有卖相，能否取得收入。接下来，要测算所需要的成本，这个成本主要包括：购买技术的钱、购买设备的钱、租用场所的钱和采购原材料的钱。将销售价格与销售成本进行对比，看市场是否能够接受。

②寻访老技艺的拥有者。

如果自家拥有这些传统技艺资源，那最好。如果是本村别家或者是外地的，就要调查和寻访。在寻访中，还要考虑购买技术的费用以及将来合作的方式，因为天下没有免费的午餐，像这种情况一般需要付出一定的代价才能达到目的。

③确定合作者。

受资金和人力的限制，一般情况下开发的项目是需要合作伙伴的。有了合作伙伴就要确定合作方式。这些内容将在“农家如何投资”中介绍。

小知识 5—3

农村五大致富新行当

(1) 农户住宅设计。

盖房是农民生活中的头等大事，随着社会经济的发展，农户住宅逐渐向实用、美观、个性化方向发展，越来越多富裕的农民在建房时有了个性化的需求，这就给专门设计、研究新型住宅建筑的人提供了广阔的发展空间。

(2) 老人服务。

随着人们生活水平的提高及观念的更新，老人服务必然走向社会化、产业化，老人服务业将成为农村独特的行业。

(3) 农副产品导购员。

外地客商来到农村收购，但他们初来乍到，对货源分布、数量和路径等都极不熟悉，常常很费劲还是找不到合适的卖家，一些农民就抓住这一商机，主动与客商联系，当起了“导购员”。农副产品“导购员”的出现，既为外地客商提供了便利，又解决了当地农副产品的“卖难”问题，同时为一批人提供了非常好的就业机会。

(4) 乡村导游。

随着观光农业、休闲农业的兴起，乡村导游将成为一种新职业。由于农业旅游的特殊性，乡村导游除应具有旅游方面的基本知识外，还应有比较丰富的农业科技知识。

(5) 农机租赁。

由于农业机械及相关工具的一次性投入较大，且对于大部分农户来说只在生产季节使用，一家一户投资购买不合算。农机具租赁业务，既可满足农业耕作要求，也可大大降低农业生产投入成本。

2. 瞄准国家政策导向，动员外出农民回乡创业

2012 年，中央一号文件提出：“对符合条件的农村青年务农创业和农民工返乡创业给予补助和贷款支持。”可以看出，中央鼓励外出农民工回乡创业，并给予相应的政策支持（与此同时，国务院有关文件中也指出，为了防止“三无”农民的出现，不鼓励外来投资者大面积承包农田）。这是一个信号和指挥棒，指引和鼓励外出打工的农民工回乡创业。

外出打工的农民工是一个特殊的群体，在外地打工期间，他们学习并掌握了很多技能和知识，了解了很多经济、管理和科技信息，改变了原有的农民意识，具备了现代化工业生产或现代化生产组织形式等观念，从而使这个群体具备了相应的能力，他们爱乡爱土，凭借在外部掌握的知识为本乡本土创造出更多的财富。所以，作为村组织或村民，应该想尽各种办法吸引外出打工人员回乡创业，以他们为先导，加上本土的原有资源，从而创造出更多的物质财富和经济效益。现在湖南、江西等省就专门对回乡创业人员给予特殊的鼓励政策。江西省一位在深圳鞋厂打工的女工，在掌握了一定的制鞋技术和相应的信息后，思乡心切，义无反顾回乡办鞋厂，最终取得了成功，不仅本人获得了一定的经济收益，还给本土年轻人提供了更多就业机会。我省朝阳市双塔区他拉皋镇党委、镇政府对有能力的返乡投资创业者，给予了相应的荣誉和经济上的奖励，对业绩显著、贡献突出的创业者给予表彰，并不定期举办新时期返乡创业发展战略研讨会，通过各种有效措施为外出务工人员提供一流的返乡创业环境。

外出务工人员是农村发财致富的一个宝库，他们生在农村长在农村，对本土有着刻骨的情怀，他们在外地漂泊，无时无刻不在思念家乡，一旦有回乡的机遇，他们将义无反顾，回到家乡后，他们守家在地，将更加勤奋，这是一个宝贵资源。我们应该看到这个资源，并善于挖掘这个资源，促使更多的外出务工人员回乡创业，这样一来既可

减轻城市压力，又给农村经济注入新的活力。

3. 积极参加适应农村发展的技能培训，增强并掌握新技艺

2012 年中央一号文件中提出要大力培训农村实用人才。以提高科技素质、职业技能、经营能力为核心，大规模开展农村实用人才培训。充分发挥各部门、各行业的作用，加大各类农村人才培养计划实施力度，扩大培训规模，提高补助标准。加快培养农村干部、农民专业合作社负责人、到村任职大学生等农村发展带头人，农民植保员、防疫员、水利员、信息员、沼气工等农村技能服务型人才，种养大户、农机大户、经纪人等农村生产经营型人才。大力培育新型职业农民，对未升学的农村初高中毕业生免费提供农业技能培训，对符合条件的农村青年务农创业和农民工返乡创业项目给予补助和贷款支持。在党的政策指引下，会有各种各样的技能培训开展起来，针对农民的培训又多是免费的，由政府买单。农民朋友应该密切关注这些信息，积极参加相应的技能培训，多掌握农村致富技能。

经过专家对农村发财致富成功的农户调查发现，致富成功的农户多善于思考、勤奋好学、信息灵通、意志坚定，不随便改变方向。我省抚顺县哈达镇下年村村民金玉海，过去一直依靠家里分的几亩地为生，他见别人种地菇效益好，于是开始试验种植，经过几年的尝试，付出了很多辛苦，花了很多钱却始终没有获得收益，这让他逐渐失去了信心。后来，他参加新型农民科技培训才明白了失败的原因，在掌握了必要的养菇技能后，他又先后到新宾、清原等地学习地菇种植经验和技术，与当地有经验的种植户交流经验，取长补短。经过一番努力，目前他的地菇长势喜人，产量明显增加，而且供不应求，经济效益比往年翻了两番。同时，在他的带动下，又发展了一大批地菇种植户，他准备来年再扩大种植面积，力求再上一个新台阶，形成规模特色产业发展的、大面积的地菇生产基地。（资料来源　哈达镇政府网站）

在对农民进行技能培训的过程中，要注意帮助农民解决一些认识上的问题。一些农民朋友对新技能学习并不重视，以为就农村种地这

点事，自己已经熟悉得不能再熟悉了，没有必要再花费时间和精力来学习。其实，单就种地这件农民祖祖辈辈都要做的事，无论是选种、耕种技术还是销售办法，每个环节都不断有新鲜事物和新技术涌现，况且还有养殖业和其他种植业等也都不断有新技术涌现，谁先掌握新技术，谁就可能在发财致富的过程中占先机。山东省寿光县是全国有名的蔬菜种植大县，这里的菜农时时刻刻关注农业新科技，种子必须购买最好的种子，种植方面也是采用最新的技术，在使用新技术上他们不会不舍得花钱，这方面值得大家学习。

以色列位于亚洲西部，是亚、非、欧三大洲结合处。沿海为狭长平原，东部有山地和高原，属地中海型气候。国土大多是戈壁滩，气候又干旱少雨，土地十分贫瘠。就在这块贫瘠的土地上，以色列人利用科学技术来种植和养殖，创造出了令全世界都佩服的每亩地平均收入在10 000美元以上的成绩，大约相当于人民币63 400元。可见，科技的力量是无穷的，所以要不断地学习。我国广西的一些石漠化地区（因土壤流失，土地呈石漠化）在石窝里种庄稼，计算种植数量不是按亩算，而是按照棵算。就在这样恶劣的条件下，他们仍顽强拼搏，坚持采用新技术，靠科学种地来维系着生活。

4. 尽可能多掌握与农业相关的科学常识

种地需要粪肥，植物生长需要氮、磷、钾等，这是常识，但是哪块地缺什么，需要上什么肥料，却并不清楚，有的农民种了一辈子的地，也不一定能搞清楚，结果造成了肥料浪费的现象比比皆是。还有温度，温度是植物生长的决定性因素之一，但是，植物在什么温度下才能生长，鱼儿在什么温度下才进食等这样一些问题，很多人却并不一定了解。因此，现代农民必须掌握一定的科学知识。几年前，国家统一进行了耕地测土配方，以解决土地滥用肥料的问题。还有很多科普知识，农民朋友也应该自行掌握，只有掌握了这些知识，农村劳动力资源的价值才能增大，发财致富才有可能。

在挖掘农村劳动力资源时，一定要有信心。现在普遍存在一种看法：一谈到农村劳动力资源的现状就先提农村劳动力素质如何低。这是错误的。一个人的素质主要体现在思想素养和职业能力上。

农业是国民经济中最重要的行业，如今这个重要行业的担子是由千千万万个农民来承担的，他们是承负中华人民共和国大厦的基石，靠这些人的默默奉献才能提供大量城市人口和各行各业的人群所需要的粮食和蔬菜，这能说我国农民的思想素养不高吗?

我国的人均耕地面积1.4亩，不到世界人均耕地面积的一半，全世界排名第126位。但是我国粮食产量却取得了骄人的成绩。仅与农业最发达的美国相比，从耕地面积上看，美国现有耕地197.5万平方公里，占世界耕地的13%还多，为全球耕地面积最大的国家；我国现有耕地121万平方公里，不足美国的2/3。

这里选择最具代表性的水稻、小麦、玉米三种主要粮食作物来作对比。

①水稻。

我国是世界上最大的水稻种植和产出国，年水稻产量近两亿吨，大米产量1.3亿吨，而美国大米的年产量是1 100多万吨，远远低于我国，虽然其品质要高于我国，但是产量达不到我国的水平。

②小麦。

和水稻一样，我国是世界上最大的小麦种植和产出国，年产量约为11 250万吨，而美国小麦的年产量为5 030万吨，不足我国的一半。

③玉米。

我国玉米的年产量约为1.6亿吨，美国玉米的产量为3.09亿吨、居全球第一。

从以上数据可以看出，在耕地面积相对少的情况下，却能生产出比发达国家多的粮食产品，这还能说我国农民的职业能力低吗? 思想素养和职业能力都强的群体怎么能用“素质低”来评价呢?

从我国多数农民的实际情况看，只能说其商业意识还有待进一步提高，传统农民太淳朴，不如城市人那么机敏、精明，商业意识没那么强。

明白了这一点，农民朋友就应该树立起信心，积极学习新知识，进一步提高自身素质，那么农村劳动力的含金量也将进一步提升。在新时代，我们更要正确认识和看待农民，他们更应该得到社会的尊重和认可。

小知识 5—4

贵州花溪区重视农村实用人才队伍的培养

农村实用人才是社会主义新农村建设的重要力量，在促进农业发展、农村稳定和农民增收等方面发挥着重要作用。贵州花溪区侧重在以下几个方面培养农村实用人才：

(1) 建立培训基地。

以贵州大学、农技校、农广校、教师进修学校为培训基地，主要进行农技员技术提高培训和农业科技应用培训，培训对象辐射全区 14 个乡镇、200 多个村。为促进理论学习和生产实践的有机结合，突出培训的实用性，区委、区政府在黔陶乡、湖潮乡建立了农业大棚科技培训基地。

(2) 培训和建设农村适用人才队伍。

首先，抓好区、乡两级农技人员技术水平的提高，培养学科带头人和骨干力量，鼓励农技人员去大中专院校继续进修深造，更新知识，跟上形势。同时，利用本地农业生产中技术指导的中坚力量在本地办乡土人才培训班。

其次，结合“绿色证书”的发放和农民技术职称的评定工作，根据农村产业结构调整和农业生产实际，依靠乡镇机构的积极配合，深入开展农村实用技术培训，将培训项目逐步转变、发展、壮大，由原来单一的粮食作物种植培训扩大为果蔬、畜牧养殖、农村经纪人等多类型的实用技术培训；在课程安排上注重理论与实践的结合，在农业技术基地手把手地进行直观的知识传授。积极引进先进的科技成果，勇于实践，配合了万亩优质水稻、玉米高产示范工程、旱地膜坡聚垄等多个项目的实施，并开展相应的技术培训班，同时还加强与外界的技术交流，虚心学习他人的成功经验。通过培训，涌现出了一批具有一定专业水平的农村科技“二传手”，他们扎根农村，带头科学生产，传授农业科技知识，自己发展致富的同时帮助其他农户脱离贫困。

（3）成立花溪区农村实用技术服务协会。

在花溪区人力资源和社会保障局的大力支持下，花溪区乡土人才培训学员自发成立了“花溪区农村实用技术服务协会”，旨在实现“科学技术是第一生产力”这一理念时互相关心、互相帮助、互相支持。该协会共有会员55人，所有会员均来自花溪区及小河区的30个村，其中年龄最大的是58岁，年龄最小的是20岁，成为了该区域科技兴农的带头人。通过以上工作，农村涌现了一批实用型人才。

花溪乡马洞村村民赵历华通过培训，结合本村的自然条件，因地制宜，率先发展果树种植，先后种植优良果树100多株，经有关专家现场验收，最大果重420克，平均单果重245克，每株产果25.7公斤，总收入16 000元。目前，在赵历华的带领下，该村果树种植100多亩，为马洞村的经济注入了活力。赵历华本人被评为省级乡土人才先进个人。

花溪乡把火村村民吴世玉经过培训，利用所学到的科技知识，率先在本村进行草莓实验种植，其所引进的新品种营养丰富、味美诱人，上市后得到消费者的好评。亩产1 000公斤以上，总收入7 000多元。在吴世玉的带动下，2011年把火村种植草莓200多亩。吴世玉本人被评为省级乡土人才先进个人。

麦坪乡戈寨村村民雷飞（花溪区农村适用技术协会会长）经过培训，利用所学到的知识，率先在本村进行肉兔养殖实验。在雷飞的带动下，所有入会会员都参与饲养肉兔，平均每人饲养50只，目的是使每个会员通过实践成为养兔能手，以便对外宣传、指导、推广。目前已形成大规模的养殖场。雷飞本人被评为省级乡土人才先进个人。

资料来源　贵州省花溪区人力资源和社会保障局:《花溪区农村实用人才队伍建设的现状及对策》, 2011-07-01。

正是:

农家资源穿成串,
人力藏在农家院。
好钢还需多锻造,
经验科学两翅扇。
不作现时蒙眼汉,
占据农技最前沿。
粗活还需精细算,
腰别电脑下农田。
三板斧艺装在胸,
财富排队来见咱。

话题六　离不开的财富——农村饮食资源的开发

山野农家饭菜香，
引来饕客争相尝。

一、乡村饮食的特点

如果按照环境来划分，中国的饮食可以分为城市饮食和乡间饮食。乡间饮食本是中国饮食的本源，如果追其历史，中国八大菜系的本源就是乡间饮食，在寻常百姓家出了名后进入市井，从市井又进入宫廷。从乡间走向都市后，又在乡间饮食的基础上，经过专业人士的再加工，使原来的乡村饮食向精细化、专业化、艺术化方向发展，从而形成了中国特有的菜系。然而，作为本源的乡村饮食压不倒后来居上的城市饮食，现在具有乡间饮食特点的家常饭菜反倒上不了都市台面了。

小知识 6—1

中国的八大菜系及分支

(1) 鲁菜系。

鲁菜包括济南菜、胶东菜、孔府菜。

(2) 川菜系。

川菜包括成都菜、重庆菜。

（3）粤菜系。

粤菜包括广府菜、潮州菜、东江菜、顺德菜。

（4）苏菜系。

苏菜包括淮扬菜、金陵菜、苏帮菜、徐海菜、无锡菜。

（5）闽菜系。

闽菜包括福州菜、漳州菜、厦门菜、泉州菜、莆田菜。

（6）浙菜系。

浙菜包括杭帮菜、宁波菜、绍兴菜、温州菜。

（7）湘菜系。

湘菜包括湘江菜、洞庭菜、湘西菜。

（8）徽菜系。

徽菜包括沿江菜、沿淮菜。

此外，还有京菜、津菜、辽菜、豫菜、鄂菜、赣菜、吉菜、黔菜、滇菜、客家菜、清真菜、台湾菜等。

虽然我国饮食的重点早已转移到城市，但是乡村饮食中蕴藏着的内涵却被永远地固定了下来，并在很多人脑海中形成了深刻的记忆，挥之不去。一提到家乡的菜肴，必然勾起儿时的记忆，对家乡和亲人的记忆，特别是对母亲的记忆，这些记忆将永远铭刻在人们的脑海中。随着乡村旅游业的兴起，乡村饮食也找到了飞速发展的机会，经过这几年的发展，形成了独特的中国饮食文化——乡村饮食。

乡村饮食也叫农村饮食，是指借助乡村的自然环境和人文历史及农家生活等条件，利用农家自产的农产品为原料，以农家传统的烹饪办法制作的饮食。乡村饮食是通过开办农村观光、休闲、度假、体验、健身等乡村活动，而出现的农村饮食资源。

乡村饮食之所以能够受到城市人的欢迎，其原因一是吃饭环境特别，二是饭菜特点鲜明。与城市中的酒店饮食相比，乡村饮食具有鲜明的特点：

（1）食材采集于乡野，既保证了食材的安全度，也保持了材料绿色和鲜活的特点，特别是有些农家乐饭店，采用现采现做的方式，或者由顾客亲自指物挑选，使顾客享受到了在城市酒店里享受不到的鲜活消费和指物挑选时的快感。

(2) 就餐环境在乡野之间或农家环境中，可以使顾客享受到城市酒店里无法享受到的消费快乐。乡村饮食的就餐环境是在农村的湖光山色和田园风光中，或者在农家的火炕头上，别具一番风味，可以享受到在城市酒店里无法享受到的快乐，一次消费就可能给顾客留下永久的记忆。这种特殊的就餐环境可以使顾客得到超值的享受。

(3) 饭菜的传统制作工艺，可以使顾客品尝到一些食品原始的吃法，也会找回一些顾客儿时的记忆，使客人感到愉悦。

(4) 由于就餐环境远离城市，顾客通过更换环境就餐使身心得到调整。

(5) 直接来自于农户的食品加工产品，深受城市居民的信赖和欢迎。由农户直接加工制作的农产品，如小食品、熟食、干菜、干果等，能够保证食品的安全和新鲜程度，使城市居民吃起来放心。

这些特点也表明，乡村饮食有巨大的资源潜力，除了开办乡村饮食，还可以扩展农产品加工产业，如果开发得好，将有更好的前景，会给农家带来更好的收益。

二、如何开发农家饭店资源

既然农村饮食是值得大力开发的资源，那么如何开发这些资源呢？一般来说，农村饮食资源首先开发的当属农家饭店。

1. 什么是农家饭店

目前，在农村开办的农家饭店主要以开办农家乐为主要形式的饭店。可以以农家为依托开办一家农家乐旅饭店（包括住宿），主要提供吃饭、住宿、农村生活体验接待等方面的服务。如果农家有这方面的资源，就可以考虑投资一家这样的饭店。

开办农家饭店的首要条件是能提供客人吃饭、住宿的场所，有房前屋后的菜园或果园或饲养场。农家可以利用自家的房屋和庭院来进行这方面的安排。住宿的条件要体现农村特色，不一定要与城市的正规旅店看齐。农村的火炕就很有农村味，现在的城市人如果能在火炕上睡一晚，那也是一件新奇的事。

再就是要有一个独具特色的厨师。这个厨师不一定非得专业厨师，能做好有特色的农家饭就可以。所谓有特色就是有一款以当地特色和本家特色的菜品或主食为基础，然后再不断改进和更新，直到形成自己的独门特色，成为自己饭店的招牌菜或招牌主食。

2. 饭店的经营方式可以灵活一点

所谓经营方式是指饭店以什么样的组合形式经营。经营方式可以是独自经营，也可以采用与乡亲合伙进行。如果是合伙，要亲兄弟明算账，必须事先签订一个合作协议，协议里面应该包括以下内容：

① 合伙人的管理权限范围。

② 合伙的期限。

③ 合伙人各自的投资额。

④ 利润分配的办法。

⑤ 吸收新的合伙人的办法。

⑥ 合伙人的责任等。

饭店独资经营和合伙经营都有各自的优缺点。

如果是独资经营，其优点是：

第一，所得的利润全部归自己，所产生的亏损也全部由自己承担。

第二，独资经营的饭店经营灵活，因为一般情况下，独资经营的农家饭店规模相对要小，内部管理结构相对简单，只要有采购员、收款员、主厨和服务员四个人就可以干起来，因此经营比较灵活，特别是在市场变化迅速的时候可以及时调整和改变经营策略，在管理上，也可以“黑瞎子打立正——一手遮天”。

第三，可以实现财务保密，因为上缴所得税是定额税，所以没必要担心别人知道自己的财务状况。

第四，可以闯出自己的家庭品牌，服务个性化，可以随时根据客人的需要改变服务内容，提供客人所选的菜色，从而建立自己固定的客户群。

独资经营的缺点有：受资金数量的限制，发展规模小，利润少，要想扩大规模，资金方面又会受到限制。饭店寿命短，因为饭店规模小，竞争实力弱，如果经营不力，时刻面临倒闭的危险。

那么合伙经营有什么特点？

合伙经营企业是按照订立的合伙协议，共同出资、合伙经营、共享收益、共担风险，并对合伙企业债务承担无限连带责任的营利性的组织。它具有以下特征：

①合伙企业是不具备法人资格的营利性经济组织。

②全体合伙人订立书面合伙协议，如果没有合伙协议，合伙企业就不能成立，其运作也就无从谈起。

③合伙人共同出资、合伙经营、共享收益、共担风险。

④全体合伙人对合伙企业的债务承担无限连带清偿责任。

合伙经营的优点包括：

①资金充足。因为每个人拥有的资金总是有限的，如果是两个以上的人合伙经营的话，可以互相弥补双方在资金上的不足。有了资金，饭店就可以扩大规模，提高档次。

②在经营管理上可以集思广益。合伙经营的饭店，其规模一般比独资经营的饭店要大一些，从而可以发挥合作伙伴各自的优势，提高饭店的经营管理水平。

③资源更广泛一些。合伙经营的话，可以充分利用双方的资源，擅长管理的搞管理，擅长做菜的做菜，擅长促销的搞促销，在争取客源上也会比独资经营的人脉关系广。

合伙经营的缺点是：

①有合作风险。因为是双方合伙，当意见不合时，特别容易散伙。

②饭店寿命短。因为任何合作伙伴行为不当、生老病死都会导致饭店倒闭。

③权力分散，难以控制。因为每个人的经营理念不同、管理方式不同，有时会产生分歧和意见冲突，造成双方不合作，对饭店经营不利。很多合伙饭店倒闭都是由于合伙人之间只能创业不能守业，只能一起吃苦，不能一起享受利益。

3. 设计好本家饭店的特色

俗话说："菜无名，吃不香，店无名，叫不响。"饭店要体现本家特色主要应抓住三个关键：

（1）要起个能体现本家特色的名字。

第一，名字要土一点。由于是乡村饭店，名字土一点才能体现出本家特色，如果能土得掉渣就更好。

第二，名字可使用的时间越长久越好，如果能有百年设想会更好。"刘老根"这个名字就很土，但是已经叫响大江南北，并且产业链条已经不仅仅局限于戏曲界而是延伸到食品加工等产业领域，比如"刘老根大舞台"、"刘老根大酱"等。

（2）有与特色相符的装潢设计、陈列和相应的餐具。

农家饭店的装潢和餐具的配备，一定要与本店的经营特色相吻合。比如，农家饭摆在炕桌上就显得般配，如果摆在红木大圆餐桌上就不是很协调；东北农家饭大多是炖菜，盛在粗瓷大碗中显得很朴实，如果盛在金边细瓷小碗中就显得有点装腔作势。另外，平常的农家院吃饭是要脱鞋上炕盘腿打坐的，那样显得温馨。如果是在圆桌边，坐在高背椅子上吃饭，感觉就不像在吃农家饭了。所以，饭店陈设和用具的配备要体现乡土特色。

（3）有特色的饭菜。

除了取名字时要有长远意识，为创造百年老店打基础在舍内陈设和用具上也要符合饭店的总体特色外，在菜品和主食的设计上，也要有自家饭店的特色。如果经营的是以东北杀猪菜为主要特色的农家饭店，因为这个风格是体现满族风俗的，那么就应该在厅堂的设计上以满族特色为主，如果在饭店正堂的墙上挂一幅满族先祖的画像或一副弓箭，配上原木的餐桌、大红灯笼、身着满族风格的衣服的服务员，再加上大块的方子肉、酸菜、血肠等，这些民族要素组合在一起，就是一个活脱脱的、正规满族农家饭店的形象。如果开的是朝鲜族风格的农家饭店，就要按照朝鲜族的风格来设计这一切，桌上一定要有好几个用小碟装的朝鲜族泡菜或小咸菜，而且一定要有狗肉，主食应该有自家特色的冷面。南方风味的农家饭店就要体现南方的特色，红薯粉、木桶饭等具有南方农家风味的饭菜，加上身着大花布、土布衣的服务员，整个就是南方乡村的氛围。

北方很多饭店是以鱼为主的，那就应该有自己的招牌菜，或者清蒸或者清炖或者红烧，并把这个招牌菜的相关介绍挂在醒目的位置，让顾客一目了然。在料理鱼方面，北方人应该向广东顺德地区学习，顺德地区鱼的品种不如东北多，但是吃法多样，一鱼三吃或一鱼四吃，一条鱼既能生吃、清蒸，还能沾着椒盐吃，给人留下很深的印象。

所以，特色是农家饭店的生命线，有自己的特色才有自己的客户群，否则就无法给顾客留下深刻的记忆，也竞争不过其他的同类饭店。

同时还要注意一点，前面提到在饮食、装潢和服务上要乡土得彻底一点，尤其在细节上要体现出乡土特色，但是有一点却不能“土”，那就是卫生间。我国农村土式的卫生间（俗称厕所）既不安全也不符合环保和卫生要求，如今的农家饭店应该配备现代化的卫生设备才不给顾客留下遗憾。

4. 如何办理开店手续

开办农家饭店需要在镇一级政府的相关部门登记备案，并接受当地政府部门的审查和日常的监管。

农家饭店应具备的条件如下：

①与生产经营或者服务规模相适应的资金和从业人员；

②固定的经营场所和必要的设施；

③符合国家规定的饭店名称。

农家饭店申请开业登记应该到市一级工商管理部门办理，需要提交的文件和证件如下：

①镇一级主管部门或审批机关的批准文件；

②企业章程或合伙协议书；

③资金信用证明、验资证明或资金担保书；

④主要负责人的身份证明；

⑤住所和经营场所使用证明；

⑥环保、卫生等行政管理部门的批准文件、证件以及其他有关文件、证件；

⑦企业法人申请开业登记注册书等。

小知识 6—2

开饭店如何办理卫生许可证

（1）寻找经营地址。

（2）签订租赁合同并索取房产证复印件（办营业执照和卫生许可证时用）。

（3）找装修队出施工图，并报公安局消防科和卫生防疫站审核。

（4）得到消防科和卫生防疫站的认可文书后，照图施工。

（5）同时，要去工商局联系入资事宜，并办验资报告（属地工商局）。

（6）工程竣工后，报消防科和卫生防疫站验收。

（7）合格后，去卫生防疫站申请卫生许可证。

（8）持卫生许可证到工商局办理营业执照。

怎样办理环保审批？开办农家饭店需要环保部门审批，主要由所在地主管环保的部门办理，其审批的主要项目为：噪音、排污（包括污水排放、废气排放、垃圾处理等）。饭店经营者要提供饭店位置平面图，并标注周围环境情况和邻近建筑物的使用性质，由主管环保局派人员实地查验。经实地检验合格后，由主管环保部门在申请开业登记注册书上的“有关部门意见”栏，签署“同意开业”，并加盖公章。

与此同时，还要办理消防审批，这也是开办农家饭店必不可少的环节。消防审批由所在地区主管公安局消防科办理。在工商局领取申请开业登记注册书后，要到所在地区主管公安局消防科申请办理消防审批。饭店经营者要提交申请书、饭店位置平面图，领取防火安全重点行业审批表。由消防科派防火检验员检查验收。消防部门主要检查以下项目：防火责任制、燃料，特别是液化气罐的存放位置；厨房、电源、电路等有无火灾隐患；室内装修采用可燃物的，如竹、木、壁布等，要做防火阻燃处理；按照消防科的要求配备足够的灭火器；要定期对员工进行防火教育、训练，举行灭火演习和考试；安全培训要做到制度化。检验合格后，由防火检验员签署“检验合格”意见，并加盖公安局防火检验专用章。

5. 如何选用和培训服务人员

开设农家饭店还要选择适合的服务人员。服务人员是饭店的“门脸”，也是体现饭店特色的关键因素，菜品特点的介绍以及顾客的接待都是由服务人员来完成的。在选择服务员时，主要应考虑以下几方面：一是性别，应尽量多招女性服务人员，因为女性服务员在服务中能更细致、周到、耐心和冷静，在服务技能上也比较灵巧。二是素质方面，应挑选仪表端庄、头脑灵活、记忆力强、语言得体、态度诚恳的人，如果有在饭店工作过的经历，可优先考虑。三是本乡本土的最好，年龄上不一定非要年轻的，一些年纪稍大一些的大娘更能体现农家纯朴的特色。

人员招聘到位后，还要进行员工培训。农家饭店的员工培训，主要从以下几个方面进行：

（1）饭店管理的基本常识培训。

这部分内容主要包括：饭店的经营理念、如何待客、饭店规章制度的制定和学习、饭店菜品的设计等内容，使新员工对饭店的基本情况有一定的认识和了解，同时也能培养员工对饭店的感情，力争使员工达到以店为家的地步。

（2）待客礼节和文明礼貌方面的培训。

这部分内容主要包括仪容、仪表、仪态、表情、眼神、语言、动作等方面的培训，使服务员达到农家饭店文明、礼貌的服务要求。

（3）服务意识方面的培训。

这主要是培养员工树立牢固的“顾客至上”的意识，把顾客看成是真正的“上帝”，“顾客总是对的”，时时处处以顾客满意为标准，把握自己的言行，形成良好的服务意识。要培训服务员做到“不吃不喝也能送出去二里地”，这样才能留住顾客。

（4）业务技能培训。

这主要包括服务岗位、后厨岗位、采购岗位、迎宾岗位的行为和操作规程，同时还要掌握一些服务技巧，特别是应对打架、斗殴、卫生等突发事件的能力。

（5）饭店的特色培训。

这部分内容应该作为重点来培训，主要培训员工牢牢树立创造并保持鲜明“特色”的观念，要能掌握每个菜品的来由，并能向顾客清楚介绍其不同平常之处，同时要善于把那些特殊的菜品、招牌菜品介绍给顾客，以增强顾客对饭店的印象。除此之外，员工还要了解饭店所处村庄的历史典故，并把这些文化融入到对顾客的服务当中，这些都做到了，那么饭店的特色也就突出了，从而能带动经济效益。

6. 如何给饭菜起名字

前面提到，要给本店的菜品起个好名字，除了饭店的名字以外，对本店菜品的名字也是有讲究的。那如何给饭菜起名字呢？

（1）要有乡土特色，有“农味”。

前面提到的“杀猪菜”就很有乡土味，此外还有“东北乱炖”、“新姑爷荷包蛋”、“丰收蘸酱菜”、“鲶鱼炖茄子”等，这些菜名都可以使人望文生义，给食客增加新奇感。

（2）名字要喜庆。

凡事图吉利，盼喜庆是所有人共同的愿望，农家饭店菜品的名字也要符合这个基本原则。江浙一带的农家饭庄有一道菜叫“状元蹄”，吸引了众多学生特别是临近高考的学生前去品尝，它是借鉴了“金榜题名”中很吉祥的意思而取的名字，其实就是家焖或红烧猪蹄。上面提到的“新姑爷荷包蛋”就是东北这一带新姑爷第一次到老丈人家吃的白水煮鸡蛋，寓意是将来新姑爷的荷包（就是钱袋子）会鼓鼓的。

菜品的设计上应该以本土特产为主。都说“靠山吃山，靠海吃海”，山区的农家饭店应该把野菜、蘑菇、鸡、鸭、鹅、猪、羊等山珍和畜禽类菜品设计好，同时要使顾客感觉到所有的菜品都是饭店自产的，这样能使顾客感觉更新鲜、吃得更放心。如果地处长白山山区，则要把药食类的菜品设计好，特别是东北山区的野山菜，基本上都是中草药的幼苗，如果能把野山菜的中药名和治病的功效联系起来，便能给顾客留下更深刻的印象。位置在海边或水边的农家饭店则应该把鱼、虾、蟹和鳖类的菜品设计好，先设计几个主打的特色菜，再设计一些辅助类的菜品。应该注意的是，到农家饭店吃鱼、虾、蟹类菜品，多数顾客想要的是原汁原味、原汤原样，不需要更精细的加工，这类顾客追求的是大快朵颐的快感，如果精加工的话，这些菜品反倒失去了乡间特色。主食的设计也是如此，一定要以当地特产为主，并按照当地百姓的做法加工。比如，松辽平原地区的人喜食粘性的食品，如果设计出像“驴打滚”、“豆面卷子”等粘面制成的主食，便能更吸引人。

小知识6—3

农家乐的“农味”不能丢

目前，一些农家饭店存在着一些问题：一是乡味不浓，土法不土。它们在饭店的名字上、菜品的设计上、室内装潢的风格上以及服务方式上，没有体现本土特色，多花了不少钱，结果看上去有些洋不洋土不土，四不像，没有收到应有的效果。二是追求城市化，向城里的大宾馆学习，办起了高档的农家乐，缺少农村民间文化气氛。三是无序开发随意布局，或山上、或路边、或楼房、或草屋，零星、无序分散，难成气候；低水平、同质化明显，玩乐项目相同，参与度低，摘葡萄、柑橘，或采草莓，或塘边垂钓，或打牌下棋，导致一些地方一哄而起，生意清淡，闲多忙少，有的甚至靠"宰客"来维系。四是违反国家土地和山林政策。有的农家乐饭店在租赁的山体上，违背国家土地政策，大兴土木，砍伐树林，毁坏植被，进行掠夺式开发，使环绕景点周边的农家乐饭店成为"煞风景"的农村污染源。

在经营形式上也要不断创新，不能一成不变。经营形式是影响顾客感受的最重要因素之一，体现在很多方面，如服务方式、管理模式等。如果服务细致、温馨、周到，宾至如归，那就会给顾客留下美好的感受，使顾客流连忘返。东北人实惠，但是实惠过了头就有些"死性"。很多北方的饭店不注意迎客环节，人或汽车来到饭店门口都没人打招呼，更别说欢迎了，给顾客一种不受欢迎的感觉。而南方的一些农家饭店则相反，有一股不吃饭也能送出二里地的热情，热情到顾客不好意思离开。还有的饭店在为顾客服务的形式上下工夫，也能收到很好的效果，譬如河南某农村一家农家乐饭店，在经营农家饭菜的同时，见很多顾客都是带着孩子来的，而孩子们吃完饭就忙于玩耍，大人们为了照看孩子就不能尽兴吃喝。于是，饭店就请来了手工艺人在店里制作泥人吸引小孩，并收取一点费用。一个泥人捏好，差不多要 40 分钟，这个时间大人也基本吃好了。这样，既额外赚了钱，孩子们也高高兴兴地看了捏泥人的整个过程，孩子、大人都高兴。还有的农家饭店把当地的说唱艺人请来助兴，既热闹了场面，又使客人得到了超额享受。

三、农家食品加工资源的开发和利用

除了开办农家饭店以外，农村中围绕农村饮食还有以下可开发的资源：

1. 酱菜制作

酱菜制作在我国由来已久，这项技术在中国大地上形成了东南西北不同的酱菜风格，是我国传统饮食文化中的重要篇章。北方的酱菜制作有自己特有的风格，主要分为大酱制作和咸菜制作两大部分。

首先来看大酱制作。大酱制作是东北农村每个家庭饮食上必备的、隆重且带有一丝神秘色彩的、能展现家庭主妇脸面的重要活动。不会做大酱的家庭及主妇会被村里人轻视。说它重要，是因为东北人对大酱有严重的依赖。东北人几乎顿顿都离不开大酱，每家每户必须制作相当数量的大酱才够全家一年吃的。说它有一丝神秘，是因为大酱的味道与家庭主妇的品德有一定的联系。一个性情温和且善良的家庭主妇做出的大酱与一个刁蛮的主妇做出的大酱味道是不同的。其实这里面的神秘并不带迷信色彩，而是性情温和的人大多喜欢学习，人缘好，能收集到更多做好大酱的信息，自然也就能做出好吃的大酱。东北的一些地区，到谁家做客，一般会提出要尝尝主人家大酱的请求，通过品尝大酱来判断这家主妇的治家水平，这也成为东北农村一个特有的习俗。据说，大酱起源于东北的满族。满族的先人们在森林和草原上东奔西走，南征北战。为了方便携带，常常把谷物炒熟，或者磨成面粉做成炒面。在野外奔波中有时这些面食被雨水淋湿，经常就发酵了，可是又舍不得扔掉，于是往里面掺水再加点盐，搅拌好当菜吃，这就是早期的大酱。

既然大酱对于日常饮食如此重要，制作大酱又这么神秘，如果农家有这样一门技术的话，那不就是一个致富的好路子吗？做大酱既要保持传统工艺，又要有所创新。前面提到，吉林延边地区一位朝鲜族老大娘用上好的原料加上传统工艺制作出了风味独特的大酱，如今她制作的大酱已经成了一个品牌。

日本人也爱吃大酱。在日本流传着这样一句话：“大酱汤的味道就是妈妈的味道。”大酱汤是日本人餐桌上必不可少的，它起源于镰仓时代，那时候只有武士才有资格吃大酱，后来才流传到平常百姓家。日本大酱的特点是海鲜味浓，常常与海带搭配，有点甜味，还不咸，既符合健康饮食的要求，味道又很特别。现在，很多中国人去日本总是会带点大酱回来。

韩国人对大酱更是别有一番情怀，他们认为大酱有“五德”：其一为丹心，意思是说大酱与其他食物混在一起也不会失去本身的味道；其二为恒心，意思是说大酱存放多长时间也不会变质；其三为佛心，意思是说大酱可以去除食物中的腥味和油腻；其四为善心，意思是说大酱可以使辛辣味变得柔和；其五为和心，意思是说大酱可以与任何食物和谐共存。韩国人将大酱当做日常生活中的圣物。与中国人一样，做大酱是韩国农村家庭中一项很隆重和神圣的活动，这种敬畏和尊重使韩国的大酱更有独特的味道，浓烈而鲜美。

我国已经有很多大酱专业厂家了，它们采用现代化技术来生产，味道千篇一律，而大酱的消费特点是要有特色，也就是要求大酱各具特色，这是专业化厂家很难做到的，所以，农家制作的大酱仍然有其相应的消费群体，自然也就有发展的空间。农家只要有这门技艺，再略加创新，就会制作出品味不同的大酱，会是一项很好的致富资源。

再就是酱菜制作。在东北农村，除了大酱外，每家每户必做的就是酱菜。他们利用自产的萝卜、白菜、土豆、辣椒等腌制酱菜，酱菜成为农村餐桌上必不可少的配菜。东北人的酱菜制作受朝鲜族的影响较大。朝鲜族的酱菜腌制技术很特别，他们腌制的酱菜酸辣适宜，有汤有水，色彩鲜艳，同时，他们充分利用野山菜和蔬菜的根茎叶来制作，物尽其用。比如，他们可以用辣椒叶、茄子叶、苏子叶、萝卜缨、瓜叶等，做成咸淡适宜、色彩艳丽的各种酱菜。所以，在东北，有朝鲜族同胞居住的地方便能吃到更多可口的酱菜。

如果农家有可用于制作酱菜的原料，再掌握一些制作技术，就可以尝试制作酱菜。农家制作的酱菜要实现商品化，能卖出去，就必须进行改革和创新。东北传统的酱菜盐度太高，做出的酱菜太咸，不符合现在低盐化健康饮食的大方向，所以必须适应需求做相应改变和创新，应该向微咸偏甜方向发展。日本的酱菜制作很有特点，而且每一个城市都有各自的品牌和口味独特的酱菜，他们的保鲜技术和色泽处理也很有特色，制作好的酱菜看上去鲜嫩无比，青枝绿叶，光看一看就能勾起食欲。如果农家在酱菜制作上能符合当前的健康饮食要求，在传统制作工艺的基础上有所创新，并对酱菜的外观、色泽等方面的处理上进行改良，那么这也将是一个发财致富的宝贵资源。

小知识6—4

历史人物成就一项小吃产业

苏州年糕是苏州的著名小吃，享誉海内外，给当地的农户和城市居民带来了巨大的经济利益。这种小吃竟起源于纪念一位历史人物。当年，伍子胥原是楚国的臣子，因楚王听信谗言杀害了他的父兄，还要追捕他。伍子胥历尽艰险逃亡到了吴国，并帮助吴王坐稳了江山，是吴国的有功之臣。可吴王的儿子夫差继位后，多次拒绝伍子胥的忠谏，最后竟听信谗言，赐给伍子胥一把剑，命他自杀。伍子胥自刎前悲愤地对家人说："我死后，你们把我的头颅挂在东门，我要看着越国的兵马来灭亡吴国。"伍子胥死后，他的家人遵照他的遗愿把他的头颅挂在东门，从此人们便把这东门叫胥门。伍子胥死前还对家人说："我死后，如遇国难断粮，可带领人去相门城下，挖地三尺，就能得到食物。"伍子胥死后不久，越王勾践果然带兵来攻打吴国，把吴国都城（也就是现在的苏州所在地）团团围住。时值年关，天寒地冻，城里百姓断粮，成千上万的人饥寒交迫，好不凄惨。这时，伍子胥的家人想起他生前所说的话，便带领众人扛锹带锄来到相门城墙下，拆墙挖地，才发现这里的城墙砖都是用糯米烧制的。原来当初伍子胥奉命修筑阖闾城（即苏州城）时，高瞻远瞩，居安思危。如今这些糯米粉烧制的墙砖竟救了一城百姓。苏州百姓为纪念恩人伍子胥，便把城门改叫"胥门"，还把连接南北运河的那条江叫"胥江"。年年春节，家家户户都要用糯米粉和糖做糖年糕。其中，以观前街的"稻香村"做得最好，有猪油年糕、果仁红糖年糕以及果仁白糖年糕。做年糕用的糯米粉细而甜，色泽白亮，蒸、煮、煎都行，吃起来又香又甜。猪油年糕又有玫瑰、桂花、枣蓉、薄荷4个品种，其共同的特点是色泽鲜亮，肥润香糯，久吃不厌。苏州年糕成为南式年糕中很受欢迎的名特产品，创造了巨大的经济利益。

2. 干菜制作

干菜是中国人喜欢的食物，它采用一定的办法脱干水分，使新鲜蔬菜变成干菜。干菜在烹调上具有独特的风味，一些高档的宴席上也总少不了用干菜制作的菜肴。梅干菜、萝卜干、土豆干、干萝卜缨、干白菜、干野菜、干角瓜和面瓜干等，都是冬季或者搭配肉类菜肴常用的原料。在肥嫩的肉中间夹上干菜会降低肉的油腻感，慢慢嚼动，能品尝一种独到的风味。不仅国人如此，日本、韩国和东南亚等国家的人也喜欢吃干菜。我国北方有充足的制作干菜的资源，每到秋天，萝卜缨、那些没有长成的散棵白菜、各种豆角、各种瓜类、茄子、辣椒等都是制作干菜的好原料。春天满山遍野的山野菜，应有尽有，这也是制作干菜的好资源。这些干菜经过简单的拣选和整理，再晒干包装好，就是宝贵的饮食原材料。农家如果挖掘出这方面的资源，便可以增加格外的收入。

在挖掘农家干菜资源的过程中，有一项工作很重要，那就是打通销售环节，只要把销售环节打通，农家只要按照商家的要求整理包装好就可以了。如今的农产品销售渠道应该是畅通的，除了以往的通过农贸市场、个体商贩和农产品加工厂收购以外，现在政府正在积极鼓励“农超对接”、“农户与学校食堂、机关食堂、科研院所等单位对接”。所谓“农超对接”就是农户与城市超市直接结对子，农户生产的农产品不需要经过其他中间环节便可直接进入城市超市，农产品价格也不用遭受中间环节的“扒皮儿”，农民可以享受到更高的价格。与学校食堂、机关食堂等对接也是如此。

目前，一些大城市的超市中，干菜的品种并不多，像那些儿时记忆中的豆角干、土豆干、萝卜干、萝卜缨干、小白菜干、玉瓜干、茄子干、黄瓜干等都很难碰见，如果农家能填补上这个缺口，就会形成很大的干菜销售市场。除此之外，还可以通过农民专业合作社、干菜协会等农民组织专门组织生产和销售干菜，有些市场需要慢慢培育，逐渐扩大，像北方的干菜市场，如果用心培育会有很好的前景。

除了蔬菜类的干菜以外，还有果品干和肉类干的制作。果品干的制作也是一条可行的农家致富的路子。如果农家有果园，除了售卖应季水果以外，还可以将其制成果干销售，这样既可以消化掉一部分来不及销售和外观不整的果品，又便于储藏，从而缓解应季销售的压力。果干的制作并不复杂，利用现有的农家资源就可以进行。果干生产在河北省很盛行，而在我省几个主要产果地区的发展空间很大。

还有就是肉干的制作。南方对肉干很推崇，在福建闽西地区就有八大干之说。所谓闽西八大干是指闽西地区有风味特色的 8 种干制食品，包括连城地瓜干、武平猪胆干、明溪肉脯干、宁化老鼠干、上杭萝卜干、永定菜干、清流笋干及长汀豆腐干。闽西就有抓老鼠致富的典型。最有名的是一个叫陈宣年的，原是一个乡的副乡长，后来发现老鼠身上有商机，就辞职下海抓老鼠，制成老鼠干卖钱。现在陈宣年一年需要 20 000 只活老鼠，并且创造了上千万财富。

3. 主副食加工

主副食加工是农村一项很有前景也有待于继续挖掘的致富资源。这里所说的主副食加工，是指农家以生产的农产品为原料，采取一定的技术加工成供人食用的产品的过程。在北方农村，常见的有家禽类加工，如烧鸡、烧鹅和烧鸭等；有粮食类加工，如煎饼、汤条、火勺、豆腐、各种粘饼等，种类繁多。这些加工是农村致富的一条有效的途径。

(1) 家禽类加工。

这是一项历史悠久的传统技艺。以农村自养的鸡、鸭、鹅等禽类为原料，采取一定的技艺加工成形态各异、风味不同的食品，这些食品由于产自农家，所以消费者食用起来格外放心。在信息交流很发达的今天，家禽类加工所要求掌握的加工技术已经不是很难学到了，通过拜师、寻访、参加培训班、网络查看相关视频和光碟等渠道，都可学到相应的加工技术。真正困难的是如何打开销售市场，只要能打开销售市场，并在日常的经营中精心打理，以逐渐形成品牌，到那个时候，这个资源就能带来更多的利益。否则，产品再好，藏在农家人是无法实现商业价值的。

（2）粮食类加工。

北方常见的有煎饼、汤条、火勺、豆腐和小杂粮加工。

首先说煎饼加工。

煎饼的加工技艺原本是早年由山东移民传到东北的粗粮细做的加工技艺。在烧热的圆形鏊子上倒一勺磨好的糊状玉米面，用专门的工具筢子沿着鏊子将面糊摊一圈，如此便将一滩糊状的玉米面糊推开了，变成了一张圆圆的、香甜、酥脆、轻薄、散发着诱人香气的煎饼。看到煎饼，就仿佛看到了农民的智慧，是他们把难以直接下咽的粗粮变成了入口即化、香甜可口的美食。煎饼不仅可以直接食用，还可以包裹各种馅，做成“煎饼馅”等更加美味且形态各异的食品。煎饼加工又分软筢煎饼和硬筢煎饼两种。煎饼是耐保存的食品，特别是硬筢煎饼，一般可以放上一段时间也不会变质。由于这个特点，就方便了运输和存放，因此可以作为农家发财致富的好项目。

从农村现有已经开发的煎饼制作来看，主要存在的问题是局限于老办法，进一步开发不足。比如，现在主要就是玉米面煎饼，除了玉米面以外，还可以开发其他杂粮类的煎饼，或可开发适合糖尿病患者食用的煎饼等，通过方便食用者来扩大影响，增加销售。

其次要介绍的就是汤条。

汤条也叫“酸汤子”或“汤子”。这种吃法是满族人发明的，现在已经覆盖全东北的各民族了，成为东北的一种象征性的食品。这也是一种粗粮细做的办法，将玉米用水泡涨后，再用磨磨成糊状（俗称水面），放到稍微有点酸味时即可。“汤子”是发酵类食品，很适合人体吸收，多吃也不会使人肥胖，是很有特色的健康食品。对营养过剩的城市人来说，吃上一顿细腻、柔和的“汤子”那就是一种超级享受。“汤子”由于是东北农村人家很普通的吃法，几乎家家会做，因此，在这种环境下要形成商品必须做一些改进。吉林省集安有一农家，就硬生生地把这种普通的“汤子”做法做成了当地名叫“姜华汤子”的一个品牌，不仅受到当地人的喜欢，外地人来到集安也要慕名吃上一顿。有条件的农家，可以利用这些传统的技艺和自产的农产品，做成不同原料的“汤子”（如高粱面的、小米面的）等食物，然后再设计好包装物，起一个好名字，找到适合的销售渠道卖出去，也能得到很好的经济效益。

再次是制作豆腐。

由于东北地区的光照时间长、昼夜温差大、植物生长周期长、土地肥沃等得天独厚的气候和地理条件，使东北的大豆成为一绝。用东北大豆制成的豆制品，是全国所有豆制品中品质最好的。在这样的地域内，东北的大豆制品应该得到更好的开发。中国做豆腐的历史已经有几千年了，但是一直以来变化不大，现在仍然是老办法、老样子，缺少变化，花样不多。日本做豆腐的技艺是从中国传过去的，但是他们在此基础上不断研究，不断推出新花样，现在日本将豆腐与蔬菜、其他粮食、水果、蛋类等材料组合，可以做出一百多种豆腐。所以，在豆制品的创新方面，我们还有很多路可以走。农家在有条件的情况下可以开发这方面的资源。我省锦州地区的农村在这方面做得比较好，在这里家家户户都会做豆腐，并且都有一套绝技，可以把豆腐做得香味格外浓，干豆腐做得薄如纸，甚至透过撑开的豆腐皮可以看清报纸上的字。这些都是非常难得的技艺，也是发财致富的资源。如果其他农村也有类似的条件，那么也可以开发这方面的资源。开发这方面的资源，除了必须掌握制作技艺以外，还是要想办法打通销售渠道。要开发销售渠道，首先要把名声制造出来并闯出去。比如，锦州豆腐就已经形成品牌，在沈阳、大连等城市的大型商场和大型超市中都设有专柜，有的地方专柜销售火爆，甚至出现了供不应求的现象。比如，在大连商场的专柜，锦州豆腐每天只够卖几个小时的。

小知识6—5

小虾酱做出大名堂

福建一位农妇有做虾酱的手艺。当地的虾酱是以大桶销售，她对此进行了改进，按照一人一餐所能食用的数量做成类似果冻的小包装，一下子便打开了新的市场，也吸引了国外商家的购买。接下来，她又按照现代健康食品的要求，改变了虾酱的口味，增加了鲜度，降低了盐含量，使齁咸的虾酱变成了清淡且味道鲜美的佐餐食品，从而又进一步扩大了销售市场。

最后是其他加工。

除了以上加工方式外，其他类似火勺、香肠、猪肉等面食和肉类加工，这些也都是农村可以开发的资源。

俗话说“家有千金，不如薄技在身”。可见，掌握一个或几个技艺是农户治家的重要手段。这些技艺都可能成为农家发财致富的好资源。过去，一般的庄户人家都会有一些独门绝技，有的传承了下来，有的不知在哪个辈分上就丢了。传承下来的，要守住这份财富，并且要不断创新，争取使技艺更加发扬光大；丢掉的也不要紧，着手尽快重新挖掘、重新学习，要紧的是赶快行动，抓住眼前的大好形势，不要坐失良机。

小知识6—6

东坡肉的来历

东坡肉是我国著名的一道菜肴，这道菜的产生与历史上一位名人有关。唐宋八大家之一的苏轼在我国可谓家喻户晓，知名度很高的文学家，他不仅文章诗词写得好，他还是位美食家。不论鱼、肉、蔬菜经他一琢磨，烹制出来，就味美色鲜，脍炙人口，如“东坡面”、

“东坡肘子”、“东坡肉”等。其中“东坡肉”的来历是这样的：宋元丰三年二月，苏轼因得罪了权贵，被贬谪到湖北黄州（今湖北黄冈），他在东边的山坡上筑室而居，一边劳动种菜以改善生活，一边吟诗作赋，自号“东坡居士”。一次附近一位老者请他吃饭，菜肴中有一道烧焖的五花猪肉，苏东坡吃后，总结烹制方法，写下了《煮肉歌》。歌词是：“洗净锅，少著水。柴火罨烟焰不起，待它自熟莫催它，火候足时它自美。黄州好猪肉，价钱如泥土。贵者不肯吃，贫者不解煮。早晨起来打两碗，饱得自家君莫管。”宋元祐四年，苏东坡再次到杭州做了太守，这时正赶上大旱，西湖淤塞得快干涸了，疾病、饥荒折磨得老百姓困苦不堪。苏东坡千方百计争取到一些救灾银子，带领灾民整治西湖，把挖出来的泥土筑成横穿湖面的长堤，后人为了纪念苏东坡，将那道长堤称为“苏堤”。为表示敬意，老百姓给苏东坡送了许多猪肉，苏东坡觉得应该与治湖民工共享，就用他在黄州总结的烹制猪肉的方法，命人把肉切成方块，焖得红酥酥、香喷喷的。然后派人按治湖民工的花名册，一家送一块肉，请大家尝尝。民工们同声称赞苏东坡爱民如子。把他送来的猪肉，称为“东坡肉”。这道菜的做法流传至今，深受人们喜爱。

正是：

乡村饮食是金山，
值得深挖细致翻。
饮食干菜加制作，
保量保鲜保安全。
物尽极致广利用，
丰富民食靠乡间。

话题七 被废弃的财富——农村废物资源的利用

世间本无无用物，
充分利用变用途。

一、农村的废物包括哪些

有位专家曾说过：废物就是放错了地方的资源。现在我国经济在高速地向前发展着，在发展的同时也产生了很多无法估计的废弃物。如果我们回头看看走过来的路，就会发现创造物和废弃物同时存在于我们的生活中。所以环境治理已成为我国近期最重要的问题之一。经过近 30 年的治理，我国城市的废弃物治理已经有了初步改观，人们的认识有了一定的提高，在此基础上再进一步加强治理就有望达到理想的治理标准了。现在国家废弃物治理的重点已从城市移到了农村。农村当前已成为需要治理的重灾区。农村是生产粮食的基地，如果这个基地遭受污染，就会使生产出来的粮食也受到污染，就会直接影响食用人的生命安全。所以，农村的废弃物治理已成为国家环境治理的重点。

所谓废弃物是指人类一切活动过程产生的、已不再具有使用价值而被废弃的物质。垃圾是指那些不需要或无用的固体、流体物质。在这里，我们把他们合到一起统称为废弃物。对农村来说，废弃物主要分以下几种：

（1）农村种植类生产劳动产生的废弃物。

这些废弃物主要是指由于种植业生产劳动所产生的剩余物，主要包括：

一是庄稼类秸秆、粮食加工剩下的皮、核、渣等剩余物。据统计，我国每年会产生各类农作物秸秆大约 7 亿吨左右。目前处理这些秸秆的办法一部分作为生产原料进行了利用，如用来生产酒精、淀粉、用作牲畜的饲料等等。这部分剩余物全国的利用率不足 40%，余下的主要是焚烧、沤埋或留在地里自然腐烂了。由于沤埋费工费时，自然腐烂时间又较长，所以农村多数采用焚烧的办法处理。这种办法给环境造成了极大的污染。在我国中原地区的一些机场、高速公路和一些大城市，每年都会发生一些因附近农田焚烧秸秆而造成的飞机晚点、高速公路能见度降低而被封闭、城市大气受到污染等情况，给社会带来了很多麻烦。

二是农村蔬菜生产产生的剩余物。主要是蔬菜生产过程中，留下的剩余物或腐烂变质产生的垃圾。

三是由于种植果树等经济树木及经济类作物而产生的果实毛皮、果核、外皮、藤蔓等废弃物。如板栗的壳和板栗皮，核桃的外皮和核桃皮，花生的秸秆、花生的果皮，葡萄树每年剪枝产生的残枝，中药五味子种植每年剪枝剪下的残枝等。

农业生产性活动产生的废弃物同工业活动产生的废弃物不同，其特点是有机物多，这是可以再利用的前提。

（2）农村养殖业活动产生的废弃物。

农村养殖业活动产生的废弃物，主要是指农村在养殖牲畜、家禽类、鱼类及特产养殖（饲养貂、獾、狐狸、狍子等以取其毛皮、肉用的养殖）过程中，由动物的粪便、污水、毛皮而产生的废弃物。在我国农村，由养殖业带来的废弃物也是一个巨大的数字，据统计，我国农村牲畜产生的粪便每年大约 20 亿吨，是工业废弃物产生量的 3.2 倍。农村养殖业产生的废弃物同种植业一样，主要是一些富含营养成分的有机物。例如宰杀牲畜的场所中所产生的废弃物包括角、蹄、皮毛、血液及家畜粪便、羽毛、废水等，这些物质都富含肥料成分。一些废弃物所含养分如下：

在氮、磷、钾的含量中，血水中的氮含量是 14 ，磷含量是 0.8，钾含量是 10.8 ；角蹄中的氮含量则是 14.5 ，磷含量是 0.28，钾含量是 0.3 ；猪毛中的氮含量是 9.34 ，磷含量是 0.22 ，钾含量是 0.15 ；鸡毛中的氮含量是 9.63 ，磷含量是 0.11，钾含量微量；鸭毛中的氮含量是 8.88 ，磷含量是 0.19 ，钾含量微量。从这一组数字中可以看出，这些废弃物主要含氮较多，磷含量相对少一点，钾含量更少一些。

所以说世界上没有无用的物质，即使屠宰场里的废弃物里面也包含了丰富的植物生长的必须要素。

（3）农村家庭生活产生的废弃物。

农村家庭生活产生的废弃物是指那些由居家过日子而产生的生活废弃物，这类废弃物基本可分为三大类：

一类是属于有害垃圾，如废电池、废荧光灯管、水银温度计、废油漆、过期药品等。其中，废电池对环境的污染最为严重。据有关资料介绍，一节一号电池如果烂在地里，就能使 1 平方米左右的土壤受到严重污染，甚至永久失去利用价值。一粒纽扣电池可使 600 吨水无法饮用。这些物质危害这么大，是因为电池里包含了对自然环境威胁最大的汞、铅、镉、镍等物质。若将废旧电池混入生活垃圾里一起填埋，渗出的汞和其他重金属物质就会渗透土壤，污染地下水，进而进入鱼类的体内和农作物中，继而破坏人类的生存环境，间接威胁到人类的健康。

第二类是有机垃圾，主要是指人类在生活中由于饮食而带来的垃圾，如果皮、菜皮、剩菜剩饭餐厨垃圾等，这类垃圾属于在自然条件下易分解的垃圾，也称为湿垃圾。

小知识 7—1

把烂西瓜变成酒精

美国农民将好西瓜卖给超市，而政府将农民的烂西瓜回收做成酒精，每亩地里的烂西瓜仅能制作 15 升酒精。虽然美国是发达国家，但从不浪费那些可利用的资源。

第三类是无机垃圾类，主要是指家庭在日常生活中产生的可回收垃圾，如废纸、废塑料、废金属、废玻璃、废织物等。其中废纸包括报纸、各种包装纸、办公用纸、广告纸片、大小纸盒等；废塑料包括各种塑料袋、塑料瓶、塑料包装、泡沫塑料、一次性塑料餐盒餐具、硬塑料等；废金属包括易拉罐、铁皮罐头盒、铅皮牙膏皮等，这类垃圾也称为干垃圾。

家庭生活产生的垃圾成分混杂，但是如果按照以上介绍的内容加以分类，就清楚了，通过分类可以方便垃圾的收集和利用。

（4）农村的荒废建筑物、一些陈旧设施及生活用具产生的废弃物。

这部分废弃物主要是指在农村发展中由于盖起了新房，原有的建筑变成的废墟；历史遗留下来的解放前为防范土匪而修建的土墙和土炮楼；废弃的古井和桥梁；因时代进步而废弃的生活用具，如碾子、石磨、犁杖、牛车、水车等。这些废弃物，如果不加以利用，任其散落在村庄中，会有碍观瞻，给环境带来污染，同时也会给村民的牛产生活带来诸多不便。

二、如何处理和利用农村的废弃物

前面提到，中国人向来就有爱物惜命的观念，世间的万物，都有其自身的存在价值，我们应爱惜所有的物质。在爱物惜命的基础之上，再究其物性，物尽其用。在对待以上所提到的农村的废弃物上，也应该本着这个原则去做。也就是这里所说的在如何处理和利用农村的废物方面，应该本着“爱物惜命、物尽其用”的原则来处理。

1. 农业生产性劳动废弃物的处理和利用

（1）农村种植类生产劳动产生的废弃物的处理和利用。

从前面介绍的农村种植类生产劳动产生的废弃物的特点可以看

出，这类废物主要是秸秆类作物、蔬菜生产产生的剩余物和经济类植物产生的剩余物，它们属于有机类废弃物。这部分物质，如果从种植生产角度上看，是废弃物，但是它们本身又含有可以开发的资源价值，从这个角度看，它们是有用的物质。它们的有用性主要表现在以下几方面：

一是可以作为能源物质利用。主要有三种方式：第一种方式是直接燃烧。通过柴灶、烧炕、锅炉燃烧甚至直燃发电等途径把这些废物当成可以燃烧的能源在农民的生活中加以利用。第二种方式是将这些废物加工利用成粪肥和沼气。这是农村大力推广的废物利用办法。第三种方式是卖给有关企业生产成酒精或生物柴油等。

二是用作养殖用的饲料。一些粮食秸秆是养殖牲畜和特产养殖的上好饲料，如玉米秸秆、大豆秸秆经过粉碎并加入一定比例的其他物质，就是猪、牛、羊、驴、骡、鱼或特产养殖动物的上好饲料。

三是用作草编。除了用作养殖饲料外，还有一些秸秆如稻草、高粱秸秆还可以成为草编的好材料。比如，用稻草搓成的稻草绳来捆扎食品，可以增强商品的自然性，使商品的外观形象更接近于自然。比如，日本的高级清酒、高级酱菜、高级海产品等，韩国的高级大酱和其他农产品都是用稻草绳来捆扎包装的。我国的草编艺人，用高粱秸秆编织高档商品的外包装、各色花样的手工艺品、各种样式的装饰品，都是很受消费者喜爱的物品。

四是用作培植蘑菇等菌类食品。一些粮食秸秆经过粉碎后可以用来培植食用蘑菇。

可见，农业种植类生产所产生的废物，也是很好的可利用资源。以上所介绍的并不全面，在农村，对这些废物的利用还有很多途径和办法（比如用高粱秸秆做成像风车类似的儿童玩具等），经过这些途径，这些废物就变成了能源原料，产生了另外的价值，废物就成了宝贝。在我国的河南、河北和山西等地，得知欧洲人餐桌上盛面包喜欢用柳编和草编的食品篮子，就将废弃的包裹玉米棒的外皮（也叫苞米窝）编制成形态各异的篮子，远销欧洲市场，获得了很好的经济效益。

（2）农村养殖类废弃物的利用。

农村养殖活动产生的废弃物，都含有丰富的有机物，可以利用的前景也非常广阔。

第一，牲畜和家禽的粪便可以作为农作物的有机肥，还可通过厌氧发酵产生沼气作为能源来利用。所谓厌氧发酵是废物在厌氧条件下通过微生物的代谢活动而被稳定化，同时伴有甲烷（CH_4）和二氧化碳（CO_2）的产生。目前，农村有机废弃物最有效的回收利用方式是发展沼气工程。利用沼气池将秸秆、人畜粪便等有机废弃物转变为沼气和肥料两种有用的资源，这也是秸秆的综合利用。沼气工程与庭院种植、养殖等结合起来，实现了农业和农村废弃物的循环利用，这也是现代农村最常用的做法。

第二，将牲畜和家禽的粪便直接装袋作为有机肥进行销售。目前，有机化农业成为农业发展的热门，有机食品成为市场上的宠儿。有机化的前提是对农作物或饲养的畜禽类一律使用自然肥（也可以称作农家肥）。有机会农业促使自然粪肥的价格大幅上涨，如果农家拥有这样的资源，可以直接进行销售。

第三，对农村养殖业产生的下货和污水的利用。前面提到，屠宰牲畜产生的污水、下脚料和下货等废弃物里面富含氮磷钾等有机要素，这些要素是植物生长必需的成分，所以不能废弃，更不能随地排放丢撒，应该加以回收和利用。

2. 农村家庭生活产生的废弃物的处理和利用

目前，我国的一些农村已经处在被垃圾包围的境地，很多村子一进村口就会先看到一个垃圾堆，然后是家家门前还有个小垃圾堆，垃圾堆里各种垃圾都有，而且垃圾是随意堆放的。然后看见的就是遍地的垃圾袋，随风舞动，现在农村的环境变得越来越差。这种状况，实际上是把有用的资源当成了垃圾，不仅损失了这些资源的价值，而且还污染了环境，好东西变成了坏东西。那么这些资源该如何利用呢？

前面提到，农村的家庭垃圾主要分成三类，这三类可以通过不同的方式进行不同的处理：

第一，对有害垃圾的处理。农村的有害垃圾主要是废电池、废荧光灯管、水银温度计、废油漆、过期药品等。其中主要是废电池，它是污染土地的隐形杀手，别看它体积小，可是危害却很大，并且危害持久。目前，我们国家还没有专门回收此类有害垃圾的单位。所以，目前对它的处理最好的办法就是建立废电池收集箱进行专门封闭式收集，待积攒到一定数量后，再请环保部门指导处理。目前主要的办法是在远离水源和耕地的地方深埋。每个农家都应该重视废电池的回收，虽然没有经济价值，但确是保护资源的有效措施，可谓无价胜有价。其他的如废荧光灯管、水银温度计、废油漆、过期药品等，这些东西基本都没有再利用的价值并且还对环境和人体有一定害处，所以应该采用深埋的办法进行处理。在处理有害垃圾的过程中，我们不能只计算直接的经济效益，而应该更多的考虑社会效益的大账。这些有害垃圾是纯粹的废物，只有把它们妥善处理掉，我们的环境价值才能体现出来，青山绿水才能常在。

第二，对有机垃圾的利用。前面提到，有机垃圾又称湿垃圾，是指生活垃圾中含有的有机物成分的废弃物。主要是纸、纤维、竹木、厨房菜渣剩饭、果皮、菜叶等。一般来说，生活垃圾中50%以上为有机垃圾。随着经济的发展和人们的消费水平的不断提高，居民的有机垃圾数量在逐年增长，其中废纸和废塑料类垃圾增长的最快。

对于有机垃圾可采用分别处理的办法：对可以回收再生利用的如废纸、废塑料等，应该回收，目前农村也有专门收购此类垃圾的废品收购站。对餐厨垃圾和瓜果菜叶等，可以用来堆肥，这类垃圾也富含营养物质，用这类垃圾积的肥，是农作物的上等好肥料。对那些没有回收价值又不能造成地下水源污染的有机垃圾，可以采用深埋的办法进行处理。对有机垃圾的处理，我国农村已掌握了一定的方法，只要我们按照科学的指导就能进行正确的处理。这类垃圾的处理，同样也不能用直接的经济效益去衡量，而要用社会效益的尺度去衡量，这些污染处理好了，农村面貌就会变得清洁美丽了，自然会带来良好的经济价值。

小知识7—2

制造湿地环境治理农村污水

村民的生活污水先集中，然后经过调节池的沉淀处理，流到由臭水塘改建的生活污水处理池里。污水池池底埔上鹅卵石，中间是粗砂，表面是细沙，在细沙上种植菖蒲等根系比较发达的植物，各种不同的水生动植物在这里形成食物链，这样就产生了一个局部的生态池。污水流入生态池时，就会被池中的水草过滤，污水在流过几道人工水草后，水中的有机物最终会全部被水草吸收转化为无害物质或被综合利用，水体因此得到净化了。

3. 农村废弃的建筑物、设施、生产和生活用具的利用

前面提到，由于历史原因，一些村庄留存了一些废弃的旧建筑、遗迹、碉堡炮楼、牌楼、院墙、土炮楼等旧时建筑和设施；废弃的古井和桥梁；古树；或因时代进步而废弃的生活用具，如碾子、石磨、犁杖、牛车、水车等。这些设施或物件都是历史的遗迹。从直观上看，它们已经失去了往日的使用价值，成为了新时代的“累赘”。但是，如果我们换个角度来看，它们仍然有一定的存在价值，如果开发利用的路子正确，有些还是很好的资源。那么，如何开发和利用这些资源呢？可以把这些资源以两种方式再利用：

一是资源化再利用。所谓资源化利用是指将废物按照物质的原属性，进行再生利用的一种废旧利用方式。对村子里存在的没有其他开发价值的废旧房屋、建筑残骸、不用的水利及运输等设施，可以用作资源化处理和利用。第一，可以在建筑工程或土地治理中把其当做填充物用。比如填充塌方的道路，建筑打桩用的桩基以及骨料都可以利

用建筑垃圾中的渣土、废砖瓦、废混凝土、废木材等。在废物进行资源性再利用时，应该注意对这些废料不能任意地、简单地直接再利用，而是提倡旧建筑材料资源的合理化再利用。严格来说，不经过检测的废旧建筑材料，直接再使用在制度上也是不允许的。比如，将旧楼上拆下的旧钢筋，稍微进行清理、拉直，就直接再用到混凝土浇筑上就是不允许的，因为这些钢筋的寿命和强度都降低了，容易给新建筑物的结构安全造成威胁。第二，如果数量较大，可以捣碎变成建筑材料使用。

二是文化性利用。如果村庄里存有历史印记等遗迹性建筑和物件，就可以把这些当成文化资源加以利用。在新中国成立以前，东北的土匪（俗称胡子）猖獗，农村大户人家为了防范土匪袭扰，就建筑了一些围墙、自卫性炮楼，利用高墙大院来自卫。现如今，有的村庄还仍然保留着这些建筑，但大都已是废弃的建筑，没有被再利用。其实，这是不可多得的乡村文化资源，这里面浸透着中国乡村的历史，里面埋藏了许多的人物和故事，是一个值得回味的历史遗迹。如果在旅游方面加以开发，就是一个好景点。

例如，中国20世纪80年代的著名作家张贤亮，在宁夏一个乡村里复原了一个旧时的村庄，里面就有土炮楼、土窑洞、土坯房民居、土酿酒坊等建筑和场景。此地被宁夏旅游业设立成当地的一个特色景点，每天游人如织，同时张艺谋还在此地拍了《红高粱》等反映西北农村生活题材的电影，取得了很大的经济效益。

再如，沈阳市铁西区是原来的工业重镇，在市区改造中，将那些工厂搬出市区，留下了几幢大烟筒，原计划也要拆除，后来有市民提出建议，留下这几幢烟筒，作为曾经为国家的重工业发展做出贡献的铁西重工业区的纪念。经过人民代表大会的审议，同意了这个题案，现在这几个大烟筒也成了特色景点。

可见，只要换一个角度思考，一些废弃物也会有新的用途。

农村一些废弃的生活物品也是具有时代特色的文化资源。在这方面，西班牙、德国等欧洲国家开发利用的比较早。在西班牙旅游，城市风光并不是主要的景点，重点是乡村游，其中主要内容就是葡萄园文化、橄榄树文化和乡村民居文化。有很多乡村民居的墙上，挂着一些残缺不全的牛车车轮，这些车轮经过打磨和上漆，看上去既有历史的沧桑感又很精巧细致，给游客留下了历史悠久的印象，来过的游客普遍认为值得一看。德国对废墟有独到的见解，他们认为废墟能体现历史，每个废墟中都有神秘的故事。旧城堡是过去贵族的生活场所，现在的文明是过去的传承，所以他们对废墟类建筑格外重视，能把废墟的价值挖掘到极致。1989 年，东西德国合并，柏林墙被推倒，德国人把柏林墙的废渣打磨整理后变成一块块的纪念品出售，大赚了一笔钱。现在凡是高贵的来宾，德国人都会在废墟中招待他们，凡是在废墟里被招待过的客人，都感到受到了高规格的接待。欧洲人不把遗迹当做包袱，反而能够充分利用，这一点很值得我们学习。

我们国家的历史更久远，老祖宗留下的历史遗迹更多，如果都能够得到保护并利用，会使我们的历史文化得到更好的传承，同时也能体现出更好的经济价值。辽宁省沿浑江和鸭绿江流域有很多村庄，过去都有用黄泥垒成的大院套，四周还耸立着土炮楼，在山野中显出雄浑、粗犷、威严的气势。可惜经过历史的洗礼，这些遗迹都被推倒、铲平或荒废了，现在已经很少能看到了，要想再现就只能复制重建了。

除了以上介绍的外，农村里还有许多被现代文明淘汰的生活、生产用具，对于这些东西的利用，前面已经作了介绍。眼下对于这些废弃的物品农村首先应注意妥善保护，然后再加以利用，千万不要随意丢弃或者变卖。现在城里人都愿意到农村去“淘宝”，就是利用农村信息闭塞的特点，他们用较少的钱却买到一些不可多得的稀奇旧物，然后再转卖到城里赚大钱。现在，跨世纪的物品可以按照古董来对待，这些东西已经非常稀少了；半个世纪（50 年）的东西属于稀奇物品了；就是跨时代（10—30 年左右）的物品也是宝贝了。例如，我国改革开放已经 30 多年了，现在改革开放初期的东西，也是稀罕物了，也可以派上很大的用场。所以我们不能随意地丢掉过去的东西，更不能破坏这些东西，而要保护和传承这些物品，因为保护它们就等于保护历史。四川省成都市近郊的黄龙溪镇，过去曾是个水陆码头，凡是从西部进入成都的舟船车轿都要在此地中转。曾经热闹非凡，是各类客商人群集聚的地方。铁路和公路运输发达以后，此地才慢慢地衰落。近两年，为了发展当地乡村旅游，政府动用了大量的资金复原此地的原来面貌。古镇的恢复，给当地带来了巨大的社会和经济利益。现在很多现代化的东西已经引不起人们的兴趣了，往往是一些古旧的东西更使人流连忘返，所以我们东北地区的农村也应该抓住这个时期的特点，把农村的古旧建筑、物件等整理、修复并运用起来，让它们发挥现代作用，成为农村发财致富的资源。

小知识 7—3

农村垃圾分类　减少环境污染　提升资源可利用性

四川省内江市的农村实行垃圾分类，村内特设保洁员两名，专门负责监管村民们对垃圾进行分类分拣处理，鼓励大家将可卖入废品收购站的垃圾集中收集起来。同时，对于村民们倒入垃圾池内未进行分类的垃圾，保洁员每天会进行分类分拣，保证了农村社会、经济、生态三方面效益的整合。

资料来源　内江电视新闻网，www. scnjtv. com/2011/0805/news30222. shtml，2011-08-05，有改动。

正是：

农家资源有多种，
废物资源算其中。
一种物有千种用，

吃干榨尽用其能。
若能谦恭惜万物，
集聚抔土筑长城。

话题八　挡不住的诱惑——农家怎样投资和筹集资金

农家要想多财富，
扩大生产是门路。

一、什么是投资

1. 投资是怎么回事

前面我们介绍了农村土地资源、环境资源、文化资源、人力资源和废物资源的开发利用，如果换个角度看，这些资源的开发利用过程，实际也就是农家的投资过程。因为，每一项资源的开发，都需要测算成本，也需要计算收益，这些活动过程都可以称作是农家的投资活动过程。要投资就要了解与此相关的投资方法。

我们常说，要想尽一切办法大力发展农村经济，要发展经济就离不开投资，所以投资是决定经济发展的重要行为。所谓投资就是指农家或者集体经济组织为了将来获得更多的收益，把资金或资产投到了可行的生产经营性项目上的行为，所以，投资的实质是扩大生产规模，无论是扩大品种还是提高产量或者是提高品质，这些行为都属于扩大生产的行为。

这里所提到投资需要的资金是指农家用到生产经营中的钱，那些放在家里压箱子底的私房钱或用作特殊储备的钱（如给孩子念书准备的钱），不能当资金算，因为这些钱没有用到生产经营上。这里所提到的资产实际上包括的面很大，凡是可以用作生产经营并可以带来经济利益的资源都可以作为资产，这里主要包括了资金、物质和无形资产等。为了方便理解，这里的资产主要是指生产方面的物资储备。

投资既是为了获取，也是为了放弃。获取的是预期未来的更大经济利益，这也是投资行为的原动力，如果没有未来更多利益的诱惑，人们就会只顾眼前消费，不会有投资行为；放弃的则是眼前的利益，需要把眼前的消费放弃，把这些资金和资产当做本钱用到投资上。

投资想获取的未来利益我们也可以叫做期望值，它是指人们对所实现的目标主观上的一种估计。期望值和眼前放弃的数额是不一样的，期望值要大于眼前放弃的数额，否则投资就没有意义了。大于的数额就是未来的利润。如果收回的数额小于本钱就是亏本。所以，从这里也可以看出，投资又是农家为了期望将来获得更大的收益，将一部分资源投入到一定的项目上或者让渡给对方使用的行为。

小知识 8—1

“让渡”是指不放弃财产的所有权，仅把使用权暂时转让给对方使用的一种经济行为。如借款是货币资产的让渡行为，出租设备就是固定资产的让渡行为。

有一本小说叫《鲁滨逊漂流记》，讲述一个叫鲁滨逊的人，流落到一个无人烟的荒岛，在无依无靠的岛上自求生存的故事。其中有一个故事是，在孤岛上，鲁滨逊开始是用手抓鱼，每天只能抓到很少的鱼。后来，他用了半天时间，织了一个渔网，以后抓的鱼就比以前多了。在这里，他牺牲的半天时间和耗费其他材料所进行的织网活动，就是一种放弃，也就是一次投资行为。

投资是当前农村经济中最常见的经济事项，也是时刻困扰农民，挥之不去，招之又不愿意来的事情。农民会经常为它喜、为它忧、为它伤脑筋。这是因为，农家会经常遇到各种各样的投资机会，预计的前景又都不错，逼得你不得不想投资。眼看着邻居去年改种了庄稼，把玉米改成了小杂粮，获得了好收成，也取得了好的收益，今年我怎么办，跟不跟，这就要思考、要算账了。又比如，最近家里的账户上剩余了一部分现钱，那么，这些现钱是存入银行还是购买国库券，是用来还债还是用来发展养殖，这又得一番思考、盘算，这也是一个现金投资的选择。

2. 农家投资可用的资产有哪些，投资有什么目的

从前面所介绍的内容可以看出，农家可以用来开发的资源是很多的，但是要开发这些资源需要的投资却是有限的，仅限于农家所有的财产和物资以及农家拥有的财产和物资。

这里，所有和拥有的区别主要在产权上，所有指的是这个物资的产权归农家所有；拥有指的是有一些资源（如土地）农家虽然没有产权，但是却拥有使用权，使用权在一定的流转条件下也可以转变成资产（如土地出租取得租金）。

具体来说，农家可用作投资的财产物资主要有：农家拥有的房产、货币资产、土地使用权、林地经营权和林木所有权、农业资产（地里的庄稼、圈里的牲畜、山上的果树、田里的菜蔬等都是农业资产，以后会具体介绍）、其他固定资产和无形资产等财产物资。

对农家来说，投资的目的主要有两方面：

（1）希望将来能给农家带来比投入的本钱更多的经济利益。

由于投资是资源的让渡行为，是农家放弃了眼前可以用来其他消费的这部分资源的使用权，让渡给对方使用。这种让渡是有目的的，那就是期望将来会获得比投资额更多的经济利益，无论用哪种资源投资，都是这个目的。这是衡量一切投资的最初始目的，在投资回收过程中，如果达不到这个目的，就是不成功的投资。

小知识 8—2

“这山望着那山高，到了那山把脚翘”。这是形容一个人不定性，欲望无止境的民谚。但是，在经济上这种欲望无止境却是推动经济发

展的原动力，正是这种对经济利益的不断追求，才使社会和经济活动得以发展和壮大。

(2) 可以掌握控制对方的生产经营的权力或者是获得某些资源。

除了直接获得投资换来的经济利益之外，投资还有一个目的是为了以投资来获得控制对方的生产经营活动或者是获得对方某些特殊资源（如原料或特殊经营权等）的权力。如当购买了对方（就是受资方）相当比例的股份后，就可以掌握其管理权，控制或影响对方的生产经营活动。在农村中，有条件的农家就可以对有特殊条件和价值的经济作物的生产和销售项目，通过注资然后实行掌控。比如，如果预测到村边这块水面有开发和利用价值，自己有能力开发，但是已被别人承包，对方却没有再开发的经济实力。这时，通过平等协商，就可以同对方合作或全资收购承包使用权，如果是合作，那么需要占较大的出资比例（一般要占51%以上比例）。这样，你就可以取得了主要的经营管理权，就可以按照你的意愿来进行下一步的开发和利用。所以，在投资活动中，能控制对方的生产经营活动和获得资源有着特殊的意义，这样才可能得到更多的经济利益。

3 农业投资的分类

为了能对投资行为进行更科学的控制和管理，还要对农业投资行为进行以下分类：

(1) 按照投资时间可以分成短期投资和长期投资

①短期投资。

凡是投资收回的时间不超过一年的投资，就称为短期投资。这类投资有：一次性的农产品或工业品的采购贩卖活动；同别人合伙的一单生意；一般的证券类的投资，如购买股票和债券等。农家可以利用暂时闲置的资金在证券公开交易场所购置证券。

短期投资的特点很鲜明：一是见效快。一个年头、一次买卖、一项交易就能看到所赚的钱，也就是所说的很容易变现。二是项目和资金的持有时间较短。短期投资一般不是为了长期持有资金，所以资金的持有时间一般也不超过一年。但这并不代表资金必须在一年内收回，如果资金实际持有的时间已经超过一年，但是并没有超过一个生产周期，这种情况，仍然作为短期投资管理。比方说同别人合伙搞一项建筑工程，到来年春天才竣工，这虽然跨了年度，但是仍算作短期投资。三是不以控制或共同控制来影响被投资单位的生产经营为目的。

短期投资下资金仍保持一定的流动性，容易变现。所谓变现就是将其他形态的资产转变成现金。

②长期投资。

长期投资是指不准备在一年内变现的投资。主要包括长期股权投资、长期债券投资、混合型投资（指既是股权型的投资又是债权型的投资，如购买优先股等）和项目投资等。如修建一座养鱼池塘、购买一块土地的使用权、建设一座厂房、购买一架加工机器等。对投资大田农作物种植（主要是粮食而不是经济作物）来说，虽然粮食是在一年内就能收获，也就是说，粮食的生产周期是一年，但由于土地租用期限、土地肥力的保持和培养需要多年的时间才能完成，所以，大田农作物种植也要算作长期投资。

长期投资的特点是：

一是占用资金量较大。

二是投资所发挥的效用时间长。因为长期投资都是属于资本性质的投资，使用期限较长。比如土地的使用权一般都在十几年或者是三十年以上；一个机器设备也要使用几个生产周期，几年甚至几十年；一座设施也能服务十几年或者几十年。

三是从内容方面来看，长期投资决策主要是对企业固定资产方面进行的投资决策。

四是长期投资具有不易逆转性。如果投资正确，那么形成的优势可以在较长时期内发挥作用；如果投资失误，除了土地和房屋之外，设备、设施等由于具有专用性，不易改作他用，即使能做改变，也要花费一定的资金代价。比如，一座养鱼的池塘修建好后，水源如果不足，鱼就养不了，如果再无法改作他用，那么这个鱼塘就可能报废，所投入的资金就意味着打了水漂。

（2）按照投资的形式，可以分为股票投资、债券投资和其他投资

①股票投资。

股票投资是指通过购买股票对融资单位进行的投资。农家如果有闲钱，又懂证券知识或者有明白人指点，又有承受投资失败的心理准备，就可以在证券市场上通过公开认购的方式购买上市公司公开发行的股票。购买后，一方面农家可以享受到股票的股利和股票涨价的收益，但在投资的同时，另一方面农家也承担了股价下跌和公司倒闭引起的投资损失风险。

②债券投资。

债券投资是指农家通过购买债券向融资单位进行的投资。主要是购买国库券和企业债券等。购买债券的主要目的是获得约定的利息收入，到期时债券可以收回本金。除了国库券以外，对企业或个人债券的投资，农家应该慎之又慎。对企业债券的购买，农家一定要选择那些经济实力较强、企业发展前景光明、有政府金融管理部门批准并且推介的，否则容易造成投资蚀本。对那些非正常渠道的集资，不管是什么熟人介绍的，都应该远离，否则可能血本无归。应该警惕的是，城市里的一些非法集资活动时不时地就窜到农村去行骗，在这方面农家要时刻保持清醒的头脑。

小知识8—3

严防非法集资祸害农民：近期，一些借“民间借贷”之名行“非法集资”之实的行为日益猖獗。值得注意的是，这一行为有从沿海向内地甚至向农村地区蔓延的迹象。这不仅扰乱了正常的金融秩序，还加剧了社会不稳定因素。特别是在临近年末，银行收贷、农民工工资结算等高峰来临时，如果处置不当，很有可能引发涉稳事件。

这些人抓住当前农民收入增加、投资渠道狭窄、储蓄存款“负利率”等时机，许以高额回报为诱饵，引诱个别农民参与非法集资。农民兄弟对此应该高度警惕，避免上当。

③其他投资。

其他投资是指以联营、合资经营或合作经营等形式，以货币资金、固定资产、农业资产或无形资产等形式进行的投资。

股票投资和债券投资是通过证券交易市场对企业进行的投资，因而是一种间接投资形式；而其他投资则是直接对生产经营企业进行的投资，因而是一种直接投资形式。

二、如何知道钱的价值

农家投资过程是跟钱打交道的过程，钱本身就代表着价值，怎么还要计算钱的价值呢？原来，钱的价值是同时间有密切联系的，我们在生活中会有这样的感受：同样的一元钱，现在拿到和一年后再拿到，其有用性是不一样的。现有的一元钱，可以购买一元等值的物品用以眼前的消费，而一年后得到的一元钱却要等待一年后才能实现消费并且它的有用性也不及一元了。再进一步说，农家现有的一元钱可以立即用来投资，会产生一定利润，如果利润率每年是10%，其现值一元也就等于一年后的一元一角。反过来看，一年后的一元一角钱，只等于现在的一元，这就是资金时间价值的作用。所谓时间价值，就是资金在周转使用过程中，由于时间的变化而形成的差额价值，也称为货币时间价值。农家的许多活动都同资金有关系，而资金又同时间有关系，比如农家筹资、投资等，都有资金占用时间的问题（如投资期、贷款的还款期限等），所用的资金也都是有代价的，贷款要还利息，投资要有资金回报。所以，任何经济活动，只要存在这两个因素，就存在着时间价值。

资金的时间价值对农家经济活动的影响是很大的。比如，为了防老，一个农民在25岁时开设了一个个人账户，利率为10%，每年年末存入2 000元人民币。那么到他65岁的时候，如果按照他的实际存款，他的账面余额应该是88 000元（40年乘上每年存入的2 000元再加上利息）。多出来的8 000元就是利息。但是，如果按照复利计算，他的账面余额就是885 180元，两者相差10倍以上，这个差额就是由资金的时间价值形成的。所以，农家在资金使用时就要认真考虑时间给农家的经济活动带来的影响。如果，银行存款的年利率是10%，而这项投资活动的年资金利润率低于10%，那么这项投资活动就被认为是不可取的。在这里，银行的利率就成为企业资金利润率的最低界限。由于资金的时间价值具有这些特点，所以要求农家牢固地树立资金时间价值观念，并要把这个观念运用到生产经营的实际工作中。为了进一步了解这个问题，还要注意以下几点：

1. 未来值

未来值就是资金的未来价值，也就是现值加上利息。我们都知道，今天的一元钱，会比一年后的一元钱值钱。那么，今年的100元钱明年值多少钱？如果年利率是5%，第二年的同时期，这100元就变成了105元，这就是货币的未来值，也叫终值。

如果要知道5年以后的100元值多少钱，这里有两种计算方法：

（1）按照单利计算

单利就是只计算本金的利息。它只涉及到本金上的利息，不论时间多长，本金所生的利息都不再计入本金重复计算利息。按照单利计算，100元5年后的未来值就是125元（$100\times[(1+5\%)^5]$）。

（2）按照复利计算

复利是指在一定期间按一定利率将本金所生的利息加入本金再计利息的计算方式，俗称“驴打滚”，（现在一些非法集资就是打着这样的旗号，引诱人上当。同样，农村的一些小额贷款也采用这种计息方式）。这样，在同样的条件下，按照复利计算，100元5年后的未来值（假如这5年里没有再存钱，也没有取钱）可以通过查复利终值系数表得知。先顺表横行查到利率5%，然后顺表纵列往下查到5年期，两者相交的点是1. 2763。这表明今天的1元钱，按照每年5%

的利率算，5 年后就是 1 元 2 角 7 分 6 厘 3 毫。那么 5 年后的 100 元，就是 127 元 6 角 3 分。如果拿以上的举例比较，复利要多出 2 元 6 角 3 分，这就是 5 年里利息创造的价值。

以上是简单未来值的计算。稍微复杂一点的是年金下未来值的计算。年金是指相同的间隔期付出（或收到）同等数额款项的现金活动事项。比如，农家准备攒钱三年后开饭店用。现在计划每年底存 10 000 元，三年后，应该有多少钱存在银行？这就是一个计算年金的问题。如果第一年存进 10 000 元，可以在银行待两年；存进的第二笔 10 000 元钱，可在银行待一年；到了第三年底，你准备的 10 000 元钱再加上已经存入的前两笔钱，三笔钱加一起，就是你要准备开饭店的总费用。假如银行利率还是 5%，第一笔钱存了两整年，就挣了 1 025 元（1. 1025×10 000）的利息。第二笔钱在银行存了一年，挣了 500 元（1. 0500×10 000）的利息。第三笔钱没存，没有利息。三笔钱相加是：11 025+10 500+10 000＝31 525（元）。在实际工作中可以直接查表求得。用年金终值系数表，查 5% 利率的三年期系数是 3. 1525，乘上 10 000 元，就等于 31 525 元。这就是说，我们准备的分三次以同等金额存入的钱，到用钱时就多出了 1 525 元。这就是资金在年金状态下的时间价值。

2. 现值

未来值和现值，是两个相对的时间段价值。未来值是根据目前的资金数额来计算其未来的实际价值。而现值则是将未来的资金数额折算成现在的实际价值。如果农家 5 年前花了 5 万元买了一座临街住宅，你可能会经常揣摩，现在值多少钱？也会经常联想，这个房子 10 年后又会值多少钱？这里，前者就是在用现值的概念思考房产的价值；而后者，就是在用未来值概念思考它的未来价值。

仍以上面复利的例子，我们知道，现在的 100 元，按照 5% 的年利率计算，5 年后是 127 元 6 角 3 分。这里，现在的 100 元就是现值，也可以说它是 5 年后 127 元 6 角 3 分钱的现值。

在实际工作中，可以通过查现值表（也叫复利现值系数表）求得。如果要知道一年后的1元钱现在值多少钱，如果还是5%的年利率，可先顺表横行查到利率5%，然后再顺表纵往下查到1年期，两者相交的点是0.9524。这就是说一年后的1元钱，现在只值9角5分2厘4毫，变少了。如果利率是10%，则成为9角零9厘1毫。可以看出，同样的一笔未来的钱，在同样的时间里，利率越高，其现值越低。也就是说，贴现率越高，现值越低。

假如有一笔100元的未来收入，同样是10%的利率，一年后拿到的钱，仅是90元零9分1厘（100×0.9091）。如果5年后拿到这笔钱，则只值62元零9厘（100×0.6209）。从这里，可以看出，在同样的利率条件下，贴现期越长，现值越低。

以上是一般情况下现值的计算。那么，如何求年金的现值？仍以上例，求未来值。现在我们可以把这个问题反过来看，假如，在今后3年里，每年年终都可以拿到10 000元，这三笔钱的现值是多少？你在第一年年终拿到10 000元，这笔钱的现值是9 524元（10 000×0.9524）；第二年年终的10 000元现值是9 070元（10 000×0.9070）；第三年年终的10 000元现值是8 638元（10 000×0.8638），三笔钱合起来，共是27 232元。在实际工作中，可以查“年金现值系数表”直接求得（10 000×2.7232＝27 232元），计算结果是一样的。

从这个例子可以看出，如果有未来的收入，或是现金流，如果要对这笔现金流的现值贴现，贴现后的现值要少于所有未来现金流的简单总和。在以上的例子中，三年的现金流总和是30 000元，而计算后的现值却是27 232元，少了2 768元。少了的这个数，就是对把资金让渡给你的那一方（银行或是其他拥有该项资金所有权的单位，也可以称为资金让渡方）的补偿。这个补偿包含了两方面含义：一是补偿由于资金提前让渡而给对方带来的利息损失；二是补偿由于资金提前让渡而给对方带来的风险损失。

以上时间价值理论告诫我们，任何经济活动，在资金使用上都会有资金的时间价值问题，这就要求我们用动态观念去分析这项投资的经济效果，这样算出来的结果才能最贴近实际。

三、农家的项目投资

1. 什么是农家的项目投资

在农家的日常经济活动中，经常会碰到土木建筑、修渠挖塘、购买车辆、购置土地等一些投资项目，这些项目都涉及到资金运用、资金回收等方面的问题，这些用于农家新建、扩建和更新改造等特定用途的固定资产投资行为，就称为项目投资。项目投资是属于长期的投资。这类投资，有时也称为资本投资。项目投资是为了扩大生产规模，提高农产品产量和质量或增加新的发展途径而进行的活动，因而属于扩大再生产的范围。

项目投资的特点是：

(1) 投资的资金需用量较大。

项目投资，可以形成农家生产经营中的固定资产，可以加大农家的致富产业数额，使农家的家业规模得到扩大，形成农家致富的重要物资基础，因而这些也是农家的长期资产，利用这些资产可以带来更多的经济和社会效益。同样，在兴建这类资产时，也需要耗用较多的资金，有时会影响农家的其他安排甚至会使农家背上债务。

(2) 对农家经济生活的影响时间长。

在一般情况下，项目投资的回收期较长，占用在此项资产上的资金时间长，有时会限制农家其他经济活动的开展，有时还会影响到农家的日常生活。同时，形成的固定资产在形态上长时间的存在、该投资项目是否可行，都会成为左邻右舍关注的对象，并将产生长时间的心理影响。

(3) 投资用途的不可改变性。

一般情况下，项目投资一旦完成，其用途就不可改变，比如，不能将未建成的厂房改成交通工具。特别是专用设备的投资项目，如果决策失误，其实物无法改做他用，有的会彻底报废，其价值也无法收回。

由于以上特点，要求农家在设计项目投资时，应该精心研究、全面调查、周密规划、慎重决策，保证技术和经济两方面都可行，不留后患。

2. 怎么进行项目投资的评价

当农家知道了这个项目投资的信息，摆在面前的首先就是要评价一下这个项目是否可行。怎么看项目是否可行？主要就是从技术和经济（有时也叫商务判断）两个角度看是否可行。

(1) 从技术角度，主要看以下几个方面：

①了解从事这项工程的工程技术情况。

比如，农家要买一台微型农耕机或其他农业机械，就要先看生产的厂家是不是经过国家批准的正规厂家。以前，媒体上就曝光了非正规厂家生产的微型农耕机伤人的事故。如果是土木建筑，就要看工程队的资质，是否具备技术能力。

②工程本身技术的基本情况。

这包括该项目的主要技术参数，项目的实施方法和程序，项目竣工后的应用和发展等技术情况。

③查明与该项目有关联的基础情况。

这包括工程的基础情况和将来对经济和社会生活以及环境等的各种影响。其中还应该专门进行项目的环境评价。

小知识8—4

对项目基础的评价很重要。前几年，国家为了解决农村人畜安全饮水问题，下拨专门的打井款项。可是，有的地方在没有经过水文地质勘探的情况下，仅凭经验就挖坑打井，结果很多井不出水，国家白花了钱，当地村里还白费了工时。

④分析对项目影响的不利因素。

通过分析主要是找出不利的影响，确定影响的大小以及影响之间的相互关系，并估计它们的相对重要性，以便采取对策和办法加以消除不利因素或减轻不利因素的影响程度。

⑤项目方案比较。

把几个方案放到一起进行对比，好中选优。

待以上程序进行完了后，还要形成最终评价结果。在这个结果中得出该项目是否可行的最后结论。

农家千万不要轻视了项目的技术评价。多少年来，我们习惯于拍脑袋决策，对农村和农业方面的投资都采用粗放式的决策方式，使很多农业建设项目没有达到国家的要求，把农村看成是淘汰技术、淘汰物资的避风港，一些过时、落后和质量达不到标准的产品、项目向农村倾销，这是对农村、农业和农民的极大伤害。我们农民自身也要改变以往的拍脑袋、大概、差不多的粗放式决策方式，要逐渐向精细化方向发展。这一点，我们要向日本学习，跟日本人打过交道的人都知道，他们注重细节，以细节决定成败，他们在决策过程中考虑细致、周全、多次反复、多次对比，最后才能下定决心，这样虽然耗费时日，但是投资的成功率极高。

小知识8—5

订单丢在细节上：浙江慈溪有家生产饮水机的企业，很想跟日本一家企业合作，给他们代理生产饮水机。经过艰苦谈判和样品检测，双方终于达成合作共识。最后，日本企业提出要到现场看看企业。企业起初很不情愿，最后还是勉强同意了日方的请求。在企业现场，人们看到，一堆堆废料放在厂房里，车间里则是满地油污，整条生产线像是“菜市场”的摊位一样杂乱无章。结果很简单，这家企业丢掉了这个订单。

有人统计，这样的工厂让中国企业丢掉了一半的日本订单。

（2）从财务评价的角度，主要看以下几个方面：

①要考虑几个方案，然后进行对比。

对项目的投资应该考虑多个方案，从中选优，不能从一而终。比如，想购买个运输工具，以备卖粮和购置生产资料时使用。在进行了技术评估确定了购买的品牌后，就要考虑买了这个以后会给家里增加多少收入，汽车的投资多少年能收回来，如果不买车，租车又会怎样等。要从中选一个符合自身条件又可行的方案。

②估算方案的现金流，确定可能的现金流入量。

③计算这个投资方案的价值指标，如净现值、回收期等并提出财务评价结论。

（3）项目的现金流量的估算。

在对项目投资的财务评价中，现金流量的估算是重要的一步，只有在现金流量估计出来后，才能知道这个项目有多少进项，才能估算出这个项目是否可行，然后才能进行决策的后续工作。这里所说的现金是指广义的现金，它包括货币资金和项目实物的变现价值，如该项目报废时的变价收入等。

①项目的现金流量的构成。

在项目决策中，现金流量是指拟投资的项目在整个投资周期内发生的现金流入和流出的总体数额。主要包括：

A. 现金流出量。

现金流出量是指由该方案引起的现金支出。具体包括：

第一，建设投资的支出。这包括固定资产的购置成本、建造费用、运输成本及安装成本和无形资产支出、开办费等。这些支出是项目投资的主要现金流出；

第二，需要垫支的流动资金。这是指工业类和农业类项目中用于生产经营周转需垫支的资金。这是由于生产能力扩大后，引起的流动资金需求量增加所形成的现金流出；

第三，经营成本。经营成本又称为付现成本，是指在项目建成后为满足生产经营需要而发生的各项成本费用，如材料费、工资费、办公费等，这也是一项比较大的支出。在经营成本中，还包含了非付现的折旧费，在计算付现成本时应该扣除。

B. 现金流入量。

现金流入量是指该方案中所引起现金收入的增加额。主要包括：

第一，营业收入。这是指由于该项目上马后扩大了生产能力，使销售收入增加的数额，主要是现金流入，可以按项目经营期内有关产品的预计单价和销售量计算。

第二，固定资产变价收入。这是指投资项目中，假如固定资产在报废清理或中途出售转让处理时所得的收入。

第三，回收的流动资金。这是指投资项目经营期完全终止时回收的原先垫付的流动资金。

②估算现金净流量。

在估算了该项目的现金流出和流入数额以后，就可以估算净流量现金了。所谓现金净流量是指一定时期内，现金流入量与现金支出量的差额。其中的一定时期是指在 1 年内或投资项目的整个年限内。现金流入量大于现金流出量的，净流量为正值，反之为负值。其关系式为：

现金净流量＝销售收入－付现成本－所得税

＝销售收入－（成本－折旧）－所得税

＝利润+折旧－所得税

＝净利润+折旧

上式中，如果农民加工自产的农产品，可不用纳税。

举例说明现金净流量的计算：

某农户拟上一个农产品加工类投资项目，经估算，该方案投产后年销售收入能达到 500 000 元，年销售成本为 350 000 元，其中折旧 150 000 元，试计算该项目的年现金净流量。

付现成本：

350 000－150 000＝200 000（元）

税前利润：

500 000－350 000＝150 000（元）

现金净流量：

150 000+150 000=300 000（元）

通过以上估算的现金的流入量，可以看出农家在一定时间里的这个项目现金流的主要来源及构成，这样就可以反映出你的资金来源的保障程度是否够好。

而现金的流出可以反映农家这个项目在一定时间内资金的去向，是投入再生产了，还是扩大了投资，或者是支付了资金成本，以及各种资金去向的构成，这样就可以反映农家这个项目目前处于一个什么样的状况，是扩展型发展还是收缩型发展。

净流量则反映了这个项目的资金是否充足，农家这个项目现金的净流入是否够多。

（4）项目投资的评价。

投资项目各阶段的现金流量估算出来后，还要采用一定的方法从收益的角度对投资方案进行再评价，根据评价结果再进行最终决策。在评价中，如果方案的收益大于成本，则该方案是可取的。如果几个方案的收益都大于成本，则应选择净收益额最大的方案。项目投资的评价方法主要有：

①投资回收期评价。

投资回收期评价也叫投资回收期法，是根据回收初始投资额所需要时间的长短来判定该方案是否可行的方法。

在一般情况下，投资者总是希望尽快地收回投资，尽早见利，投资回收期越短，对投资者越有利，所以可以把投资回收期作为主要评价指标。在使用投资回收期方法时，对有几个投资方案的项目来说，回收期短的那个，就是应该首选的项目。农家在对项目进行投资评价时，首先要将投资方案的回收期同期望回收期相比较，如果投资方案的回收期小于或等于期望回收期，则此方案可以采纳；否则不可采纳。如果同时有几个投资方案可供选择，应该比较各个投资方案的回收期，先取短者。按照是否考虑资金的时间价值，投资回收期法又分为静态投资回收期法和动态投资回收期法两种。

A. 静态投资回收期法。

静态投资回收期法是指按收回项目初始投资额所需的以年表示的时间长度来判定该方案是否可行的方法。静态投资回收期的计算，因每年的现金净流量不同而有所不同。

$$投资回收期=\frac{初始投资额}{每年现金流量}$$

如果每年的现金净流量相等，投资回收期可按上式计算；如果每年的现金净流量不相等，则投资回收期的计算需要先计算每年年末尚未收回的投资额，然后再计算投资回收期。下面我们来举例说明：

某村某农户计划兴建一项目，有甲、乙两个方案，其现金净流量表如表 A 所示，试分别计算甲、乙两个方案的投资回收期。

表 A　　**投资方案的现金净流量计算表**　　单位：元

项目	第 0 年	第 1 年	第 2 年	第 3 年	第 4 年	第 5 年
甲方案						
固定资产投资	−15 000					
现金净流量		4 200	4 200	4 200	4 200	4 200
现金净流量合计	−15 000	4 200	4 200	4 200	4 200	4 200
乙方案						
固定资产投资	−12 000					
流动资金垫支	−3 000					
现金净流量		3 800	3 560	3 320	3 080	2 840
固定资产残值						2 000
流动资金回收						3 000
现金净流量合计	−15 000	3 800	3 560	3 320	3 080	7 840

甲方案每年的净流量现金相等，计算如下：

$$甲方案投资回收期=\frac{15\,000}{4\,200}=3.57\text{（年）}$$

乙方案每年的净流量现金不相等，需先计算其各年尚未收回的投资额，然后再计算投资回收期，见表 B。

表 B　　静态投资回收期法举例　　单位：元

年度	每年的现金净流量	累计的现金净流量	年末尚未收回的投资额
1	3 800	3 800	11 200
2	3 560	7 360	7 640
3	3 320	10 680	4 320
4	3 080	13 760	1 240
5	7 840	21 600	—

$$\text{乙方案投资回收期}=4+\frac{15\ 000-13\ 760}{7\ 840}=4.16\text{（年）}$$

从以上计算可知，甲方案的静态投资回收期短于乙方案，所以，在决策时，可以优先考虑甲方案。

B. 动态投资回收期法。

动态投资回收期法是按行业的基准收益率或设定的折现率，以折现的现金净流量作为计算基础，计算收回初始投资额所需的时间（年）的方法。下面我们来举例说明：

仍以以上图表的有关数据，以 10% 为折现率，计算甲、乙方案的动态投资回收期：

两方案的初始投资额均为 15 000 元，列表计算如表 C 所示。

表 C　　动态投资回收期法举例　　单位：元

方案	年序	现金净流量	复利现值系数	折现的现金净流量	累计折现的现金净流量	年末尚未收回的投资额
甲方案	1	4 200	0.909	3 818	3 818	11 182
	2	4 200	0.826	3 469	7 287	7 713
	3	4 200	0.751	3 154	10 441	4 559
	4	4 200	0.683	2 869	13 310	1 690
	5	4 200	0.621	2 608	15 918	—
乙方案	1	3 800	0.909	3 454	3 454	11 546
	2	3 560	0.826	2 941	6 395	8 605
	3	3 320	0.751	2 493	8 888	6 112
	4	3 080	0.683	2 104	10 992	4 008
	5	7 840	0.621	4 869	15 860	—

各投资方案的动态投资回收期计算如下：

$$\text{甲方案动态投资回收期}=4+\frac{15\ 000-13\ 310}{2\ 608}=4.65\ (\text{年})$$

$$\text{乙方案动态投资回收期}=4+\frac{15\ 000-10\ 992}{4\ 869}=4.82\ (\text{年})$$

从上述计算可知，甲方案的动态投资回收期短于乙方案，所以应优先选用甲方案。

投资回收期法的优点是一目了然，容易计算也容易理解。这种方法突出了评价项目的主要方面——回收期。因为任何投资项目，能越快收回投资就越好。任何投资，如果不能在一定时间内收回，那就是一项失败的投资。特别是对于那些高新技术投资项目或对技术设备更新换代要求较快的行业，投资者更希望投资回收期越短越好。所以，投资回收期法是比较常用的评价方法。

②净现值法。

净现值法是借助净现值指标对投资方案进行评价分析的一种方法。净现值是指将投资项目投入使用后的现金净流量，以资金成本或农家自身定的想要达到的最低报酬率为折现率折算为现值，再减去初始投资后的余额。实际上就是比较现金流入的现值和现金流出的现值，看看哪个大，如果所得是正数，就叫正净现值，如果是负数，就叫负净现值。其计算公式为：

净现值=某年的现金净流量×复利现值系数-初始投资额

采用净现值法的决策标准是：净现值≥0 为可行方案；净现值<0 为不可行方案。如果几个方案的投资额相等，且净现值都是正数，那么净现值最大的方案为最优方案。以下举例说明：

根据表 C，分别计算甲、乙方案的净现值如下：

甲方案投入使用后每年的现金净流量相等，可按年金现值一次计算。折现率为 10%，期限为 5 年，查表得年金现值系数为 3.791，则甲方案的净现值计算如下：

净现值（甲）= 4 200×3.791-15 000 = 922.2（元）

由于乙方案投入使用后每年的现金净流量不相等，可按复利现值进行计算。折现率为 10%，期限为 5 年，各年的复利现值系数见表

C，则甲方案的净现值计算如下：

净现值（乙）= 3 800×0. 909+3 560×0. 826+3320×0. 751+

3 080×0. 683+7 840×0. 621-15 000

=860（元）

通过上面计算可以看出，两个方案的净现值均大于零，故都是可行的，但甲方案的净现值大于乙方案，所以重点可以考虑甲方案。从以上举例可以看出，一个投资计划，如果它的净现值是零，那就是说，该项投资计划的收益刚好同它的支出相等，不亏不盈。如果是负数，就是亏了，正数就是赚了，正数越大，赚的钱就越多。

用净现值法来评价项目的优点是：考虑了资金的时间价值，能够反映各种投资方案的净收益，因而是一种较好的方法。其缺点是不能揭示各个投资方案本身可能达到的实际投资报酬率。另外，如果各个投资方案的投资额不相同，单纯看净现值的绝对值也不能作出正确的评价。因此，遇到这些情况时，还应根据具体情况采用其他方法进行评价。以上两种举例下的决策方法比较：

	项目甲	项目乙	选择结果
投资回收期法	4. 65 年	4. 82 年	甲回收快
净现值法	918 元	860 元	甲净现值高

从以上计算中可以看出，如果需要在甲和乙之间选择，甲应该是被首选的方案。

四、农家如何节省固定资产投资的资金

对农家来说，要想富裕就必须发展和扩大生产，按照农业的一般规律，只有在达到一定规模的情况下农业生产才能有效益，也就是说，农业是规模出效益。要扩大规模，就要上项目，通过上项目增加固定资产数量从而达到增加产量或提高质量的要求。要上项目就需要钱。而对当前的多数农家来说，手中的存款都是有数的，并且多用于临时急需，是保命钱，不敢轻易撒手。要想取得贷款又受当前银行的

贷款抵押制度限制。对一般的农户来说，除了保命钱以外，还要留一部分钱用来购买化肥、种子等原材料。这些原材料用以维持原有规模的生产和经营，总得“先吃饭后建设”，这些钱也不敢用来扩大投资。所以农户家的资金都是比较紧张的，资金缺乏已经成为农家发展的瓶颈。在日常生活中，眼看着一些好的致富项目，就因为受资金制约而无法上马，实在是无可奈何的事。那么，还有没有办法解决这个难题呢？也就是说，如何既能不用花大价钱购买设备和设施，又能使用设备，建设项目，从而节省一次性的固定资产投资呢？一般情况下，以下几种方法可供选择，或许它们能从一定程度上缓解燃眉之急。

1. 租赁固定资产

如果农家所生产的产品市场销售形势看好，经过项目评估需要增添设备或扩大经营面积，而农户眼下“荷包”里又无足够的财力购买新设备和购置房产，这时可以考虑租借外部的设备或场所。因为，有的固定资产所有者出于种种考虑，并不愿意出卖设备和场所，而只想靠固定资产出租来赚取利润。对农家来说，租入固定资产只需按期支付一定的租金就可以使用所需要的固定资产，能节省下购置固定资产的大额费用，还可以缓解囊中羞涩的压力。

（1）固定资产租赁的含义。

所谓固定资产租赁是指在约定的期间内，出租人将固定资产使用权让给承租人，以获取租金的经济行为。租赁行为同银行信贷一样，也是一种信用活动。通过租赁活动，出租人与承租人之间形成了一种围绕租赁物品而形成的债权债务关系。但是，租赁活动又不同于银行信贷活动，它是一种特殊的信用活动。因为银行信贷是一种纯粹的货币借贷活动，仅仅能起到“融资”的作用；而租赁则是通过“融物”的形式来达到“融资”的目的，是融资与融物相结合的一种信用活动。租赁业务对于出租人来讲，财产所占有的资金不能马上收回，等于向承租人发放了一笔贷款，再通过收取租金的形式收回贷款的本息，从而完成一笔放款业务。而对于承租人来讲，扩大再生产的设备可以购买，也可以租赁。通过租赁，租用企业等于筹集了资金，购买了设备。而分期支付的租金也等于分期偿还借款本息。从这一点来讲，租赁是资金不足而又急需某种设备的农家筹集资金的一种特殊方式，是一条有效的融资渠道。

（2）固定资产租赁的类型。

固定资产租赁通常可以分为经营租赁和融资租赁两种类型。

①经营租赁。

先来看看经营租赁。所谓经营租赁又称“运营租赁”，是由出租人向承租人提供租赁设备，并提供设备维修保养和人员培训等服务的租赁行为。经营租赁通常为短期租赁，租赁物为承租人在生产建设中一些临时需要的设备（如大中型通用设备、加工机械、运输车辆等）。这些设备，承租企业并不是长期使用，而是临时需要，对这种需要企业不必花钱购买，可以到租赁市场租赁。

在经营租赁的条件下，被租赁的资产所有权不转移，租赁期届满后，承租人有退租或续租的选择权。

经营租赁的特点是：一是租期短。经营租赁的租期通常较短，一个工程结束就可以结束租赁关系，其期限一般小于资产的寿命周期。二是出租方负责对租赁物进行维修和保养。在经营租赁中，出租方负责租赁物的维修和保养。三是出租人和承租人通过订立租约维系租赁业务，租赁合同中通常包括取消条款，承租方可以在合同到期前提前结束与出租方的租赁关系。四是租赁期满，承租人一般将租赁物退回给出租者，两方面的租赁关系结束。

②融资租赁。

A. 什么叫融资租赁。

所谓融资租赁也叫长期租赁，或称财务租赁，是以分期或者延期付款方式买入该项固定资产的一种租赁形式。这种方式是为了解决租入方资金不足的困难，由出租人购置设备，然后转租给承租人，并收取租金的一种长期性融资方式，对承租人来说这种租赁就是“借鸡生蛋，以蛋还债”。

在融资租赁情况下，融资租赁交易活动要由出租人、承租人和设备供货商三方组成一个合作圈，通过签署租赁合同和购买合同来完成。

这种租赁，对承租人来说，通过出租人出资购买租赁物，自己承租使用，分期交付租金，不用一次性花出大笔资金购置固定资产，是一种以物为载体的融资行为。

对出租人来说，则是通过出租设备，用物权来实现债权的目的，以获得货币的增值。

对供货商（设备的制造厂商）来说，通过出租人进行融资租赁交易，是一种营销方式，扩大了自己产品的销售渠道，增加了销售数量。所以，融资租赁是对三方都有利的经济行为。

“借鸡生蛋”是经济活动中常用的手段之一，它的特点是借助别人的资源来为我创造财富，然后再用新创造的财富还借来的资源。这种情况既解决了眼下自己资源不足的困难，也为社会上闲置资源找到了更好的利用场所。

B. 融资租赁的特点主要有：

一是当租赁期届满时，出租方要将租赁资产的所有权转移给承租人。这种情况通常是指在租赁合同中已经约定或者在租赁开始日根据相关条件作出的合理判断，当租赁期届满时出租人能够将资产的所有权转移给承租人。

二是即使资产的所有权不转移，但如果租赁期占租赁资产使用寿命75%以上（含75%），也应当视为融资租赁。

三是租赁物一般由承租人向出租人提出正式申请，然后出租人再根据承租人的要求筹集资金购买设备，从这一点上可以看出，融资租赁的主要目的在于融通资金。

四是租赁期限长。在融资租赁下，设备的使用时间一般是几个生产周期，即几年或更长时间。

五是在租赁期内，出租方通常不提供维修和保养服务，这些维修性质的服务，一般由承租方负责。

六是融资租赁合同稳定。在融资租赁下，租赁双方一般不得提前解除租赁合同。在融资租赁期内，承租人必须连续支付租金，非经双方同意，中途不得退租。

七是租赁期满后，承租方可以将租赁物退还给出租方，也可以作价将租赁物买下，还可以续租。

农家租赁的固定资产虽然所有权并不归农家本身，但是农家负有使用和保管责任，所以应该妥善保管和使用，到租期届满后，再将其设备完好无损地送回原管理部门。如果合同规定，出租的固定资产在租赁期间由承租方负责的改良工程，期满后，应该随同出租的固定资产一并转回出租单位，其所花费用，按照双方合同约定进行分摊。租出固定资产的实物管理比照企业内的固定资产进行。

2. 委托加工

如果农家想要获得加工类项目的服务，自身又没有加工条件，就可以采用委托加工的方式来进行。比如，农家看到把葡萄粗加工成葡萄汁可以卖到比葡萄粒多出一倍的价钱，自己的葡萄园仅这一项就可以增加一倍多的收入。但葡萄汁加工需要建立榨汁站，里面需要盛葡萄汁的大罐和粉碎机等榨汁设备，需要很多钱，而农家一时又没有建站的能力，这时，就可以采用委托加工的方式，委托某一个榨汁站加工。还有，如果农家联系到了一批工作服加工的业务，这时，农家也不必去购买缝纫机和雇裁缝，就可以委托某一个服装加工厂来加工这批活，这些专门的工厂里有专门技术和专门设备，这样加工质量和加工时间等方面会得到更好的保证。

在日常生活中，农家如果遇到独立的、临时的加工业务，就可以采用这种委托加工的生产方式进行，除了以上例子中所提到的外，还有粮食加工、饲料加工、小食品加工、小饰品加工、编织品加工等都可以采用委托加工的方式来进行。

在委托加工这种方式下，一般由农家自行组织并向加工单位提供原料，受托方按照农家的要求加工，受托方加工完成后，将产品交回农家，由农家负责产品的保管和销售。在这种方式下，受托加工方只负责按合同生产，保质保量在规定的时间内交货，不承担该种产品的销售和其他风险。

委托加工可分为成品加工或半成品加工。前者是对产品全过程的加工，通过委托加工，最终形成完工产品。后者则是只提供产品制造过程中某个环节的加工，通过委托加工，最后形成的是半成品。

委托加工还可分为带料加工（对方叫来料加工）和全部委托加工。前者是委托方提供原材料和辅助材料，加工单位只负责技术和人力及场地。后者是料、工、费全部委托对方加工的方式。

无论是哪种委托加工方式，其好处都是既节省固定资产购置资金，又能生产出自己需要的产品，可以缓解农家生产资金短缺的压力。

在委托加工方式下，委托加工的加工费，主要是工时费、设备折旧费、管理费、保险费、运输费、包装费等，采用当地的标准经过双方共同协商确定。

小知识 8—6

来料加工致富：合村乡地处山区，是一个以农业为主的欠发达乡镇，农民收入来源除农业生产外，只能靠外出经商务工，长久以来造成大量农村妇女劳动力剩余。近年来，合村乡党委、政府通过多次下村调研和走访摸底，充分了解农村发展现状，制订了以发展来料加工促进农民增收致富的方案。祝东云是该乡的一名老党员，早在 1995 年就加入了来料加工行业，作为早期来料加工行业的领头人，通过十多年的发展，目前，他已把业务扩展到周围村，共在该乡设立了四个来料加工点，拥有固定工人四五十人，而且大多是低收入农户。这次，为了配合乡里开展的“创先争优”活动，祝东云主动把自己的套笔加工点设立为零差价“厂站结合点”，免费为村民拿货、送货，把更多的利益让惠于村民。“套笔的工作既干净又轻松，而且离家又近，也没有硬性任务，有空了就来做会儿，尤其是对于我们家庭妇女来说，既可以顾着家务，又能增加收入，两全其美。”58 岁的仰根凤一边套笔，一边说。“每名套笔工人每天差不多有 40 元工资，2010 年，祝东云的加工点共支付工资 20 多万元。”合村乡岭源村党委书记陈美英介绍，像这样的来料加工点，该村共有 20 多个，一年下来，整个村光套笔的收入就有上百万元，为不少低收入农户增加了经济收入。

摘自　桐庐新闻网，2011-06-22。

3. 委托生产

如果农家发现了某种植业或养殖业类的产品销路，经过可行性研究论证，有赚头，这时就可以采取委托生产的方式来做这笔买卖。所谓委托生产在性质上同委托加工是一样的，但这种方式，侧重的是种植或养殖类产品的生产和经营行为。比如，农家看好一种植物，市场很紧俏，有一定的销售前景，但自己又没有那么多土地和场所，这时就可以委托有条件的农户或企业来进行种植。在委托生产情况下，受托方按照农家提出的要求种植或者养殖产品，当产品成熟后，由委托方——农家组织销售并支付委托生产费用。通过委托生产，既扩大了市场销售量，又可以解决农家现有的自然条件和人力资源不足等困难。委托生产适合饲养家禽、特色养殖和特色种植、经济作物种植等，目前，在土地流转中，也有委托种植承包田地的。

4. 吸收外来参股

如果农家发现了一种可以长久持续发展的产业，经过项目评估论证又可行，但是项目的资金需要量较大，将来的管理上又需要更多的人力和帮手，农家自己的经济力量和人手有限，独立发展有困难，在这种情况下就可以采取合伙经营、组建专业合作社、成立公司，实行公司化经营的方式，吸收外来投资者，以参股、合作等方式，共同发展，有钱大家挣，互利双赢或多赢。这也是一种既可以节约资金又能发展生产的方式，是现代农民应该参考的方式。

小知识 8—7

农民专业合作社和公司有什么不同：

第一，农民专业合作社是在农村家庭承包经营的基础上，同类农产品的生产经营者或者同类农业生产经营服务的提供者、利用者，自愿联合、民主管理的互助性经济组织。其目的在于通过为成员提供购销、加工、运输、储藏、技术、信息等方面的服务，使合作社成员能组合抱团，联合进入市场，形成聚合的规模经济，既能节省交易费用、增强市场竞争力、提高经济效率又能增加合作社成员的收入。在合作社内，为成员提供服务是其主要目的，对外经营服从于为成员提供服务。而公司以营利为目的，并要由公司股东出资设立公司，公司并非为自己提供服务，而是对外展开经营活动，创造利润并回报股东，获利并为股东创造价值是公司的根本目的。

第二，在党和政府的关照下，办农民专业合作社的门槛要比创办公司的门槛低得多。《农民专业合作社法》对于合作社的出资问题有非常宽松的规定，农民入合作社可以出资也可以不出资。但是公司则有最低注册资本的要求，比如一般的有限责任公司注册资本最低限额为三万元。一人有限责任公司的注册资本最低限额为十万元。

第三，对于成员（股东）的要求不同。合作社的成员中，农民至少应当占成员总数的80%，成员总数在二十人以下的，可以有一个企业、事业单位或者社会团体的成员；成员总数超过二十人的，企业、事业单位和社会团体的成员不得超过成员总数的5%。《公司法》对公司股东的数目作出了要求，比如一人有限责任公司，要求有一个自然人股东或者一个法人股东；一般有限责任公司由五十个以下股东出资设立；设立股份有限公司，应当有二人以上二百人以下为发起人，其中须有半数以上的发起人在中国境内有住所。

第四，合作社实行“退社自由”的原则，也称为来去自由。而《公司法》则不允许股东在公司成立后抽回出资，股东如想退出公司，只能向其他人转让公司的股份。而合作社实行“退社自由”的原则，成员要求退社的，只要在财务年度终了的一定期间内向理事长或理事会提出即可，不像公司股东转让股份那样要将出资额和成员资格转让给他人。

第五，登记要求不同。合作社到工商部门办理登记是不收费的，而公司登记则是按照注册资本总额的比例收取登记费的，最低为50元，而且每年年审也要收取一定费用。

第六，实行的税收政策不同。国家对农民专业合作社实行优惠政策，如果合作社销售本社成员的农产品，免征增值税；向本社成员销售种子、化肥等农业生产资料免征增值税。而公司制的企业，则享受不到这些优惠政策。

五、农家如何筹集资金

1. 农家有哪些来钱道

这里所提的来钱道，就是资金来源。我们知道，从事农副业的家庭同城市里的居民家庭不同，城市家庭一般只有日常生活开支，而农村家庭不仅有日常生活开支，还有从事农业生产劳动的开支，这就导致农村家庭的经济开支要比城市大，多出生产经营这一部分资金需要。面临着这样的需求，农家都有哪些来钱道来满足？如果找不到来钱道，所有的资源开发利用想法都是无法实现的，就像有一个小说说的那样“钱不是万能的，但是，没有钱确是万万不能的”，没有钱，一切经济活动就将无从谈起。所以，寻找来钱道，是农家的当家人时时刻刻都要操心的事。具体来说，农家的来钱道有以下方面：

（1）银行借款。

银行借款是指农家从各个商业银行、信用社（包括城市信用社、农村信用社）、村镇银行和政策性银行等信贷机构借入的资金。从理论上说，这应该是最好的来钱道。但是实际上，这条道对农民来说并不好走，一是虽然很多银行都是公办的，但是大部分银行在20世纪末就改制了，改制后经济利益最大化成为其工作和服务的目标，银行的眼睛主要盯在房地产等城市圈里的高利润产业上，对弱质风险较大的农业来说，其不是银行的主要关注点；二是我们国家的银行有贷款抵押担保制度，所以银行可以毫无风险地获得利息收入。一旦债务人无法还款，银行就可以收缴抵押物，而且抵押物是以原值60%～70%的比例抵押的，所以银行可以获得利息和抵押物价值的差额两部分收益。有这两个“顶门杠”横在那里，普通农民很难取得银行的贷款。很多银行只从农民手里吸收存款，它们在农村设立了很多吸储机构，用满脸的笑容、热情的服务吸引农民到那里存款并购买一些金融产品。但是，如果农民需要贷款找到它们，却会换来满脸的冰霜、冷漠的态度，很少会贷款给农民，这些银行，舆论上称它们为农村的“抽血机”。有的银行实在不好意思了，又迫于舆论压力，也会给农民一点点恩惠，放一点贷款给农民，但是数额很小，解决不了什么问题，可是就这么一点小事，它们会在媒体上用很大的动静来宣传一番。

虽然如此，在银行系统里，村镇银行、农村信用社同农民的关系还是比较密切的，尽管这些银行资金规模不是很大，但是它们确实为农民着想也为农民办事，虽然贷款的额度不是很大，但是能救急救难，能解决农民眼下的困难，这个应该是当前农民可以信赖的一条来钱道。

（2）非银行金融机构借款或投入资金。

除了银行以外，在金融系统还有一部分从事保险、贷款、投资、租赁等业务的机构，如保险公司、信托公司、租赁公司、证券公司、财务公司、企业集团等，我们把在银行之外从事金融业务的这类机构称之为非银行金融机构。这些机构以发行股票和债券、接受信用委托、提供保险、参股投资等形式筹集资金，并将所筹集到的资金运用于投资，以取得更好的效益。这些机构的存在也使农家融资多了一条渠道。农家可以在这些非银行金融机构贷款或吸收它们的投资或租赁设备等。如果农家的投资项目效益前景看好，这些金融机构还会以入股方式投入资金。

（3）民间借贷。

民间借贷主要是农家有一些小额资金需要时，从街坊邻居和亲戚朋友处靠人情面子借来的款项。

（4）其他企业投入。

如果农家有一个好的投资项目，并且有很好的前景，那么就可以吸引其他企业投入资金。因为在这些企业的生产经营过程中，有时会形成部分闲置的资金和物资，为了使这部分资金和物资能充分发挥作用，赚取更多的收益，企业可以将这部分资金转向其他项目进行投资。其他企业投入的资金一般是以入股的方式投入，有的也以联营和合作经营的方式投入。比如，江苏阳澄湖地区有些农民有水面资源但没有资金，有的企业看准了大闸蟹销售的光明前景，就投入资金到农户当中，同当地农民一起办实体共同发展，实现双赢。

（5）赊购产品，形成应付款。

如果平时农家积攒下了良好的信用口碑，就有可能赊购到商品，在农家尚没有还款的期间里，这就形成了农家的债务，这个债务在账面上是以应付款形式出现的。这时的应付款也可以算作农家的一项资金来源。这部分以应付款形式存在的农家债务，其性质是我方占用了对方单位的资金，也就是对方的资金被我方拿来使用。但是这个资金来源是短期的，农家不可能长期欠债不还，应该及时偿还。

（6）个人资金。

个人资金，是指国内外的居民个人通过入股或以借款等形式投入农家的资金。随着我国城市居民经济生活的不断提高，个人结余和闲置的资金也越来越多，有些有长远眼光或热爱农业的有志之士就将这些资金转向了农业，形成了个人投资。如果农家开办的项目有特点，那么可能还会吸引国外财团或个人前来入股和投资。这种投资也是农家获得民间资金的一种渠道。

2. 如何同银行打交道

尽管目前公立银行同农民有一定距离，但是随着银行业经营方向的不断调整，国家对银行业的政策制约，对农业的支持力度随着时间的推移会越来越大。所以，农家还要掌握一些同银行打交道所必备的知识。在同银行打交道之前，最好先了解一下银行。

(1) 银行的种类、内部结构及贷款种类。

①银行的种类

目前我们国家的银行有以下几类：

A. 中国人民银行。

中国人民银行是我国的中央银行，也称为银行中的银行，它不办理企业和个人的银行业务，主要负责制定国家的金融政策、货币政策和对各银行进行行政管理和监督。

B. 政策性银行。

政策性银行是按照国家的产业政策或政府的相关决策进行投融资活动的金融机构，这类银行不以利润最大化为经营目标。它们的贷款利率较低、期限较长，有特定的服务对象，其支持的主要是商业银行在初始阶段不愿意进入或涉及不到的基础建设和农业等商业银行不愿意涉足的领域。目前我们国家有中国国家开发银行、中国进出口银行和中国农业发展银行三家政策性银行 。

C. 商业银行。

商业银行是以营利为目的，而且与百姓生活和国民经济的运转密切相关的金融机构。其基础业务包括吸收公众存款；发放短、中、长期贷款；办理国内外结算、汇款、汇兑等业务。商业银行具体又分为国有商业银行、股份制银行、城市商业银行、农村商业银行、农村合作银行和村镇银行等。这类银行对中小企业来说，是与其打交道最多的金融机构。

D. 信用社。

信用社是指由农民和城市居民入股组成的商业性质的银行，主要向农村、城镇人口提供理财服务。信用社又分城市信用社和农村信用社。目前，很多信用社都变成了地方性的商业银行。但是，这部分金融机构变成银行后，为当地农业、商业和服务业服务的范围和功能仍然保留。如果农民要贷款的话，与其打交道最多的就是这类银行。目前，很多信用社转制成为了商业银行，但是仍负担着农村和城市居民的存贷款业务。

E. 邮政储蓄。

邮政储蓄是由中国邮政集团公司组建的银行，目前主要的业务是吸收公众存款和象征性地发放小额贷款业务。

F. 非银行金融机构。

非银行金融机构就是以上所介绍的非银行的相关金融机构。

②银行的内部结构

目前，我们国家多数银行的基本构架从大到小是：

A. 总行。

总行负责本银行全国性质的行政事务的管理，是一个银行的最高管理机构。一般来说，总行不办理针对单位和个人的存贷款具体业务。

B. 省分行（也有的叫一级分行）。

省分行主要是在总行领导下以省级为单位建立的负责全省所辖支行的业务统筹和行政管理的机构。一般情况下分行也不对外办理业务，是行政事务管理单位。

C. 市分行（二级分行）。

市分行是在地级城市设立的分行，行使分行的职权，市级分行有具体的贷款业务。

D. 县支行。

县支行主要是以县为单位，负责所辖地区网点的银行业务经营和管理机构。它是一个地区银行的主管机构，负责管理下属的储蓄所和分理处。

E. 分理处。

有的银行也将分理处叫办事处，主要负责办理对公的存贷款业务。

F. 储蓄所。

储蓄所是银行的基层单位，主要负责办理以居民个人储蓄为主的相关业务。

③银行的贷款种类

我们知道，农家和企业的主要职能是向市场提供能够满足人们某种需求的产品。银行也一样，它是向市场提供能满足人们某种资金需求的，与货币相关的一切商品，而银行向农家及各种企业提供的贷款就是银行的主要产品。为了满足借款人的不同需求，银行的贷款有很多种类，我们可以按照不同的标准把贷款划分成若干种类：

第一，按贷款的使用期限，贷款可划分为短期贷款和中长期贷款。

短期贷款。短期贷款指贷款期限在1年以内（通常为9个月，最多不超过1年）的贷款。短期贷款主要用于借款人生产、经营中的流动资金周转的短期资金需要。

中长期贷款。中长期贷款又可称为项目贷款，是指用于借款人新建、扩建、改造、开发、购置等固定资产投资项目或个人中长期消费的贷款。其中，中期贷款的期限在1年以上5年以内，长期贷款指在5年（不含5年）以上的贷款。

第二，按贷款企业的经济性质，贷款可划分为国有及国家控股企业贷款、集体企业贷款、私营企业贷款和个体工商业者贷款。

国有及国家控股企业贷款是指对国营企业和国有控股企业的贷款。

小知识8—8

国有及国家控股企业是指企业的全部资产中国有资产（股份）相对于其他所有者中的任何一个所有者占资（股）最多的企业，包括绝对控股和相对控股两种。绝对控股是指在企业的资本结构中，国有资产占50%以上；相对控股则是指国有资产虽然未达到50%，但是投资比例高于其他投资者，是第一大股东。

集体企业贷款是指对城镇和乡村集体经济性质的企业发放的贷款。

私营企业贷款是指对私营有限责任公司、私营股份有限公司、私营合伙企业和私营独资企业发放的贷款。

个体工商业者贷款是指对个体工商业者发放的贷款。

小知识 8—9

个体工商业者是指有经营能力的城镇待业人员、农村村民以及国家政策允许的其他人员，经申请核准登记领取营业执照后，以劳动者本人及其家庭劳动力为基础，从事个体工商业的生产经营者。

第三，按贷款信用程度，贷款可划分为信用贷款、担保贷款、票据贴现贷款。

信用贷款。信用贷款也叫无抵押和担保贷款，是指不用担保和抵押而仅以借款人的信誉发放的贷款。这是银行对信用程度较高和借款单位情况比较熟悉的小企业和个人发放的贷款。

担保贷款。担保贷款是指企业从银行获得的保证贷款、抵押贷款、质押贷款三种形式的贷款。

所谓保证贷款是以有实力和有信誉的单位为本企业做保证人来进行的贷款。这种方式是有一定难度的，因为，一般的单位为了避免负还款的连带责任，不愿意为个人做保证人。

所谓抵押贷款是以自有房屋等不动产做抵押来进行的贷款，这是一种比较可行的办法，但一旦失败，会连累家人，造成居无定所。目前，国家为了减少农民房产抵押的风险，避免造成农民失去住所，规定一些银行不得接受农村的农民房屋做贷款抵押。

所谓质押贷款是以动产做抵押来进行的贷款，包括国库券、银行储蓄存款、金融债券等货币资产和有价证券。如果农家有这方面的储备，可以用来做质押物，取得贷款。

抵押与质押两者的区别在于：

一是抵押的标的物通常为不动产、特别动产（车、船等）；质押的标的物则是以证券等动产为主。

二是抵押要登记才能生效，质押则只需占有就可以生效。

三是抵押只有单纯的担保效力，而质押中的质权人（此处指银行）既支配质物，又能体现留置效力。

四是抵押权的实现主要通过向法院申请拍卖，而质押权则多由银行直接变卖即可。

小知识 8—10

不动产是指不能移动或如果移动即会损害其经济效用和经济价值的物，如土地及固定在土地上的建筑物、桥梁、树木等。

动产则是不动产以外的物。

两者的区别是以物是否能够移动并且是否因移动而损坏其价值作为划分标准的。

票据贴现借款。票据贴现借款是指贷款人以购买借款人未到期的商业票据的方式而发放的贷款。一般情况下多是应收票据贴现借款，就是借款人将持有的未到期的应收票据交付银行兑现现金。在票据贴现时，银行要收取一定的贴现息，以票据的到期值扣除贴现息后的余额向借款人借款。同样，借款人仍要承担该项票据的违约风险。

小知识 8—11

商业票据是一种由公司发行的无担保短期债务工具。在我国，商业票据主要是指银行承兑汇票和商业承兑汇票，通常用于资助应收账款、存货和满足短期债务的资金需要。

第四，按贷款的使用质量，还可将贷款划分为正常贷款和不良贷款。

正常贷款。正常贷款是指贷款按照预定的用途正常周转，在借款期限内能够按时足额偿还的贷款。

不良贷款。不良贷款是指非正常贷款或有问题的贷款，指借款人未能按原定的贷款协议按时偿还的贷款。

（2）银行借款的一般条件和程序。

①银行借款的条件

贷款条件是指取得银行贷款需要满足的一些约束条款，是对贷款对象提出的具体要求，农家要想取得银行贷款就要遵守这些条款。也就是说，凡是在“贷款对象”之内，而又能满足“银行贷款条件”要求的个人和企业单位就可取得银行贷款。

一般情况下，到银行贷款的前提是符合“五性”要求，即：个人的合法性和企业单位设置的合法性、生产经营的独立性、自有资本的足够性、经营成果的盈利性及贷款使用的安全性。因此，我国商业银行规定凡需要向银行申请贷款的企事业单位、个人必须具备以下的基本条件：经营的合法性 、经营的独立性（有独立的法人资格）、有一定数量的自有资金 、在银行开立基本账户 、有按期还本付息的能力 。

②银行借款的程序

银行借款的程序就是银行对借款人规定的借款步骤。个人或企业无论是向哪家银行借款，都有一定的借款程序。一般来说，要经过以下的步骤：

第一，由借款人提供借款申请的书面文件。当借款人要向银行借款时，首先要先同银行电话或口头联系，然后按照银行的借款要求，提出借款的书面申请。一般情况下，借款申请应该写明如下内容：借款种类、数额、用途、借款原因、还款日期、用何种物品抵押及附上该种抵押品的产权等相关证明文件。

此外，有的银行还要求借款人提供资产负债表等相关的财务指标和经济业务形成的证明文件，如产品和劳务的销售合同、一定时期的销售额、销售利润率等，对于这些要求，借款人应该积极准确地提供材料。

第二，银行审查文件。当银行接到借款人的借款申请后，要对借款人的资信情况和申请书等文件进行了解和审查。银行先要了解借款人的经济状况和信用情况，了解经济状况是为了分析借款人的经济偿还能力；了解信用情况是为了分析借款人的人格特点，保证银行的贷款能安全收回。然后，银行要审查借款申请的用途和原因，这笔贷款是否符合银行的贷款方向，以便银行做出是否贷款的决策。接下来，还要审查借款人的产品销售情况和物资保证情况，以决定贷款的数额。同时要审查借款人的资金和产品物资的周转与消耗情况，以确定贷款的期限。此外，还要对担保方的资信情况进行了解和确认，以确保当借款人无法偿还时，担保方能负起还款责任。最后，银行还要确认抵押或质押的物品的权属，要确认抵押或质押的物品在权属上属借款人所有，并且可以用作有效抵押。为了证明抵押或质押物品的权属，银行还会要求政府的产权管理部门提供证明。

这一过程，对借款人来说是至关重要的。借款人要想通过这一关，顺利借到款项，就要做到以下方面：

一是要求企业做好平时的信用积累。平时，借款人就要在经济交往等活动中，讲究诚信，在信用方面要留有较好的口碑，并且在银行没有不良信用记录（银行对不讲诚信的客户，都建立了“黑名单”，凡是榜上有名的，很难在银行借到钱）。

二是注意严格按照银行的要求填写借款申请。要想达到银行的要求，借款人应该同银行换位思考。因为银行是从事存、贷款业务的金融机构，靠存款和贷款利率之间的差额赚取盈利，如果贷款利息甚至本金收不回来，那银行就会倒闭。所以，银行会把贷款的安全性是放到最重要的地位来看待。银行所制定的贷款条件无不是为了保证所贷款项能安全、及时收回。作为借款人应该理解银行的苛刻条件，并尽量从银行的角度考虑借款申请。

三是平时做好财产物资的产权登记，使企业所有的财产物资产权明晰，文件和证件齐全，以保证需要时能及时提供。

第三，签订借款合同。在银行以上的审查通过后，企业和银行就开始签订借款合同，这是为了保证借贷双方的合法权益而必须履行的手续。借款合同的内容一般包括以下款项：

基本条款。这包括借款数额、借款方式、款项发放时间、还款期限、利息数额及利息支付方式、还款方式和双方法人等，是合同的基本内容。

保证条款。这是保证贷款能顺利归还的条款，包括借款的使用要求、有关部门的物资保证、抵押财产的相关证明书、担保人及其责任等。

违约条款。这主要是对借贷双方违约的处理条款。

其他附属条款。这是指其他的辅助性条款，如双方的经办人签字、合同生效日期等。

第四，借款人取得贷款。借款合同签订后，银行应该按照合同规定的时间和金额，向借款人划拨借款，企业取得贷款后，要按照合同的规定使用贷款。

第五，借款人归还贷款。在借款到期前，借款人应该积极做好还款准备，并按期及时归还贷款。

至此，整个借款的程序才算圆满结束。如果遇到特殊情况，借款人到期不能归还贷款，借款人还应提前到银行办理展期还款手续，否则就视为强行展期。

小知识 8—12

贷款展期是指借款人在向贷款银行申请并获得批准的情况下，延期偿还贷款的行为。借款人如果在贷款期间发生资金周转困难，致使不能按期偿还贷款本金，但符合展期规定的条件，一般情况下，应提前 30 个工作日向贷款银行申请展期。对借款展期，如果不提前同银行沟通好，往往会影响借款人的银行信用，特别是强行展期，视为违约，将记入不良记录中。

以上介绍的主要是银行的短期借款程序，从以上内容中可以看出，银行的短期借款是有一定灵活性的，可以解决企业在生产经营中所遇到的短期资金不足等临时困难，是实用性较强的筹集资金的渠道。

目前，一些银行、农村信用社、村镇银行和个人贷款单位（如小额贷款公司等），为了支持农业发展，对农民实行了无抵押贷款。所谓无抵押贷款，又称无担保贷款，或者是信用贷款。这种贷款不需要任何抵押物，只需身份证明、收入证明、住址证明等材料就可以向银行申请贷款，银行根据个人的信用情况来发放贷款，这种贷款的利率一般稍高于有抵押贷款，农户可根据个人的具体情况来选择贷款年限，然后跟银行签订合同，取得贷款。随着经济的发展和银行的进一步改革，将来承担信用贷款的银行会越来越多。

除此之外，如果农家需要购置机械设备、交通工具等固定资产或要对原有设备进行更新改造、对产品进行科技开发，还可以向银行申请借入长期借款。举借长期借款，可以为农家带来更多的获利机会。

一般来说，农家在项目开发中，需要的长期资金主要是从两个方面来解决：

①增加合伙人或投资人投入的资金。

采用这种办法，要注意两个方面：一是受投资人积蓄的限制，个人往往很难拿出更多的资金投入项目开发；二是如果投资人追加投入后，往往会改变原来的资本金结构，农家容易在这个过程中，失掉一部分控制权益。

②举借长期借款。

从农家角度来看，举借长期借款往往更为有利。一方面有利于农家保持原有控制企业的权力，不会因为筹集长期资金而影响投资者本身的控制权益；另一方面还可以为投资人带来获利的机会。因为长期借款利息，可以计入财务费用，在税前利润中列支，在盈利的情况下，就可少交一部分所得税，为投资人增加了利润。这类贷款的期限，如果是技术改造贷款，期限一般不超过三年，最长不超过五年。如果是基本建设贷款，期限一般不超过八年，最长不超过十年。其贷款的程序与短期借款程序基本相同。

长期借款的合同：

长期借款取得的程序同短期借款一样。但是，在借款合同的签订上，由于长期借款额度大、风险高，所以借款合同的内容要更详尽一些。一般包括以下项目：

一是合同正文。其内容包括：

①借款金额，要明确借款的货币种类及价值金额；

②借款期限，要指明借款的起始日及到期日；

③借款的利率，如果采用固定利率，要写明年利率的百分比；如果是浮动利率，要注明基本利率和浮动利率的范围条件和利息的支付期限及支付方式等；

④借款的偿还方式，要明确是到期一次还本还是分期分批还本，每期还本的金额和比例以及还款资金的来源渠道；

⑤借款担保，要注明担保物品和担保人的详细情况及担保责任等。

二是合同的限制条件。由于长期借款的风险较大，为保护贷款方的利益，要附有相应的限制性条款，主要包括：

①一般性限制条款，主要是对借款人的资金合理流动和偿债能力的限制；

②例行性限制条款，主要包括要向银行定期报送财务报表、保持生产经营能力、按期纳税和偿还其他债务、保持借款人的还款能力等；

③特殊性限制条款，主要是针对特殊情况而做出的限制条款，如专款专用、借款单位的领导人要相对稳定等。

长期借款的偿还：

农家在长期借款的偿还方式上主要有：

一是到期一次还本分期支付利息。这种偿还方式的特点是平时分期支付利息，到期时集中偿还本金。在这种方式下，借款人在贷款到期时偿还本金的压力比较集中。

二是分期还本付息。这种偿还方式是将贷款期限内的本金和利息总额加总，除上按月计算的贷款期限，然后算出每月应该分期还本付息的数额，农家按照这个额度每月偿还贷款。这种偿还方式是借款人可以分散集中还款的压力，有利于平时的资金调度。

比如某农户借入银行长期借款 50 万元，期限 5 年，年利率是 8%，则每个月农家还本付息的数额应该是：

$$[5\times(500\ 000\times 8\%)+500\ 000]\div(5\times 12)=11\ 667\text{（元）}$$

每月还本付息的数额有时也可以叫“月供数额”。

对借款人来说，无论采用哪种偿还方式，平时都应该做好借款偿还计划，也可以建立负债期间的还款基金内部储蓄制度，平时从销售收入中提取一定数额的还款基金，以保证贷款到期时能及时足额地偿还长期借款。

3. 农家吸收外来投资价值的确定

前面介绍过，在农家的资金筹集中，有从外部个人、企业或投资集团等投资单位投入的财产物资，这些可以称为农家的外来投资。在农家筹资的实际工作中，吸收的外来投资往往不止货币资金一种形态，有的是以实物形式投资（如对方投入的是机器设备或土地等固定资产和无形资产），有的甚至以劳务形式投资（如拥有专门技术的人员，可以以劳务形式作为股本投资）。即使是货币形式的投资，也有币值确认问题，如果对方是用外币形式投资，就会带来外币币值的确认等问题。因而，在农家吸收的外来投资存在多种形态的情况下，为了准确计算这些投入财产物资的价值，就要对各种形态的资本进行价值确认。

对农家吸收外来投资的价值确定，总的原则是：对外币形式投入的资本，应该按照一定时间的外汇汇率计价；对投入的实物资产和无形资产，应该进行资产评估，确定公允价值。

小知识 8—13

公允价值是指在交易各方没有直接利益关系的前提下，双方在自愿的基础上确定的市场公平交易价值。公允价值是财务会计中常用的计价原则，通过公允价值的确认来保持经济交易的合理性。

一般情况下，资产评估机构的评估结果可以作为交易各方认可的公允价值；对劳务资产应该按照一定的地域和时间确定其价值。以上介绍的各类资产价值的确定可以按照以下的办法进行：

(1) 货币性资产投资。

在各种形式的投入资产中，人民币形式的投资可以直接使用，因而是最方便、效率最高的。所以，在投资中，应该鼓励投资方直接用人民币形式投资。凡是以人民币形式投入的资产，都可以按照农家实际收到的金额直接计价入账。

以外币形式投入的资产，应该按照双方投资协议中商定的（一般以合同、协议或者双方订立的章程为准）汇率折算成人民币数额入账。如果双方没有商定的，应该以收到外币当日国家公布的外汇牌价汇率折算成人民币计价并入账。

比如，某农家当年 8 月 20 日收到对方入股 100 000 美元，当天的外汇牌价，美元兑人民币是 1∶6. 8279。经过折算成人民币，对方投资的入账价为 682 790 元人民币。

(2) 实物投资。

如果投资者是以房屋、建筑物、运输工具、大型设备、材料物资等实物资产投资，在这种情况下，农家就要同投资方共同确认实物的价值了。为了使实物价值能得到公平的确认，一般情况下，可以委托资产评估机构来评估资产价值，以确定公允价值。但是，要注意的是，投资者投入的实物资产，必须要附带该项资产所有权和处置权的证明文件，农家还要对这些文件和资料进行认真甄别，要确认该项资产对方必须具备产权和处置权，只有两权同时具备的资产，农家才可以接收。没有产权和处置权的资产，不能作为投入的资产。产权就是财产所有权，没有产权的资产不能用来投资。资产的处置权是指在资产产权之内拥有的对该项资产的处理权利。一般情况下，有了产权就会有处置权。但是，在特殊情况下，产权又同处置权分离，比如，在承包经营体制下，如果承包期时间未到，承包方经营权限没有解除，财产所有者（即发包方）就没有该项资产的处置权；出租的资产在租期没到时，资产所有者也没有该项资产的处置权。在这个期间内，财产的所有者不能将这些财产用来投资。

（3）劳务投资。

如果投资者是以劳务形式投资，则劳务投资的价值，要根据投入的劳务的层次，以农家所在地当时的力工和技术工社会平均劳务价格为标准，经过双方协商确认其价值。

（4）无形资产投资。

如果投资者是以专利权、专有技术等无形资产投资，为了保证该项资产的价值能得到公平确认，也应该聘请社会资产评估机构评估，农家应该按照资产评估机构的评估价值来确定投资价值。

小知识 8—14

融资和筹资的区别

在农家日常的经济生活中，会经常遇到融资和筹资这两个概念，实际上，这两者是既有区别又有联系的。融资是指融通资金，主要指农家从外部筹集资金，包括直接融资和间接融资。其中，直接融资主要是指直接从股东、投资人那里筹集资金。间接融资主要是指通过金融机构，如银行、财务公司、信托公司等，以借入长短期借款、发行债券等方式获得资金。

而筹资除包括农家从外部筹集的资金外，还包括通过对农家自身资金的安排，如自留资金、折旧、投资收益的分配等，筹集为发展某一项目的资金。如果从这个角度讲，筹资的概念要大于融资的概念。

正是：

投资是为挣大钱，
眼前紧缩为明天。
资金要计时间账，
项目追求少风险。
平时多辟来钱道，
用时钱会来找咱。
现代农民要活泛，
长袖善舞自翩跹。

话题九　自产的财富——农家农业资产和无形资产资源的管理和利用

农业资产是“现钱”，
管好用活才赚钱。

一、哪些是农家的农业资产

1. 农家农业资产的范围

俗话说“农家值万贯”，为什么这么说呢？是因为农家要身负日常生活和生产经营活动两方面的担子。为了使生活生产都能正常进行，需要有满足两方面需要的物资和资金储备，特别是生产方面，需要更多的财产和物资储备。所以即使在表面上看起来并不显眼的农村家庭，各方面的财产聚拢起来也是一个不小的数目。在农家的所有财产之中，占据比重较大的是农业资产，这部分资产是农民即将到手的财富，那些即将成熟的蔬菜、水果、粮食和养殖的牲畜就可以看成是农民即将到手的现钱。为了使这部分资源及所增加的价值能完整无损地回到农民手中，就需要加强管理。所以，以下的内容侧重的是农业资产的管理和利用，而不是开发。

那么，哪些是农家的农业资产呢？这里所说的农业资产是指农家在发展农林牧副渔产业时，拥有的牲畜、家禽、林木方面的资源。如果归一下大类，主要就是牲畜及家禽资产和林木资产两大部分。如果从这些资产的外观上看，主要就是养殖和种植的活的动物和植物等生物资产。

如果按照这些生物资产在经济中的作用来区分，又可以将它们分成消耗性生物资产和生产性生物资产。

消耗性生物资产指将来主要为人类食用和穿戴消费的生物资产，如有用来生产肉制品的幼畜、存栏待售的牲畜、养殖的鱼、种植的庄稼和经济作物（如剑麻等），还有将来用以砍伐卖原木为目的而养育的树木和森林等。

而生产性生物资产则是指为了将来要利用其产出物的母本和父本类的生物资产，如产奶的牲畜、果树和蜜蜂等。

根据以上可以得知，农业资产的范围就是农家种植的粮食、经济作物，牲畜（禽）的幼畜、育肥畜、产畜和役畜，以及经济林木和非经济林木。

小知识 9—1

为方便记忆，可以把农业资产变成顺口溜：农业资产好区分，林木牲畜和家禽。都是生物性资产，养殖种植是本源。又分消耗和生产，与人生活紧相连。消耗（性）资产用吃穿，生产（性）资产用发展。只要心细眼路宽，农林牧副都赚钱。

2. 农业资产的特点

为了方便理解，还可以把农业资产的特点加以总结。同前面介绍的流动资产和以后将介绍的固定资产相比，农业资产有明显的特点：

（1）农业资产能自然增值。

农业资产有自我生长、发育、繁殖和衰老的自然规律，可以自然增值；同时，也有人附加的劳动在其上而形成的价值，是自然再生产和经济再生产的统一体。

（2）农业资产具有多样性。

农业资产包括的范围很广，种类繁多，不同类型的农业资产又具有不同的生长发育和衰老规律，如植物和动物就有完全不同的生长和发育及衰亡规律，动物中的鱼类和牲畜类又有不同生长和发育规律。由于这个特点，就决定了在对其生产和平时的日常管理上应该分别采用不同的方法。

（3）农业资产的生命周期不同。

农业资产中不同的种类有不同的生命周期。有的生命周期很长，如林木，长达十几年或几十年，有的甚至需要生长百年以上；有的生命周期又很短，有的是在一年之内，有的甚至更短，如猪的经济饲养期是 4 个月，而肉食鸡、鹌鹑等最短的养殖时间则是 40 多天。由于农业资产的生命周期不同，导致农业生产周期也不同，在日常的管理上也应该区别不同情况，采用合适的方法来反映它的成本费用，计算其价值。

（4）农业资产具有流动性资产和长期性资产的双重特征，并可以相互转化。

对一些家畜和家禽，如牛、羊和兔、鸡等，如果单纯以肉食为目的，一般只利用一次，这时这些家畜和家禽只具有流动资产的特征；如果是以取得其幼仔、乳汁、毛皮和蛋为目的，这种情况下这些资产就可以被多次利用，所以这时它们又变成了长期性质的资产，还有固定资产的特征。

（5）农业资产的地域性特征强。

由于动植物是依赖自然环境生长和存活的，各地自然条件的不同往往影响和决定了动植物品种、生长速度和质量的不同。如温度、湿度、土壤、光照、降水、地域海拔高度等自然条件就决定了林业和农作物的品种、产量和质量及特色。比如橡胶树生长不能低于零上 10 度，低于这个温度时叶子的光合作用就要停止，所以，在东北地区就不能考虑种植橡胶树。这个特点告诉我们，农家在选择种植、养殖品种时要注意农业资产的地域特性，要选择能适合当地条件的品种来发展。

（6）农业资产的维持和管护等后续费用会连续不断地发生。

农业资产投入后，要发生一定数量的后续费用，主要是为了维持农业资产的存活和高产稳产，这需要在后续整个生长和存活期间连续投入。比如经济林木，每年要对其施肥、剪枝、看护等，这些都要发生相应的后续费用。

二、农业资产的成本和费用是怎样构成的

当农家组织购入或自行种植、养殖拥有的农业资产时，其成本和费用应该按照以下原则来构成：

（1）当购入农业资产时，应该按照其购买价格加上与此相关的运输、包装、保险及税金等支出作为采购成本计价。对养殖、培育的后续支出，应按照实际发生数额计入相关的农业资产和成本中。

（2）对养殖和培育而成并投产的生产性农业资产，如产、役畜可以生产产品，经济林木已经成材，其前期发生的成本可以按照其正常的生产周期分期摊销，列入各期的经营支出中。

（3）当农业资产发生死亡或毁损时，应该经过规定的程序审核，待履行了批准程序后，按照其实际成本扣除责任人和保险公司赔偿损失后的差额，列入其他支出中。

三、牲畜和家禽资产是怎么回事

所谓牲畜和家禽资产是指农家购入或自行养殖的牲畜和家禽类资产，属于活的动物资产，包括消耗性的幼畜及育肥畜和生产性的产畜及役畜这两类牲畜资产。常见的有牛、羊、奶牛、马、仔猪、仔鸡等。

1. 牲畜和家禽资产的类别

牲畜和家禽资产可以按照用途可分成如下类别：

（1）幼畜及育肥畜。

幼畜是指尚未成龄的畜、禽类资产，包括未成龄的牛、马、鸡、鹅、猪等。育肥畜（禽）是指达到一定的生长期尚未出售的畜（禽）类。这一部分牲畜资产的饲养目的是为了出售，供人类消费，属于消耗性牲畜资产。

（2）产、役畜。

产畜（禽）是指用来生产畜类和禽类农产品的生产性农业资产，

如母猪和母鸡，用来下小猪和下鸡蛋，生产出人们需要的农产品。役畜则是指供人用来役使出力的牲畜，如用来耕地和运输的牛、马、驴、骡等，这些也属于生产性牲畜资产。

除以上外，昆虫类养殖（如蜜蜂）和特色养殖（如养狐狸、獾、貉等）也应该按照消耗性和生产性的特点分类，归到以上相应的类别中管理。

2. 牲畜和家禽资产的成本构成

牲畜和家禽资产的成本应该按照以下原则构成：

（1）外购的幼畜及育肥畜。

应该按照购买时实际支付的价款和应该负担的运杂费构成其采购成本。

（2）自行繁育和养殖幼畜。

按照平时各项支出（包括应该负担的各项摊销费用）累计计算成本。

以上幼畜及育肥畜在饲养期间发生的饲养费用，要进行资本化处理，计入牲畜资本价值中。

小知识 9—2

费用的资本化处理：这是财务和会计上常用的名称，划分资本性支出与收益性支出要求在会计核算中首先将资本性支出与收益性支出加以区分，然后将收益性支出计入费用账户，作为当期损益列入利润表；将资本性支出计入资产账户中，作为资产列入资产负债表。前者称为支出费用化；后者叫做支出资本化，通过费用资本化后，可以分次处理该项费用。

（3）幼畜成龄转作产役畜时。

当幼畜长成时，应该转到产役畜类进行管理，所发生的费用支出应在产役畜类别中归集。但是，幼畜成龄转作产役畜后发生的各项费用，不能资本化，也不再计入牲畜资产价值，而是列入当期经营费用中。

(4) 产役畜转为育肥畜。

当产役畜过了产龄和役龄后，就要转为育肥畜，以待育肥后出售。在财务上应该将成本从产役畜划转为育肥畜。

(5) 从其他来源取得的牲畜和家禽资产。

从其他来源取得的牲畜和家禽资产，按照当时取得时的实际情况确认。如果是捐赠的，应该按照所附发票上记载的金额加上实际发生的杂项费用计算其成本；如果没有价值证明的资产，可以请社会资产评估机构进行价值评估，然后以社会资产评估中介部门的评估价作为取得资产的价值入账。如果是投资者投入的牲畜资产，应按照社会中介部门确认或合同商定的价值确认成本。

(6) 牲畜和家禽资产减少的处理。

农村家庭在饲养牲畜和家禽时，会发生一定的减少事项，当牲畜(禽)资产减少时应该根据以下情况分别处理：

①对外销售时。

这是牲畜和家禽资产养殖的主要目的，农家应该按照农产品销售的程序进行处理。同时，还要想办法积极协助开拓市场，及时收回货款，没有收回的，应将其列为应收账款并入账管理。

②对外投资时。

这是指将牲畜和家禽资产作为农家向外部投资的资本。在这种情况下，先要进行资产价值评估，慎重地签订合同，保护好农家自身的利益。合同签订后，要认真地履行合同，并及时准确地处理好财务账目。

③死亡毁损。

发生死亡和损毁的牲畜和家禽资产，农家应该查明原因分不同情况进行处理。如果是自然死亡的，应该及时地履行手续，做好实物和销账处理。如是责任事故，应该积极追查责任，待履行完一切规定的程序后，要及时做好账务处理。

3. 牲畜和家禽资产的日常管理

对农村家庭来说，养殖牲畜和家禽是利用农村田间地头、房前屋后的自然资源和农村人力资源所进行的投资少、风险小、见效快的致富项目，是适合农村经济发展的优势性项目，应该大力提倡。这种产业也特别适合我省广大农村，无论是山区还是平原，都可以因地制宜发展。既能适应自然情况稍差的地区，也适应那些条件稍好一些的地区，都可以利用当地的自然条件发展一些特色养殖和种植产业。但是，同任何资产一样，牲畜和家禽资产的养殖风险也是比较大的，如果品种选择不好，再加上平时饲养、防疫等管理工作不到位，销售市场开拓不好，也会成为农家的包袱。所以，应该加强牲畜和家禽资产的日常管理。对牲畜和家禽资产来说，创造效益的前提是产量高、品质好、特色鲜明和成本低廉。农业产品要想赚更多的钱，产量必须成规模，产品的品质要好，最好能达到有机产品的程度。除此之外，还要有特色，有特色，就会比“大路货”有优势，才能卖个好价钱。同时，还要成本低廉，符合农村经济薄弱、本钱少的特点。为了达到这个目标，应该加强以下方面的工作：

（1）在养殖项目的选定上应该注重特色。

要积极采用新技术，并积极创造和培养品牌项目。注意传统养殖、科学养殖和科学管理相结合，形成“一村一品”或“一村多品”。对有条件的农村，在养殖上要选择出好的品牌，发展“一村一品”是推进社会主义新农村建设的有效举措。

小知识9—3

农产品品质的分级：农产品的最低层级是无公害产品。生产这种产品时，可以使用经国家允许使用的农药、化肥等。第二个层级就是绿色农产品。所谓绿色农产品，在生产中允许少量使用农药、化肥，这类农产品在品质上要比无公害的高一个档次。最高层级就是有机农产品。这类农产品不允许使用任何农药、转基因种子、任何化肥，农产品完全靠自然状态生长。无公害农产品和绿色农产品都由农业部门认证；有机农产品由农业部门和环境保护部门共同认证。

(2) 加强牲畜和家禽资产的成本管理。

农家要想在养殖业上取得更多的经济效益，一是要有好的品种和养殖技术；二是有低廉的成本，两者缺一不可。农家应该根据牲畜和家禽资产的特点以及本地的资源优势，积极寻找降低养殖成本的渠道，采用合适的方法，加强管理，降低成本。在实物的管理上，要细致地做好实物的登记工作，并落实严格的管理责任制，在保证质量和特色的前提下，不断增加产量；在价值的管理上，要及时准确地记录成本费用，科学合理地管理成本费用，精打细算地控制成本费用，使牲畜和家禽资产为农家创造更多的收益。

(3) 抓好规模化养殖。

前面已经提到，农业的效益在于规模化，没有规模就没有效益。所谓规模化养殖也叫工厂化养殖，还可以叫集约化养殖，是取代传统养殖方式的新型工业化生产方式。它把牲畜和家禽养殖过程由传统的粗放管理改为精细管理，对这个养殖过程实行通盘考虑，使养殖过程和养殖效益达到最佳状态，形成不受自然条件影响的高密度养殖方式。它代表了养殖业的最高水平。农家如果要想在牲畜和家禽养殖上得到更多收益，就不能小打小闹，也不能粗放经营，必须实行规模化和精细化养殖。实现规模化和精细化养殖既可增加经济效益、增强抵抗市场风险的能力，还可以享受到一定的政府和社会给提供的无偿服务，如科技服务指导、防疫指导服务、金融服务和政府的养殖补贴等。所以，从现代农业角度来看，有规模才有效益，有规模也才有市场。从一般规律来看，规模化养殖其增效主要来源于以下几个方面：

①由于规模养殖可以自繁自育，节省了幼畜的购买成本；

②在购买饲料时，由于饲料原料购进量大，因而可以享受到价格优惠；

③在农产品销售市场上，由于销售数量多，抗市场价格风险的能

力就比规模小的农产品强，可以卖到好价钱；

④由于科学饲养，精细管理，所以产品质量能得到保证。以养猪为例，规模化养殖与普通养殖相比，饲养一头猪的效益可以多出100元左右。

小知识9—4

农村家庭养鸽致富：浙江东部街头镇浙一村养鸽大户曹孝浓一家，扳着指头算了算：2008年家庭养鸽产值上了百万元大关，纯利收入超过30万元，以他家为主的乳鸽专业合作社总产值达250万元以上。

曹孝浓一家自2000年底开始试养“美国白羽王鸽”，经过全家人的共同努力，常养量从150对发展到近1万对，且每天单是乳鸽就可出售200羽以上。

他原是一名比较出色的木匠，在走南闯北的木工生涯中也挣了不少钱，盖起了4间新楼房，并置办了不少家用器具。2000年，他父子仨在山东一带做木匠，眼见当地几户人家饲养“美国白羽王鸽”的效益颇好。于是，萌发了弃斧养鸽之念头。他们趁回家过春节之机，购买了150对种鸽及部分笼子带回家试养，当时，他家根本没有专供饲养鸽子的场所，因而只得饲养在4间楼房的顶楼上。

由于这种鸽子繁殖能力强、发展快，原有的场所不够用，他们就向村里承包了6亩多的集体土地，签订了15年的合同期。自此起全家人就全身心地投入到发展养鸽事业中去了。他一家先后共投入上百万元资金，在这片土地上建造了每幢可关养480对种鸽的鸽舍17幢，盖建了与养鸽相关的临时用房5间，并且置办了相应的鸽笼及孵化器、鸽子饲水器等一整套养鸽所需的器具，为规模养鸽奠定了坚实的基础。

长相憨厚的曹孝浓却深知：养鸽子不比抡斧子容易。因此，在试养之前就和大儿子一起去北京市大兴区鸽业养殖基地学习。他俩在初步掌握饲料配合、喂养管理、性别区分、疾病防治等科技知识的基础上，又购买和征订了有关养鸽的书籍与资料。他们就这样边学边用、学用结合，在实践中不断探索科技养鸽的知识。在提高鸽子的繁殖率和产值方面，他们遵循科学发展观进行不断改善。曹家的养鸽业走上正轨后，他们就在想："山东一带靠养鸽赚钱的人不少，而我们浙东各地却极少有人尝到养鸽的甜头。"他们认为只有发动众多的人养鸽才能做大做强。为此，他们就打定主意要帮助众多人发展养鸽业，并且确立了3项措施：一是帮助挑选好配对的种鸽。凡是到他家购买种鸽的人，都要做到认真帮助其选好配对的种鸽，不得有丝毫的马虎；二是资金上予以扶助。凡是有意想发展养鸽业的人到他家购买种鸽，不论其数量多少，在资金方面有多大的给付能力，就先给付多少钱，不足部分可以赊欠；三是做好跟踪服务工作。若是购买数量很少的，除当场传授有关主要的技术外，还给其家庭电话号码，让他们用电话可随时询问碰到的疑难问题。凡购买种鸽数量多的大户，当即派人跟踪前往指导养鸽技术，直至初养者掌握一定的喂养知识为止。

8年来，曹孝浓一家出售培育的种鸽不仅遍布天台县内，而且遍及临海、仙居、三门、黄岩、温岭等县（市、区）。不过，古语云："近水楼台先得月"，受益最多的还是曹家的居住村——浙一村。该村已有养鸽户12家，其中2家已成了养鸽大户。

曹孝浓一家在长期养鸽的实践中得出的结论是：乳鸽的销路要比成年鸽好得多。因为乳鸽的肉质鲜嫩味美，且有利于营养的吸收。所以，不论个人还是饭店均喜欢购买乳鸽，极少有购买成年鸽的人。为此，多年来他们都是以饲养乳鸽为主，并且根据形势和市场的需要及时调整。2006年以他家为主，浙一村筹办组建了一个乳鸽专业合作社，名曰"天台县宏羽乳鸽专业合作社"，商标也叫"宏羽"。该专业合作社共有32家养鸽户，除了他家之外，出售量最多的是平桥镇屯桥村的徐均平一家，每月乳鸽的出售量在1 000羽以上。

资料来源　第一食品网，2010-01-02。

四、林木资产是什么

俗话说，靠山吃山，靠水吃水，在什么山上，唱什么歌。我省很多农村特别是北部和西部地区的农村，地处山区，具有发展林木经济（也可以叫森林经济、林业经济）的最佳优势。如果利用好山区优势，发展林木经济，就等于办起了一家绿色银行。近几年，我省很多农村已经在这方面做了许多有益的尝试。在发展林木经济的同时，也带来了林木资产的管理，下面我们就来看看林木资产管理的几个问题。

1. 林木资产的内容

林木资产是指农家利用山地、村周围和道路两旁等资源而种植的植物类资产，这些资产从属于森林资源性资产。

林木资产一般可以再细分为用材林、经济林、防护林、薪炭林、特种用途林五大类。用材林是指种植的将来用于木材销售的林木；防护林是种植的用于防风、防沙、防水、防旱，调节自然环境的林木；薪炭林主要是为了解决村民日常生活烧柴、取暖等用途而种植的林木；特种用途林是指为了国防、科学实验、环境保护及其他特殊用途而种植的树木和森林，具体包括国防林、试验林、母树林（为保护和发展某一种树木而栽培的母树林木）、环境保护林、风景林、名胜古迹林木、革命圣地林木和自然保护区林木等。

为了便于管理，可以把以上五种分类简化成经济林木和非经济林木两种。经济林木是指经济价值较高的果树、茶树、木本粮食作物、木本油料作物和特种经济林木等。如苹果、柑橘、香蕉、茶叶、柿、枣、核桃、橡胶、油桐树等。非经济林木是指除上述经济作物之外由集体经济组织拥有的以育材、薪炭为主要目的的林木资源，如杨树、柳树、松树等。

村民利用房前屋后和墓地栽种的林木，在办理了林业产权证后，由个人负责管理。

小知识 9—5

为了便于记忆，可以把林木资产编成顺口溜：林木资产分得细，用材、防护、特种、薪炭和经济。为了记忆好管理，又分经济非经济。经济林木果实盼，非经济则为育材和薪炭。林木发财并不慢，果林飘香遍乡间。

2. 林木资产的特殊性

为了便于记忆，还可以了解一下林木资产的特性。农家涉及的林木资产，除了具有以上介绍的农业资产的共同特点外，还有以下的自身特殊性：

（1）生产的高风险性。

虽然种植林木资产是农村经济发展可行性较强的项目，但是，由于林木资产是人的劳动和自然力相互作用形成的资产，林木的生长期长，在很大程度上会受自然因素的影响。由于生长时间长，林木生长期间会遇到的情况和未来林木市场价格的变化无法提前准确预测，随着科技的发展，林木的新型代用材料又不断出现，从而会给林木资产的管埋和未来收益带来许多不确定性因素，存在着较高的风险性。

（2）生产和各种费用的投入，前期多，后期少。

一般来说，林木资源的培育周期长、早期投入多，发生的费用也比较多，具体包括：土地整理费、苗木栽植费、幼林抚育费和管护费等。但是在这个期间内，林木的增长量却很小，而且幼苗的损失也比较大；而林木进入青壮年后，劳动和费用的投入虽然逐渐减少，但是林木的增长量却增大，林木死亡率也较少，所以形成了在时间上投入和效益实现的反差。

（3）长期投入，一次产出。

由于林木资源的生产周期较长，一般情况下可以分为苗圃育苗、幼树培育、成林采割三个生产阶段。在费用的投入上会形成这样的规律：在成林采割前一直在不断地投入资金，只有到采伐或销售时才能收回投资。所以，平时发生的一切成本、费用都不能及时地得到补偿，要形成十几年或几十年的投入和等待，资金的占用时间长，回收过程慢。

小知识 9—6

辽宁阜新发展林下经济获得巨大实惠：

近年来，阜新市充分利用植树造林的良好形势，将生态效益、经济效益和社会效益有机结合起来，充分利用农村充裕的劳动力资源和新植林面积大的优势，把林下经济开发由传统的农业种植向林草、林药、林烟、林果等间作模式的高效农业转型。2005 年，阜新市推广农林复合型经济开发模式 18 个，开发面积 92 万亩，实现林下经济产值 5 亿元。建立和完善产业化体系，形成产、供、销一条龙，逐步建立公司加农户的产、供，销产业化体系，促进林下经济的发展。

林下开发大大增加了林农的经济效益，经过长期的探索发现，林木郁闭前后搞种植业、养殖业，亩效益均能超过农田单产，农民退耕后的生计问题得到初步解决。

林下种草养鹅，不仅能减少饲料投入，提高养鹅的经济效益，还可以减少疾病的发生和因此带来的损失。饲养环境好、无污染，有利于生产无公害的优质白鹅，满足广大消费者的需求，白鹅散养的生产方式使鹅粪排放在草地上，这可为木草和树木提供肥料，促进木草和树木的生长。林下经济养鹅，鹅粪肥林草，形成良性循环的生态农业。从经济效益分析，2005 年彰武县林下种植、养殖业纯收入 1 亿元，农民人均增收 305 元，今年预计全县实现效益 2 亿元，农民人均 610 元，林下开发成为农民增收的有效途径。

林下开发不仅使林地、林木达到施肥、蓄水、除草、防病虫的目的，而且还起到了封山育林的效果，避免了牲畜啃树和植被大面积被破坏现象的发生，在管护方面效果独到。从短期看，未成林、种植业同步发展；从长期看，郁闭森林与养殖业同步发展，形成了一个链条，在产生良好生态效益的同时，促进了农民增收，实现了生态和经济效益的双赢。

林下高产出经济作物，林下禽、畜饲养等模式使农民看到了传统之外的农业利润追求方式，使农民看清了新型产业结构带来的巨大效益。农民通过观察、学习、思考，直到采取行动，经过了由被动到主动的过程，基层干部和农民根据市场发展的需要，探索出林花、林蜂、林经（如大葱、辣椒等）等林下开发新模式，不仅增加了农户的收入，也促进了产业结构的调整。

林下经济不仅近期得利，长期得林，而且一定程度上调整了农业产业结构，促进了农村经济的发展。阜新市已探索出以林草间作为主，配以林药、林菌、林烟、林粮间作、林下养鹅，重点抓好树木郁闭后的林农复合模式。这些切实可行的林下开发模式给广大农户和地方经济带来了巨大收益，成为阜新市经济发展的黄金产业。

资料来源　国家林业局网，2011-06-23。

3. 林木资产的日常管理

对林木资产来说，农家对其实施的日常管理主要体现在以下几方面：

（1）正确计算林木资产成本，为未来收益打好基础。

为了能够准确反映林木的未来收益，应该在平时的管理中正确地掌握成本的构成，并按照规定归集成本费用。在一般情况下，农家的各类林木资产的成本构成是：

小知识 9—7

归集成本，也叫成本归集，是会计业务上一个常用的名词，是指平时对发生的各种成本费用进行累计，在期末（一般是月末）时再按照成本核算对象进行分配的全过程。经过成本归集后，形成总成本和单位成本。

①经济林木。

一般情况下，农家拥有的经济林木主要有两个来源渠道：一个是自行繁育；另一个是外部购入。

属于农家自己圃育的经济林木：可以按照圃育期间发生的各种费用来归集成本。

对农家从外部购入的经济林木：可以按照其购买价再加上各种应该负担的运杂费用来归集成本。

对经济林木来说，在购入时和自行圃育后一直到林木投产前所发生的各项费用，称为培植费用。对投产前期发生的培植费用，要按照实际发生的材料、工资和应负担的其他费用归集成本费用，进行资本化处理，即计入资产价值；对投产后发生的管护费用，要按照实际发生的各项费用归集，不作资本化处理，在经营支出中列支。可以将投产前各期累计的成本总额，在预计的生产周期内进行分摊处理，然后分别计入各期的成本费用中。

②非经济林木。

对自己圃育和购入的非经济林木，可以按照经济林木的办法处理，即郁闭前发生的各项培植费用，应该按照材料、工资、各项费用归集，进行资本化处理，计入林木资产价值中。

小知识 9—8

这里所说的郁闭，是指林冠投影面积与林地面积之比，称为郁闭度，以十分数表示，完全覆盖地面为1。根据联合国粮农组织规定，0.20（含0.20）以上为郁闭林，其中一般以0.20～0.69为中度郁闭，0.70以上为密郁闭，0.20（不含0.20）以下为疏林。郁闭度达到20%以上（含20%）的天然林和人工成林面积，也称为有林地面积。

非经济林木郁闭后发生的管护费用，包括工资、材料等，列入其他支出项目，不作资本化处理。

（2）对林木资产的利用应该按照规定的程序进行。

农家林木资产的利用，主要有采伐出售、对外投资、死亡毁损和贷款抵押等几种情况，应该按照以下原则进行：

①采伐出售的。

应该按照规定，先经林业部门批准，再按照批准的数量进行采伐，然后再按照市场价格出售，出售后应该及时收回货款，并及时结转成本。农家拥有的林木，虽然产权归农家自己，但是，由于林业具有涵养水源、调节大气等环保作用，所以国家对林木的采伐有特别的政策，需要事前报批，并按照批准的规模采伐利用。

②对外投资的。

如果农家将林木资产作为对外投资资本，首先应该对林木资产进行资产评估，以评估的价值作为投资双方的基础价格。当双方确定了最终价格后，确定的数额同平时成本积累的数额如有差异，则在公积公益金项目内调整，进行账面处理。如果合同额大于总成本额，溢价部分增加公积公益金；如果合同额小于总成本额，其差额则减少公积公益金。

③死亡毁损的。

当林木资产发生毁损时，应该按照牲畜（禽）资产的处理原则和程序进行，有保险的向保险公司索赔，属于责任事故的由事故责任人负责赔偿损失。

④作贷款抵押的。

用作贷款抵押的林木资产，应该先由会计师事务所或资产评估部门对林木的价值进行合理评估，然后再按照银行的抵押规定实行抵押。这里要注意的是，由于现在的资产评估部门和会计师事务所实行的是合伙人制度，是市场化运作的，所以在选择林木评估机构时，必须要经当事双方同意。

（3）农家要加强林木资产的财务管理制度。

第一，要建立林木资产的实物管理制度，在林木的实物管理上，要有明确的分工负责，并建立实物管理账册、科学管理、保证林木资产的安全完整，同时在林木的实物上要精心管理，保持林木旺盛的生长状态。

第二，就是加强林木价值量的管理，要建立核算管理制度，特别是成本管理制度，控制成本费用支出，努力降低成本费用消耗，保证林木资产在将来能取得效益。

五、农家无形资产的养护和利用

1. 什么是农家的无形资产

先看一下什么叫无形资产。所谓无形资产是指农家或者其他使用者在生产商品、提供劳务或为管理目的而拥有的那些没有实物形态的非货币性长期资产，包括专利权、非专利技术、商标权、著作权、土地使用权、口碑、商誉等。也就是说，那些可以在农家的生产经营中起一定作用，并能带来经济效益的那些看不见的却又存在着的资产就是无形资产。比如，老张家祖祖辈辈诚实可靠，讲信用，一诺千金，在这一带山川挺出名。他加工出来的食品销售就会比其他人家好。老张家这个诚实守信的口碑，就可以称之为是张家的无形资产。老李家养殖甲鱼有独门绝技，还申请了国家的专利，那么李家的这个专利也是无形资产。

无形资产是农家不可缺少的资源，一个农家，尽管你有一定的技艺，也很能干，但是如果缺少了这一项，比起那些拥有无形资产的人家来说，就等于缺少一条腿，在生产发展中就赶不上人家。那些发展起来的农家或者企业，在创业初期，可能还顾不上无形资产的培养，但是到了发展壮大阶段，就会发现，没有无形资产的农家和企业要进一步发展有多难。那些大卖家为什么会对声誉那么重视，就是为了维护自己的口碑，如果失去了良好的口碑，这个卖家不管它现在的资产有多雄厚、技术多么精良，距离“黄摊”的日子就不太远了。

随着社会和科学技术的进步和市场经济的发展，无形资产对农家的生存和发展越来越重要，它能给农家提供某种法定权利或特殊的经济权利，也能给农家带来高于一般水平的获利能力。所以，目前对无形资产的培养和管理已经成为农村、农民、农业生产和经营特别关注的事项。

小知识 9—9

文明是无形资产　诚信创发展机遇

在辽宁省抚顺县上年村，村民黄秀香被称为“牛奶奶”。在村里最先改良种牛的她淘得“第一桶金”，关键在于一张“道德信贷金卡”。

“有了金卡，我2003年一下子贷了2万元做起了养牛生意。”黄秀香说，自己养牛尝到甜头，全村不少人跟着养牛也赚了钱。村妇女主任魏志秀说：“‘牛奶奶’要感谢自己，她家是‘十星级’文明户，有金卡当之无愧。”

从2003年开始，辽宁省营口和抚顺等城市开始推行以“文明作担保、诚信作抵押”的“道德信贷金卡”工程。经过几年实践，这项工程不仅解决了“银行有钱不敢贷、农民缺钱贷不来”的两难问题，而且探索出一条推动两个文明建设互动双赢的新路子，为农村精神文明建设注入了新活力。

资料来源　《辽宁日报》，2008-12-25。

2. 无形资产的特点

前面提到，为了生产和生活需要，农家需要拥有房屋、建筑物、机器设备、土地等固定资产，也要拥有现金、库存农用物资、生产工具等流动资产，同时还要拥有无形资产。在农家的所有资产中，无形资产是一种特殊的资产，它具有以下的特点：

(1) 无实体性。

这是无形资产最基本的特点。无形资产的使用价值是看不见摸不着的，它存在于人们的思想认识中、口碑和举止言谈中，但是，看不到实物，也就是说，没有实物形态。因此，在使用中，无形资产只存在无形损耗，不存在有形损耗。

（2）独占性，也称垄断性。

无形资产往往是由所有者主体占有，别人不能无偿分享。老李家的专利别人不能白用，要用也可以，但是要花钱买。老张家的诚实守信的口碑，别人家也不可能用上，只有拥有者独自享用。就像饮自酿小烧酒，独坐一处，闷头自斟自饮，别人不能分享。

（3）长期性。

如果不出现“砸牌子”现象，无形资产能在较长的时期内为拥有者服务，长时期为其提供经济利益。

（4）所带来的利益不确定性。

这是指无形资产为其占有者所能带来的未来经济利益具有不确定性。因为，无形资产不能独自发挥作用，它需要依附在其他资产上面和借助于其他资源才能发挥作用。它同农家拥有的其他有形资产的规模、营运状况、市场竞争强弱、国家宏观调控政策、技术与经营服务更新、产品性能与质量等诸多因素直接有关。其他资源的作用如能够正常发挥，那么无形资产的作用也能正常发挥，如果那些资源出现问题，它也同样受牵连。比如，机器设备老化了，加工出来的产品品质不好，那么，你的口碑也会随之下降，也就是说，你的无形资产的价值就会跟着降低。反过来就会不断上升。

小知识 9—10

就专利而言，全世界每年发明和获得的专利很多，但能得到利用的不到10%，大部分均被束之高阁。这就是说，农家即使拥有了专利，若不善加利用，也不一定就能带来效益。

3. 农家无形资产的种类

要了解无形资产，需要先对其分类做一下了解。一般情况下，无形资产有以下几种：

（1）专利权。

专利权是指对某一产品的造型、配方、结构和制造工艺拥有一套专门的特殊权利。国家对发明者对某一产品的造型、配方、结构、制造工艺或工艺流程的发明创造以专利权形式给予保护，包括制造、使用和出售等方面的专利权。专利权主要分成三种形式：一是发明专利；二是实用新型专利；三是外观设计专利。专利权是发明人专有的权利，专利权所有人以外的任何人，如果需要使用该项专利，必须事先取得专利权所有人的许可，并支付一定的报酬。专利权有法定期限，法定有效期期满后，将不受专利法保护。

（2）商标权。

商标权也叫商标专用权。商标是指企业或农家个人拥有的，经过注册并为此发生费用支出的标志。商标是用来辨认特定商品或产品的标志，通常用文字、图形或兼用两者组成。这些权利主要是商标注册人依法支配其注册商标并禁止他人侵害的权利，包括商标注册人对其注册商标的排他使用权、收益权、处分权、续展权和禁止他人侵害的权利。

小知识 9—11

商标的续展权：是指商标注册人在注册商标保护期期满前 6 个月或期满后 6 个月宽限期内，由商标权人申请，向国家工商行政管理总局商标局请求注册商标续展的请求权。

商标权的特点是：

①独占性。

商标一经注册，就成为特定的标志，享有独占权，他人不经允许不得采用相同的标志。

②地域性。

商标权只在注册的国家和地区有效，在没有经过注册的国家和地区无效。

③时间性。

在我国，注册商标有效期为10年，有效期满后，商标权人如果希望继续使用商标并得到保护，须在到期前半年内办理有关续展手续，获准续展的注册商标，其商标权仍然存在。

小知识9—12

品牌效应与无形资产——农民为土豆注册商标

黑龙江省望奎县东郊乡农民委托党委书记进京，为其生产的土豆进行注册。经国家商标局核准，该乡为目前二村的马铃薯披上了金色嫁衣，“黄麻子”成为中国薯类第一品牌。恐怕再也没有比土豆更土的产品了，可农民们却不惜投入，为其诚心诚意注册了商标，这到底是为了什么？答案只能是一句话：是为了树立自己的品牌。也许他们当初并没有想到，他们的品牌意识和行为，无意中却为他们创造了“中国薯类第一”的品牌效应。

资料来源　饶文：载《中国民营科技与经济》，1998（8）。

（3）专有技术。

专有技术也称非专利技术，是指农家个人或企业拥有的未公开的、未申请专利的专门技术秘密或诀窍，包括先进技术、资料、技能、工艺流程、材料配方、经营管理中的特定有效办法等，也包括专家、技术人员和工人掌握的不成文的经验、知识和技巧。

专有技术同专利权的区别是：

①专利权要向社会公开技术内容，而专有技术则是保密的。

②专利权在法定期限内受法律保护，而专有技术则不享受专利法的保护，拥有者主要依靠一定的保密手段保护其对技术的独占。

③专利权在法律保护上是有期限的，而专有技术则不存在保护期限的问题，只要未被他人所知，就可以无期限地使用。但是，技术一

旦泄露，则任何人都可以使用。国际著名饮料可口可乐的配方就属于专有技术，该企业依靠这种独特的技术在国际饮料界中独领风骚一百多年，由于其独特的口味深受西方多数人的欢迎，蕴藏着巨大的商机，所以，多少年来有很多人煞费苦心想破译这个秘方，但是到今天为止，仍然没人能够破译。

专有技术虽然未经专利保护，但是由于拥有无法替代的技术秘密，并已经形成公认的价值，可以列为无形资产管理。同样，为了保护好这个资源，拥有专有技术的单位都有一套专门的保密措施。

(4) 商誉。

商誉是指一个单位由于地理位置优越、生产技术先进、服务质量高、物美价廉或历史悠久、经验丰富等原因，在市场上长时间积累的超出一般水平的商业荣誉，这种荣誉得到了市场的认同和肯定，形成无形资产，会给拥有者带来特殊的经济效益。一般情况下，商誉是在生产经营中天长日久积累而成的，平时（购买的除外）没有特别的支出，所以，平时不作为无形资产入账管理，只是在售卖时或兼并时才确定其价值。但是，商誉需要拥有者时时刻刻地维护，一旦受到损害，需要付出很长的时间和资金上的代价才能恢复，所以，商家对商誉的维护如同爱护生命。

(5) 土地使用权。

土地使用权是指单位或者个人依法或依约定，对国有土地或集体土地所享有的占有、使用、收益和有限处分的权利。按照国家会计制度的规定，企业取得的土地使用权被列为无形资产管理。

4. 无形资产的维护和管理

由于无形资产具有上述的特殊性，所以农家应该注意发现和维护无形资产，使其不受损害，为农家提供更多的经济利益。一般情况下，农家应该从以下方面努力：

(1) 正确认识无形资产的收益与风险。

无形资产具有长期超额收益能力，但无形资产的取得比有形资产的取得具有更大的复杂性。一般来讲，外购的无形资产通常都要花费较大的支出，而农家内部自创的无形资产也要经过多年的苦心经营，不断积累才能得到。无形资产一旦丧失，对农家的影响比有形资产更深远、更重大。因此，在无形资产投资决策中，一定要考虑到它的风险性，谨慎选择。特别是对需要外购的专利，一定要认真甄别其真正的用途，避免购回用处不大或没有实际意义的专利技术。

（2）正确进行无形资产计价。

无形资产的计价不能直接套用有形资产的计价方法，应从具体情况出发，充分考虑无形资产的成本、收益、寿命、风险等因素，针对各种无形资产的不同性质和特点，采用不同的计价原则和方法。

（3）合理进行无形资产摊销。

随着时间的推移，无形资产在使用中其使用价值会逐渐丧失，价值也会逐渐转移。因此，无形资产的费用应当自取得当月起在预计使用年限内分期平均摊销。通过摊销，可以反映各种条件变化对无形资产价值减少的影响程度。无形资产的摊销同固定资产折旧一样，同样会影响农家某一时期的利润水平以及现金流量状况，因此，农家可以参照工业方面的规定正确计算无形资产摊销额，合理进行资产摊销。

（4）充分发挥无形资产的效能，不断提高其使用效益。

拥有无形资产的目的是取得最大的经济效益。农家一旦拥有就要充分发挥无形资产的效能，不断提升和发展自身的经济实力和获利能力；利用无形资产尽可能快地筹集资金，如从银行贷款、发行股票、债券等；充分利用已有的商誉，在商品购进、货源占有、价格、结算方式等方面取得优势；充分利用商标权和专利权，积极发展横向联合；对现有无形资产实行有偿转让或者有条件转让等。

（5）保护和发展无形资产。

农家在形成和积累无形资产过程中付出了长时期的代价，同样，保护和发展无形资产也需要付出同样的代价。对不同的无形资产需要采取不同的措施，如对专利权的保护重点是防止其在法定年限内被剽窃；对商标权的保护重点是应及时登记注册，并注意其有效期的延续；对非专利技术，如无法律保护，就应严守秘密、防止失窃等。对于盗用企业商标权或商誉牟取利润的，应运用法律手段，维护农家的合法权利。

小知识 9—13

中国宣纸的教训：中国宣纸素有“千年寿纸”、“纸中之王”的美称，尤以安徽宣州泾县所产者为最。某国对此制作技术垂涎已久，曾派出情报人员到宣州刺探，但多次碰壁。但后来，该国人转到了邻省的一个县，得到一家造纸厂的热情款待，不但有问必答，而且连蒸煮原材料的碱水浓度这样的细节也详细介绍，临别时还赠送了使用原料的样本作纪念，而这家纸厂正是在泾县造纸厂的扶持下建立的。此后，该国利用在这个厂得到的信息也生产出了宣纸，并宣布在世界宣纸产量中，它们已经达到第二位。

5. 无形资产的价值怎么确定

农家拥有了无形资产，有时就想估量一下它的价值，如果是外购无形资产也需要知道价值怎么确定，这就需要了解一下其价值的确定方法，否则无形无影，也无从下手。

无形资产的计价方法有以下几种：

（1）按照取得时多花费的成本计价。

按形成或取得过程中的实际支出为基础计价。如土地使用权，就要以实际支付的征地费计价。这是最基本的一种计价方法。

（2）按照预计可能取得的效益计价。

在这种方法下，可以以无形资产使用后在近期和未来若干年可能实现的收益额为基础计价。对诸如专利权、非专利技术和商标权等无形资产的计价，可以按照其价值与其创造的收益进行计价。

（3）按照行业对比计价。

通过对国内外同行业或相近行业无形资产的计价水平的分析确定其价值。对某些无形资产，如商标权、商誉等，也可以从国内外同行业或相近行业无形资产的计价水平中，测定出适合该种无形资产的计价标准，同时根据拥有者及所产产品的知名度、历史长短等有关因素确定其价值。

（4）按照技术寿命计价。

对技术性强或其经济效力主要是由技术寿命决定的无形资产，可以以技术寿命的长短作为主要的、决定性的因素确定其价值。

（5）协商计价方法。

中外合资、合作、技贸结合等引进的某项技术，可根据国际商业信息，选择适当时机，通过双方协商谈判确定其价值。

那么，无形资产取得时的成本怎么计价？如上所述，无形资产计价是一项较为复杂的工作，要考虑其成本、收益、寿命、风险等因素，遵循不同的计价原则，采用适当、合理的计价方法进行。根据现行制度规定，无形资产在取得时，应按实际成本计价。以不同方式取得的无形资产，其实际成本应按以下方法确定：

对农家自行开发的无形资产。农家自行研发并按法律程序申请取得的无形资产，按依法取得时的注册费、聘请律师等费用，作为无形资产的实际成本。在研发过程中发生的材料费用，直接参与开发人员的工资及福利费，开发过程中发生的租金、借款费用等，直接计入当期损益中。

对购入的无形资产。农家从其他单位购入的无形资产，应当按照实际支付的价款作为实际成本。

如果是投资者投入的无形资产，也就是农家在经济合作过程中，接受了投资单位将无形资产作为资本金投入，这时，应按投资各方共同确定的价值作为实际成本。如果是首次发行股票而接受投资者转入的无形资产，应按该无形资产在投资方的账面价值作为实际成本。通过债务重组取得的无形资产。企业以债务重组方式取得的无形资产，按照债务重组的规定确定其实际成本。企业接受的债务人以非现金资产抵偿债务方式取得的无形资产，按应收债权的账面价值加上应支付的相关税费作为实际成本。涉及补价的，受让的无形资产的实际成本计价为：

（1）收到补价的企业，按应收债权的账面价值减去补价，加上应支付的相关税费作为实际成本；

（2）支付补价的企业，按应收债权的账面价值，加上支付的补价和应支付的相关税费，作为实际成本。

小知识 9—14

贵州省 520 万农户参加信用评级 信用农民的无形资产

截至去年年底，我省已有近一半的农户凭借一个小小的《信用贷款证》就可获得贷款，贷款总额达到了 96 亿元。这种贷款全称为农户小额信用贷款，是农村金融机构——农村信用社基于农户信誉，向农民发放的不需抵押或担保的贷款。

与一般的农村小额贷款不同，这一贷款的关键词为“信用”二字。息烽县农村信用联社主任周云荣把这一贷款通俗地解释为：“穷可贷，富可贷，不讲信用决不贷。”

2002 年，《贵州省农村信用合作社评定信用农户、信用村（组）及信用乡（镇）实施办法》正式公布，明确以农户的信用评级作为贷款依据，最高可以贷款 1 万元。

信用农户、信用村等新鲜名词迅速在全省乡村普及开来。到去年年底，全省已经对 521 万农户进行了信用评级，超过全省农户总数的 60%。其中发放《信用贷款证》的农户已达 413 万户，已经有 385 万农户获得了信用贷款。此外，根据有关规定，我省还“诞生”了 805 个信用村，农民贷款容易了。

信用社是农村金融服务中的主力军。但是，“贷款难”一直困扰着农村经济的发展。农户与信用社之间缺乏应有的信任，信用社担心农民不能按时还款，农民畏惧信用社“门槛太高”，使得农民“贷款难”，信用社资金匮乏的状况在农村普遍存在。

息烽县养龙司乡灯塔村村委会主任姜国礼说：“以前就算只贷

1 000块钱，也要有人担保，有东西抵押，手续又繁琐，要找信贷员，又要找信用社主任批，跑上好几天，还不一定能贷下来。”“现在，只要我们拿着《信用贷款证》和身份证就能贷到款，总共还花不了20分钟。”

2002年，灯塔村村民张永能贷款3 000多元，种植了4亩蔬菜，养了4头母猪。不到一年，张家不但还了贷款，还买了一台拖拉机，为村里正在修筑的公路拉土石方，收入跟着拖拉机的车轮一样跑得越来越快。2003年，灯塔村农户的贷款总额为23万元。今年，村民们的贷款额仅有8万多元。姜国礼说：“大家现在手里都有些余钱了，自然就不用再贷款了。”依靠信用贷款，灯塔村已发展成远近闻名的外销蔬菜基地。

不仅是灯塔村，信用贷款已经普遍成为农村产业结构调整的“助推器”。遵义市红花岗区新场村、程鼎村依托遵义市乳品公司发展奶牛养殖，信用社向100多户农户发放贷款，购买奶牛800头，每头奶牛每年可获利8 000元。贵阳市花溪区青岩镇发放贷款100多万元支持该镇农户种植黄花梨2 000多亩、科技林果基地1 005亩、特色蔬菜基地2 000亩、生态农业观光基地1 000亩，形成了初具规模的产业基地，拉动了当地经济的发展。

按照有关规定评定的信用村、信用乡镇也像信用农户一样，可以享受利率优惠、贷款优先的政策。因此，很多地方都在争先戴上“信用”帽子。据了解，息烽县现有11个信用村，今年还计划发展50个信用村。

息烽县小寨坝镇正在争取成为该县的第一个信用镇，镇长任正刚透露：“我们政府曾经向银行申请一笔300万元的贷款，从上一任镇长跑到现在，光路费、出差费就花了几万块，还没办下来。所以，我们打算申请成为‘信用镇’，这样不仅贷款会容易得多，还可以享受利率优惠。”

信用等级不是终身制的，信用贷款在农村推广，其存在的前提是农民开始有了个人信用等级。根据《实施办法》，信用农户评定小组由信用社主任、信贷员、村“两委”主要领导，村民组组长和信用社社员代表等共同组成。评定小组在详细地实地调查每个农户的基本情况后，确定农户的信用等级，核定其贷款限额，按等级发放贷款证。“信用村”的长匾高挂在灯塔村的村门口，这不仅是村民们共同的荣誉，也是村域经济发展的“起搏器”。灯塔村村委会主任姜国礼指着新建的蔬菜基地告诉记者，这就是用信用贷款发展起来的。

信用农户的评定分为三个等级：优秀、较好、一般。等级不同，其贷款限额也不同。例如，优秀农户贷款限额为 10 000 元；较好农户贷款限额在 5 000 元。

值得注意的是，信用等级并不是终身制，而是年审制，信用社为信用农户建立资信档案，对其信用等级、贷款金额等进行记录，实行动态管理。信用记录良好，信用等级可以上调；反之就下降。省农村信用联社业务发展部周慈文副处长介绍，“信用贷款还是有一定的风险，对于不守信用的农户坚决不予贷款。对没有按时归还贷款，或者没有按照贷款用途使用贷款的农户，一经发现，就会被降低信用等级，甚至收回《信用贷款证》。”

有借有还，再借不难。动态管理为信用贷款上了一把保险锁，使按时还款成为农户们的自觉行动。事实上，农户们贷款的金额都比较少，贷款周期也比较短，一般是用贷款购买化肥、种子等生产资料。一旦有了收成，便会及时到信用社还贷。

周云荣主任说：“信用等级低，农户在村里也抬不起头，而且，按时还款以后，他们也可以很容易地再贷款。要是遇到特殊情况，实在还不了款，一般都会到信用社办一个延期手续。”

数字上的反映更为确切，全省信用贷款的到期还本付息率在 90% 以上，而 2003 年全省信用社的不良贷款率也比 2001 年降低了 18.1 个百分点。

这一系列的行动，不但服务农民，也提高了信用社在农民心中的信誉和地位。信用社得到了农民的理解、信任和支持。随着“三农”经济的发展，全省信用社各项业务稳步提升。1999 年至 2003 年年底，全省农村信用社累计使用支农再贷款111.4亿元，按4%的利差计算，可增加3亿元收入。目前，小额信用贷款已经占到全省信用社贷款总额的60%以上。截至2003年年底，全省农村信用社各项存款比1999年增加了100.4亿元，增长了129%，仅2003年就比2002年增加34.5亿元。

资料来源 《贵州日报》，2004-04-07。

六、管好用活原有的资产

1. 农家值“万贯”，重要的是懂得珍惜

“敝帚自珍”是常用的一句成语，意思是要珍惜你拥有的一切，就是一个破扫帚也不愿扔掉。对农家理财来说，就需要这样的精神。前面说到，社会主义新时期的农家，都拥有一定的资源。比如，拥有一定的承包土地，虽然没有这些土地的所有权，但是却拥有长久使用权，这是农家安身立命的根本；有的还拥有山林、房产、庭院；除了基本的生产和生活资料以外，每家还拥有其他资产。如果综合算起来，一般的农家都可以称得上拥有万贯家财了，这些资产数量，如果是在新中国成立前，很多农民都应该被划为“小财主”。所以，每个农家都应该睁大一双慧眼，重视家庭里原有资产的管理，把每天面对着的，甚至熟视无睹的这些财物，看成是宝贵资源，要看重它们，还要管好它们，更要利用好它们。

目前，在农家原有资产管理方面，存在的问题可以归纳为以下几类：

（1）重财产积累，不重视财产的商品化利用。

我们知道，资产在经济学上的解释是用以产生收益的财富。如果从这个角度看，财产就是财富，是有价值、有用的东西。那么，财产就是资产吗？财产肯定是财富，但是并不一定是资产，财产只有通过一定的市场交换，经过一定形式的流通才能成为资产。譬如说，农家盖的房屋，如果仅仅用于居住，那就只能叫财产，但是如果用它开饭店或出租，这时，就变成资产了。这里，开饭店或出租就是财产的交换和流通，交换和流通的目的就是通过交流来获得收益。一些农民兄弟，经过多年的努力，积累下许多土地、山林、房产、林木和牲畜等资产。虽然财产积累下了，但是却停滞在那里，没有开发利用起来。结果造成手头因缺少现金急得团团转，而可以利用的资产却在那里睡大觉，在闲置。这种情况就是把财产仅仅看成是“死物资”，没有看成是“活资产”，更没有进行商品化利用。

（2）重实物管理，轻视价值管理。

市场经济有一个特征，就是可以用来交换的物资都能价值化，都可以用“钱”的形式来表现和反映。因为只有这样，才能把所有的东西用一个尺度表现出来，以便于比较。农家也是一样，也要不断地进行比较，才能知道自己经济上的差距。比如，今年比去年是进步了还是退步了？今年我家的财富已经有多少了？我家比隔壁李家谁富裕一些？我承包的山林上长的树木今年已经5年了，这些树木现在能值多少钱等等，这些是需要经常琢磨的问题。那么要想知道这些，只有把你家的财富和隔壁家的财富都价值化了以后，然后用“钱”这一标准来比较和衡量才能找到两个家庭的经济差距。不仅如此，农家还要经常同政府、银行、其他经济组织打交道，凡是经济上的交往，也都要用“价值”这个指标为尺子来说话，才能说明白。

在实际的生产和生活中，农家往往缺乏用价值的眼光来看待资产，平时注重的是实物管理，对价值管理就往往忽视。大多数农家，善于用脑子记事，不善于用账本记事，致使农家的经济活动，缺乏记录而杂乱无章，自然也免不了“丢三落四”，由此带来的财产损失自然不也少。

（3）习惯“一锅粥”式管理，缺乏分类管理。

把各种事物，按照属性分类，然后根据类别的特性进行有针对性地管理，是现代管理的一大特征。这个规律对农家的物资管理也适用。但在目前的大多数农家中，对财产的管理，基本上是“一锅粥”式管理为多，家庭的各种物资，在实物管理上，缺乏科学管理意识和手段，在价值管理上也是“葫芦搅茄子”，分不出类别。这种情况，给农家经济和财务管理上带来的问题也是比较多的。

笔者就曾遇到一个养鹅专业户，一段时间里成天唉声叹气、愁眉不展、一直抱怨，养的这一批鹅亏大了。他是这样算账的：共养了500只鹅，一共卖了40 000万元钱。租用2年的场地花了20 000万元钱，买雏鹅花了4 000元钱，买饲料粉碎机花了8 000元钱，买饲料花了10 000元钱，打防疫针花了1 000元钱，雇工花了3 000元钱，算下来养这批鹅亏了5 000元钱，如果加上自己操的心和出的力，还远不止这个数。其实，这位朋友是把应该分期负担的固定资产费用一股脑算到这一批鹅的身上，所以，结果是亏损。正确的算法应该是：场地租期是两年，每年可以养两批鹅，本批鹅应该负担的场地费是5 000元钱；粉碎机可以用5年，每年每批鹅应该负担800元钱，依此类推，总计本批养鹅的成本应该是23 800元（5 000+800+10 000+3 000+1 000+4 000）。这样算，养这批鹅，他总共赚了16 200元钱（40 000−23 800）。当把这个结果算给他后，这位朋友又破涕为笑。如果能把资产分类理清，并能按照资产的属性计算应分摊的费用，这位朋友就不会白白懊恼了好多天。这就是“一锅粥”式管理的结果。

2. 不能“肉烂在锅里”，农家资产也要分类

在农家理财中，最要紧的两件事情就是生产、投资和对财产物资的管理及利用。要管理并利用好财产物资，首先就不能用“肉烂在锅里”的做法。以为都是我的家产，什么缺了就买什么，什么坏了就换什么，所有的资产都混在一个锅里，用东北菜“烂炖”的做法，搅和在一起。这种做法是传统家庭过日子的理财方法，不适应市场经济下农家的生产经营。比如，如果不对资产分类，就没法分清资产的属性，也就没法准确计算固定资产的折旧，那么在农产品的价格制定上，有可能高于其他人家，就会出现销售难的问题。同时，在年终决算时，也不能准确算出今年的总成本和纯收入数。所以，农家理财，一定要在观念上和实际管理中，把资产进行分类，应该像“小葱拌豆腐”那样，把资产理得“一清二白”，然后再按照资产的特点和属

性进行管理和利用。所以，在农家理财中，理清资产分类的用意就在于使农家掌握各种资产的属性和特点，以便管好和用好这些财产物资，能使农家所有的资产都别闲着，都活跃起来，为农家创造财富。

根据农家的特点，农家的全部财产可以分成流动资产、固定资产、农业资产和无形资产四大类。应该按照这四类资产的特点，采用相应的管理办法加以归类并做好记录，实行合理的管理。

3. “四两拨千斤”——利用好农家的货币资金

农家拥有的货币资金，主要包括手持现金（在会计上叫库存现金，两者可以通用）和银行存款两部分。如果再放大一点，还应该包括外币、国库券等有价证券。这里所说的货币资金只是指库存现金和银行存款两部分。

在农家拥有的所有资产中，现金是最活跃、使用价值最大的流动资产。现金可以用来购买任何商品，又代表着一个家庭的直接支付能力。现金运用得好，就会起到“四两拨千斤”的作用。平时我们常会看到这样的现象，一个家庭虽然经济殷实，可是往往因为拿不出现金急得嗷嗷直叫。我们还经常见到，穿戴“新整”的一家之主，在突然遇到的事情面前拿不出现金来处理，场景非常尴尬，真可谓“一分钱难倒英雄汉”。反过来，如果手里持有大量闲置的现金，不仅不安全，而且闲置着，无疑也是在浪费宝贵资源。农家要把现金作为一项重要且特殊的资产进行管理。农家现金管理总的要求是安全完整、存量适当、使用及时。具体来说，应该做到以下几点：

（1）现金收支要有计划。

在日常生产和生活中，现金的使用频率最高，应用范围最广，是保证家庭生产和生活这部机器能够运转的特殊“润滑油”，也是最容易被忽略的资产。但是现金很容易被盲目使用，有钱时容易大手大脚，无钱时又会缩手缩脚，发挥不了现金的特殊作用。所以，做好现金收支的计划就尤为重要。计划是对未来一定时期的事物进行的安排。农家的现金计划就是对下一个时间段（一个月、半年或一年）的现金收入和支出所作的打算。

农家要想把生产和生活安排得井井有条，就应该在每月的开始时，利用一小会儿时间编制出当月现金收支表，用以控制家庭当月的现金流动情况。以下的表样，可供参考：

王富家庭现金月控制表

年　月

日期	上月结存	本月支出		本月收入		短缺或剩余	短缺现金筹集办法
		项目	金额	项目	金额		

现金月控制表可以每月编制一次，通过这个表，来计划并控制家庭这一个月中生产和生活需要的现金流动情况。对于现金管理，如果平时能做到心中有数，到用时就能信手拈来，不至于临渴掘井或者“现上轿现扎耳朵眼”，也不会出现被一文钱难倒的窘况。

（2）保持合理的现金手持数量，但不能将现金地下窖藏。

有了以上的计划表以后，就可以知道了什么时候需要现金，平时应该手持多少现金了。也就是保持好现金的合理手持数量（或叫库存现金数量）。为了应付各方面需要，平时，农家一定要保持一定数量的库存现金，但是库存现金并不是越多越好，因为资金如果停在现金阶段，就意味着要减少一定的银行存款利息收入，也会丧失掉一些短期投资的机会，同时手持较多的现金还容易发生丢失，即使有隐秘的保管地点也容易出现意外损失。所以，应该有一个合理的限额。可以办一个银行卡，将自订限额内的现金在卡中保管和使用，把超过限额的部分及时存入银行定期存款账户中，以便取得较多的银行利息。也可以寻找合适的其他短期投资机会，如购买国库券、政府债券等，如果能确保资金安全并且又有较高的回报率，也可以适量购买某种股票，以便获得更多的现金收益。

（3）足额、及时，应收尽收——做好现金的收入管理。

农家的现金收入一般多集中在农副产品销售季节和年中岁末，平时并不很多。但是现金的支出却是每天都要发生，可谓“收支两条线”，所以，现金收入和现金支出两者并不是匹配的，并且在数额上也不相等，可谓“入之涓涓，泄之浩浩”。所以，把现金收入抓好，是农家理财的关键。农家对现金收入管理的主要目的是：要足额并尽可能加速收回应该收回的现金。为了达到这个目标，应该做好以下工作：

①完整及时收回现金。

第一，对应收的现金，要及时收回，力争不过夜。同时要坚持先收钱后放物资，在现金没确认收到前，即使“说破天”，物资也不能出土，即使已经出土也不能运走。否则，后续催收欠款的工作会格外消耗农家的精力和财力，发生不必要的收账成本支出，如后续将发生催款的电话费、差旅费、耽误工时费，还有可能形成呆账（呆账是指还款时间已经超过一个月，仍然呆滞在应收款状态的欠款。再严重一步就是坏账，坏账就是很难要回的欠款）。

第二，要足额收回，并争取一次结清。有很多不良商人，容易钻农民朴实心理的漏洞，在货款支付上不一次结清，留一点小尾巴，时间一长，农家容易忘掉，商人借此捡一点尾欠的小便宜。如果买家确实属于正常尾欠，农家也要在应收账款上详细登记，并及时催要。

②）要尽量减少现金的浮游时间。

所谓浮游现金是指本来归农家本人所有和支配的现金，却停滞在银行结算、银行和邮局票据传递、银行划转等状态上，使之暂时无法使用的资金。这部分现金，虽然已经归属本农家所有，但是由于还浮游于以上环节中，暂时不能被本单位所运用，也不能产生利息收入和效益。所以，农家要尽量减少现金的浮游时间，争取早日进入账户，让其早日发挥作用。那么，怎样才能减少现金的浮游时间呢？

第一，如果产品销往外地的客户，对方不支付现金，而需要通过银行划转，则要尽量缩短客户付款票据的邮寄时间。主要的目的是力争使款项早一天到达账户。因为，早一天到达，就可以早一天存入银行户头，也可以多得一天的利息。如果早一天用于生产经营，就可以增加销售收益。如果用这些钱偿还债务，就可以少支付一天的利息，也少一天的信用损失。所以，应该督促对方选用最快的邮递方式传递票据。

第二，要尽量缩短票据在本人手里停留的时间。在同城结算使用支票支付货款的方式下，要及时将收到的支票存入银行，要做到存款不隔夜。

第三，要加快现金存入银行的时间。财务人员应该熟悉银行的几个关键时间，使存在银行的资金早一天发挥作用。在一般情况下，银行处理业务有三个时间段：

A. 存款受理截止时间。

是指银行规定的存款受理截止时间。农家只有在这个时间前存钱，银行才会受理此项业务，否则，就算做第二天的进账。

B. 停止入账时间。

是指银行规定的当天银行入账停止的时间。过了这个时间，就转入下一个工作日。如，银行规定 16 点停止入账，农家如果是在 16 点 1 分去存储现金支票，那就意味着这笔款被视为第二天存入的，就少得一天的利息。

C. 资金到账时间。

是指银行规定的存款人可以支配存款的时间。在这个时间前，虽然款已经存入银行，但是存款人还不能动用这笔钱。

农家应该掌握银行的这些时间规定，可以使存在银行的资金在最早的时间内发挥作用，多一天得到利息收入。

(4) 管好银行存款。

农家对银行存款的管理主要体现在合理合法开设和使用银行账户上。按照银行规定，私营企业、个体经济户、承包户和农户个人都可以在当地银行开设账户。在银行设立账户主要有以下四类：

①基本存款账户。

是农户办理日常结算和现金收付的账户。一般情况下，农家只能在一家银行或信用社的一个营业机构开立一个基本存款账户，不得在不同的银行或信用社开设多个基本存款账户。也不得在一家银行的几个下属机构开设几个基本存款账户。农家生产经营日常开支的现金支取都在这个账户中进行。

②一般存款账户。

是在基本存款账户以外的银行下属的营业机构开立的账户。一般存款账户是存款人在基本存款账户以外的银行借款转存、与基本存款账户的存款人不在同一地点的附属非独立核算单位开立的账户。存款人可以通过一般存款账户办理转账结算和现金存入业务，但不能办理现金支取等业务。

③临时存款账户。

是农户组织因临时经营活动需要而在银行开立的账户，如临时性的大额采购等。存款人可以通过该账户办理转账结算和根据国家现金管理规定办理现金收付。

④专用存款账户。

是农户在银行开设的用于特定用途的存款账户。当农户有大额的基本建设专项资金或其他专门用途的资金拨来时，可以按照管理要求办理专用存款账户。

除此以外，如果农户有产品外销或同国外有经济往来，还可以在中国银行的下属营业机构开立美元、港币、日元、马克、法郎等6种币种的外汇存款账户。

农户对以上各种存款账户，要按照银行的要求使用：

第一，以上账户，只能供存款人办理本身的经济业务，不得出租、出借或转让；

第二，有足够的资金保证支付，不能签发空头支票。

正是：

农家资产无外延，
有形无形都沾边。
牲畜家禽全饲养，
五业[1]八技[2]齐撒欢。
家有万金要会治，
农家不怕小而全。

① 五业指农村里的：种植业、养殖业、加工业、运输业、建筑业。

② 八技是指涉及农业方面的种、收、管、铁工、木工、编织、科技、气象等八个方面的技艺。

话题十　可扩大的财富——怎样寻找农产品市场

经济从来靠市场
国外照样有风光。

一、国内市场上如何销售农产品

1. 蹲地头，还是跑市场——农产品营销策略

经过春耕夏锄的劳作，农家的产品终于成熟，可以出售了。面对地里沉甸甸的农作物，这个时候也是农家容易犯愁的时候，怎么卖呢？这里就要碰到两种选择：一是蹲在地头，等待客商上门买货；再一个就是主动出击，去跑市场，主动寻找客商，争取自己找销路把产品卖出去。这就涉及到农产品的营销策略如何制定的问题。营销策略就是以市场为导向，以满足顾客需求，实现商品交换为目的，分析市场、进入市场和占领市场的一系列活动。市场营销对农产品来说尤为重要，它是决定一年的劳动成果能不能换回钱的重要环节。特别是在近几年，农产品始终处在国内、国外激烈的市场竞争状态下，农产品始终处于买方市场，农产品的生产者处处是在被动的地位上，如果营销的方式方法不对路，稍不留神，农产品在价格上就会吃亏，严重的话，一年的劳作会得不偿失。所以，要想把农产品卖个好价钱，就要研究怎么营销的问题，也就是营销策略。有了合适的营销策略还要选择合适的营销方法，只有策略和方式、方法都对路，才能卖到好价钱。

(1) 产品卖给谁?

制定合适的营销方向。农产品营销的第一步就是明确农产品卖给谁。从去年开始，日本的大米在一些超市上架销售，每市斤的价格一般是45元，而我国的优质大米一般才卖到1.5元到2元钱。为什么日本的大米比中国的大米贵20多倍?它们是怎么制定营销方向的?

当我们决定种植或者养殖一个农产品品种时，第一要考虑的是:我这个产品准备卖给谁?是国内销售，还是向国外销售?如果是国内销售，是销往本地区还是外地。第二是准备卖给什么阶层的人，是高收入人群?还是普通收入人群，或者是低收入人群?然后根据这些信息来确定是内销还是外销?是走高端销售路线还是走中端销售路线?或者是走低端销售路线。这些就是农产品营销方向的问题，也是明确农产品向什么样的人营销的问题。日本的大米走的是本国内销售和国外销售两个方向同时并举的策略。同时，向我国销售的日本大米，走的是高端销售路线，销售的人群是高收入人群。他们是这样分析的:中国全国人均收入水平虽然不高，但是，收入水平不平衡。东部沿海地区、京津地区、长江三角洲和珠江三角洲地区的人均收入水平已经达到或超过中等发达国家水平。这些地区的富裕人口已经达到近三个亿，这些人群里，有一部分潜在的日本大米消费市场，这些人，只要大米品质好，就不在乎价格高低。他们的眼睛就盯住这一部分人的口袋。所以，他们定的销售价格就敢比国内一般的大米贵。至于贵多少，要看当地的消费水平来定。他们在中国之所以敢定高于20多倍的价格，就是分析了我国高收入人群在大米消费上所能认可的价格水平。我国有的农户在这方面做得也很好，他们饲养的森林鸡下的鸡蛋，在上海就卖到4元钱一枚，是普通鸡蛋的十几倍。之所以敢定这个价格，一是产品的品质确实有特点；二是他们也分析了上海人的收入情况和上海有钱人的消费理念。明确产品卖给谁，实际是确定消费目标，只要销售目标定准了，对目标的研究又比较细，才能有好的销售开端。

（2）选择恰当的营销策略。

有了农产品的营销方向以后，就明确了农家所生产的农产品销售给谁的问题。但光有这些还不行，还要有具体的营销策略，才能把产品按照这个策略生产出来，并且把这些有特色的产品顺利卖出去。

2. 寻找顺畅、快捷的营销渠道

农产品从地头到消费者的手头上需要一个通道，这个通道就是农产品的营销渠道。目前农产品的营销渠道主要有三条：

第一条是自产自销。

农家生产出来的农产品直接销往国家的粮食收购点，或者自己背筐挑担蹲市场卖。这种方式直接，没有中间商“扒皮”，所得的收入全部归农产品生产者。但是，自产自销也有成本高的问题，农民必须要占用一定的时间去售卖，还要花费运费、市场管理费等，有的城市城管部门还有一定的限制（比如严禁沿街叫卖等），甚至被满街驱赶，售卖的数量也受人力的限制。

第二条是通过农产品中间商售卖。

一般的做法是将农产品在地头上卖给商贩，然后再由商贩卖给消费者。这种方式对农户来说虽然方便、省时、省事，但是却要忍受商贩的价格“盘剥”，特别是在农户不掌握相关信息，也不知道当地行情，又没有商谈价格技巧的情况下，往往产品被商贩压低价格收购。

第三条就是通过超市向消费者销售。

这种方式是符合目前市场趋势的营销方式。因为，以前在农产品销售上，是以农产品生产为中心，农民生产什么，消费者就买什么。现在则是反过来，消费者需要什么，农民就生产什么。那么消费者的需要是通过什么渠道反映给生产者的呢？那就是超市，通过超市里集中的购销信息把消费者的需求情况反映给生产者。在这种方式下，农产品的营销渠道是“农家——超市——消费者”。这种渠道环节少、物流快捷、成本低、效率比较高，已经成为发达国家农产品销售的主渠道，在全球形成发展趋势。比如美国，有78.5%的农产品是通过这个渠道销售的，只有20%的农产品通过“农家——批发市场——

商店——消费者”的传统农产品营销渠道销售，通过农民的集贸市场销售的农产品只占1.5%。

3. 如何给你的产品定个合适价格

有了营销策略，就有了生产和销售的大目标。但是，光有大目标还不行，还要定具体的价格。在价格制定上，有一些方法应该掌握，只有掌握了这些方法，再参考同类产品的市场价格和政府的指导价格，最后才能确定一个合适的具体价格，以便能使农产品顺畅地销售出去。在具体售卖过程中，还可以适当运用一些促销方法，以便更快捷地把产品卖出去。这些方法主要有以下几种：

(1) 农产品常用的定价方法。

①投机定价方法。

所谓投机就是抓住时机以谋取更多的利益。在价格制定上，也可以利用这个办法来赚取更多的收益。我们在商品销售过程中，往往会遇到一些特殊的机会，如碰到一个大型活动，一个重大节日，一个季节的变化，一个突然的气候变化或者一项对公众影响较大的事件(如突遇 H1N1 流感）等，这些特殊的机会，往往会带来对某种商品的特殊需求。如果销售者及时地抓住这个机会，就可以在价格上获得更多的收益。

这些特殊机会，分三类情况：

一类是可以预先知道的机会。

如节日、重大活动等。对这类机会，农家要提前计划，做好准备，并制定出合适的价位，在适当的时机里把产品推向市场。一般情况下，这个时候的价格应该适当地提高。重要的是，农家应该提早打算，把握住这个特定的机会。

第二类是突遇的机会。

这类机会，人们预先并不知道，属于突遇，如2003年的“SARS病毒”、前几年的H1N1流感等。这些机会，会带来某种产品的市场需求量突增，如“SARS病毒”流行时的中药板蓝根的消费量剧增。如果反映及时，农家抓住了这类机遇，会得到较大的价格上的收益。

第三类是由于一项新研究成果的问世或者由于其他生产者对当年的市场估计有误，造成某种农产品市场紧俏。

这种时候该种商品就可能出现市场上供不应求的情况，如果农家能够抓住机会，可以提高售价。同样，在农产品过剩时则需适当降价销售。

②按照消费心理定价方法。

不同的消费群体，有不同的消费心理活动。有钱的人希望“新”、“奇”、“特”，“不买最好的而买最贵的”，以显示身份与众不同；一般的收入人群则希望价格实惠一些，大众化一些。目前社会中还有个异军突起的消费群体，他们就是 20 世纪 80 年代后出生的独生子女，简称“80 后”，俗称“QQ 族”或“新新人类”。这些人在消费上充满大胆与叛逆行为、不拘传统、喜好标新立异，其中有的人就喜欢饲养一些特殊的宠物，追求“范儿”，喜欢穿戴一些新异的衣着。对这些消费群体，农家在制定价格时，可以研究一下他们的消费心理活动，制定出合适的价位。如对一般的工薪阶层，价格定得低一些，以保本为主；对富裕阶层，则可以适当提高价格；对“新新人类”在有适合他们口味的情况下，产品价位也可以适当高一点。同时，针对一般客户的求廉心理，可以将整数的价位，降低一点，如 100 元的价位，降为 98 元，以刺激购买。

③质量定价方法。

对于质量好又有特点的农产品可以采用高价位，如果降低价格反而会引起消费者误解。以上提到的日本大米，除了用消费心理的定价方法外，还坚持了质量定价方法。在多年研究并试验的基础上，日本大米的品种在韧性、油性、香味等方面都远远高于一般的大米，以至于价格高出一般大米 20 多倍。目前，北京、上海等超大型城市中的大多数人在饮食上已经追求“有机化”了，非有机食品不买，所以，对达到有机水平的农产品，就可以按照高价位来制定价格。所以，产品质量是产品定价的基础，销售者采用的任何营销办法，都必须是在保证质量的前提下才能实施的，低质量的产品用什么办法也很难顺利销售出去。

（2）恰当地运用折扣。

这里所说的折扣也叫销售折扣，还可以称为商业折扣，是指为了鼓励购买者多买而在价格上给予的照顾，买得越多，价格越便宜。销售折扣有以下几种形式：

①价格折扣。

在标明的价格上，打一定的折扣，如10元钱一斤的产品，打8折，就按照8元钱卖出。通过价格折扣，来刺激购买者多买产品。

②数量折扣。

除了价格折扣外，还可以在价格不变的情况下，对商品的数量打折扣，如10公斤的重量，只按9公斤计算货款，使购买者通过数量折扣得到拥有更多实物数量的心理满足。

③季节折扣。

在农产品上市高峰期或生长旺盛季节可以减价销售；在生产淡季时则采取较高的价位销售。

④按照购买对象打折扣。

这种折扣是指按照购买对象的不同，采用不同的折扣标准的方法，也可以称为"看人下菜碟"的定价办法。在这种方法下，对老客户（也可以包括老邻居或者老关系），一般给予折扣，或折扣大一些，以感谢老客户的长期支持，并通过这个方法，长久留住老客户。同时，也鼓励新客户与之建立长期购买关系。

4. 提防空口无凭，善于签订农产品销售合同

目前多数农家在农产品的销售中，往往沿用"口头承诺"的传统交易办法。由此在农产品交易中也产生了不少摩擦，而在摩擦中，受损失的又往往多是农民。为了避免"口头承诺"带来经济纠纷，在大宗农副产品或贵重农副产品的销售中，农民兄弟应该善于运用市场经济的规矩来销售农副产品。这个规矩就是签订农产品销售合同。所谓销售合同是买卖双方商品交易的契约和协议，具有法律效力。一份正规的合同，要包含的主要内容应该是：

(1) 商品的销售价格。

其中还细分为：单价、总价、计量单位、币种等。在计量单位上一定要注明是公制还是市制，有的农民朋友在计量单位的标明方面就吃了亏，一些不法商贩就善于钻计量单位的空子，本来是市斤的价格，却标上公斤，为了掩人耳目，还故意用英文“KG”形式表明。结果让销售者吃亏。

(2) 结算方式。

结算方式主要包括农产品交易中货款支付的地点、方式、币种、结算凭证及其传递的程序和方法等。主要分现金结算和银行结算两种。现行的银行结算方式包括银行汇票、商业汇票、银行本票、支票、汇兑、委托收款、异地托收承付等七种。

(3) 付款时间。

要明确付款开始的时间、付款期限（到什么时候把款付完）和依据什么付款。如“货到付款”条款，就要进一步明确货到多少付款，付多少款，以防出现后续麻烦。

(4) 运费。

在合同中要明确运费的数量和由谁来承担运输及运输方式等问题。

(5) 所交付的产品或服务品种、形态、状态等必须有清楚的描述，以防止以后的纠纷。

(6) 双方的责任人签字和印鉴齐全。

合同签订后，农家要讲究诚信，严格履行合同，确保合同严格执行。

如果是农产品外销，还应该按照外贸规则和程序来签订合同和外销农产品，这些内容在有关农产品外销的书中有专门介绍。

二、如何寻找国外贸易伙伴

如果农家农产品的品质、品种达到了一定程度，产量也能保证需要，就可以考虑向外部市场销售自己的农副产品了。在外销农产品前，需要做的前期准备工作，主要就是寻找外国市场，通过寻找外国市场来扩大农产品的销路，既解决了国外市场的商品需求，农家也可以从中获得经济利益。

寻找国外市场首要的工作是国外市场调研。这里，我们不妨把国内外的市场调研一并加以介绍。所谓市场调研就是农家针对自家产品的具体情况，向国内外了解市场需求状况的工作。所谓外销，是指农产品不仅在本地销售，而且向外地和外国销售的行为。对经济工作来说，市场调研非常重要，是决定生产经营活动的前提。对想外销农产品的农户来说，尤其重要。市场调研的主要目的就是：了解和把握国内、国际市场的需求和供应状况、价格动态情况、社会其他方面对产品的接受程度等方面的信息，以供做产品外销决策时参考，在做出外销选择后，还可以用调研的信息与客户建立业务联系。

1. 市场调研的内容

农家在搞市场调研时首先要明确都调研什么，然后根据内容再选择不同的方法。

（1）国内市场的调研内容。

①调查一个地区的市场需求情况。

如果你拟定了产品外销的大区域后，首先要了解这个地区总的需求数量，以及购买人群，同时要了解，这个地区还有几家厂商在销售同类产品，市场需求还有没有空间，同类产品在本地销售时购买者还有什么要求等。通过这些工作，可以掌握这个地区总的销售形势。

②调查需用的单位和个人。

在了解了一个地区总体情况后，还要进一步了解终端的消费者，也就是需用本产品的单位和个人。如我确定了想在大连地区销售，在了解了大连地区本类产品供应和需求的总体情况后，还要到具体单位了解，我想要进行农产对接，就要到大连市区的几个主要超市调查了解；如果是想向学校销售，就要到几个大专院校去了解，了解它们可能的用量及质量要求等。然后还要到个人头上了解，直接向最终消费者了解的目的是进一步掌握这个地区消费者的消费嗜好，使你的产品紧紧围绕消费者的需要。

③调查了解当地政府政策和当地的风俗习惯，了解当地政府层面是否鼓励、限制和禁止该类产品进入该地区。

本来，市场经济下市场全部放开，政府不能附加限制条款。但是，由于地区经济和社会发展的不平衡会导致对商品有不同的要求。比如，用黏土烧制的红砖，在大连、沈阳等发达地区就规定禁止使用。你如果向这些地方销售这类产品就会受到禁止。此外，也不排除一些地方政府为了保护本地地方产业而采取一些限制外来产品的措施。在特殊时期，比如非典时期也会在一定时间内限制外地相关产品的进入。

同时，还要了解当地的风俗习惯、民族特点，保证所售卖的产品同当地的风俗习惯和民族要求相匹配。

④在调研完国内的需求情况后，还要掂量一下农家自己的供应能力能否满足国内客户的需求，现有的经营设施、设备条件、技术水平、现代化程度、运输能力、资金供应等能否满足这些需求。

如果农家自己的货源不能够保证供货，那么，农家就必须联合其他农户，将货源集中在一起，以保证合同货物的充足供应。

(2) 国外市场的调研内容。

国外市场的调研要复杂一些，需要精心准备。

第一，首先要了解进出口国家的市场环境，才能做到知己知彼，百战不殆。

进行国际市场环境调研应该从以下方面着手：

①了解该国的总体经济情况。包括一个国家的经济结构，经济发展水平，经济发展前景、就业、收入分配情况等。

②调查国外的政治与法律环境。包括政府的重要经济政策、政府对贸易实行的鼓励、限制措施，特别是有关外贸方面的法律法规，如关税、配额、国内收税、外汇限制、卫生检疫、安全条例等，以及国外对农家拟想出口产品的政策。

③研究国外的文化环境。包括使用的语言、教育水平、宗教和风

俗习惯以及价值观念等，因为这些因素也会影响产品的销售。

④其他。包括国外人口、交通和地理等情况。

第二，要做好国际市场相关商品的调研。由于商品产地、生产周期、销售周期、消费习惯和水平因素的影响，进出口市场上商品的供给与需求状况也会不断变化。只有通过对世界各地进出口市场供求状况做详细研究，才能编制出最有利的进出口方案。进行国际市场商品调研要从以下方面着手：

①了解进出口市场商品的供给情况。包括商品供应的渠道、来源，国外生产厂家、生产能力、数量及库存情况等。

②调查进出口市场商品的需求情况。包括国外市场对商品需求的品种、数量、质量要求等。

③研究进出口市场商品的价格情况。包括国际市场商品的价格、价格与供求变动的关系等。

④了解商品销售渠道。包括销售网络设立、批零商的经营能力、经营利润、消费者的信息反馈、售后服务等。

⑤调查广告宣传情况。包括消费者的购买动机、广告内容、广告时间、方式、效果等。

⑥研究竞争情况。包括同类商品竞争者的商品质量、价格、政策、广告、分配路线、市场占有率等。

第三，要做好国际市场客户情况调研。

客户是产品消费的终端，对客户的调查是最重要的。每种商品都有自己的销售渠道。销售渠道是由不同客户所组成的，出口商品必须选择合适的销售渠道与客户，作好国外客户情况的调研，需要了解以下方面：

①了解客户的政治情况。主要了解客户的政治背景、与政界的联系、企业负责人的政治倾向、所属党团派别及对我国的政治态度，企业在当地的影响和口碑等。

②了解客户的资信情况。包括客户拥有的资本与信誉两个方面。资本指企业的注册资本、实收资本、公积金、其他财产以及资产负债

等情况。信誉指企业一贯的经营作风，一般来说，以发展长期贸易关系为目的的客户较之追求短期利润的客户更值得信赖。

③掌握客户经营的业务范围。主要指客户的公司经营的商品种类及其范围。

④调查客户的经营资格，看其客户的公司是中间商还是终端用户或专营商或兼营商等。

⑤研究客户的经营能力。主要指客户的业务活动能力、资金融通能力、从事外贸的历史、经营方式与销售渠道等。

⑥了解当前国家的汇率政策和外国货币兑换比例。

（3）掌握我们国家相关政策措施，熟悉具体的管理规定

除掌握和了解以上内容以外，还要了解国家对农产品外销活动的相关法律政策和制度，特别是对农家拟想出口产品的税收政策。

2. 怎样进行出口市场调研

（1）怎样进行国际市场调研。

要进行国外市场环境、商品及营销情况等调研一般可通过下列方法进行：

①自己组织调研。可向国外目标市场派出推销小组，以销售问卷、谈话等形式进行调研；如果出口量较大，可以采用这种方式调研。

②可以通过各种媒体（报纸、杂志、新闻广播、计算机数据库等）寻找并分析信息资料。

③可以委托我国驻外商务参赞或外贸中介咨询机构进行调查和了解。

通过以上调研，就基本上就可以了解拟想出口国家的大环境了。

（2）对国外客户调研常用的方法

国外客户调研主要指客户资信情况的调研，一般通过以下途径进行：

①在业务量较大的情况下，委托国内外专业咨询公司对客户进行资信调研。国外有名的资信机构，不仅组织庞大、效率高，而且调研

报告详细且准确。

②委托中国银行及其驻外分支机构对客户进行资信调研。也可以通过国内往来银行，向对方的往来银行调研。这种调研通常是拟好文稿，附上调研对象的资料，寄给往来银行的资信部来进行。

③通过我国外贸公司驻外分支机构或商务参赞、代表处对客户进行资信调研。

④利用交易会、洽谈会、客户来华谈判代表、派出国代表团、推销小组等对客户进行资信调研。

⑤通过国内外商会调研。

⑥通过国外的熟人调研。

⑦要求对方直接提供资信资料，自己判断调研。

通过上述调研，企业可有针对性地选择客户进行交易。

三、怎样同国外客户建立业务联系

经过以上的各项工作，我们已经对拟想出口的国家情况和客户情况有了一个大概的了解，下面就要具体地寻找客户并与之建立业务关系。

在进出口业务活动中，我们经常会听到这样的说法：谁手上有客户，谁的业务就做得好，因为谁的客户多，其销售数量就有可能多，所以客户的寻找是进出口贸易活动的关键所在。同国外客户建立业务联系可以分成两个环节来做：

1. 向国外推介自己

这个环节是通过一些渠道向拟想出口国家的购买者推销和介绍自己，以便让他们知道并了解自己。一般可以通过以下途径进行：

（1）直接发布农产品的外销信息。

在寻找客户时，通过我们直接发布外销信息，可以将主动权掌握在自己手里。同时，能够与国外客户进行专业的沟通，避免了向不符合自己要求的客户进行解释说明，从而节约了时间，提高了效率。直接发布外销信息可以通过如下方式进行：

①在自己的网站上发布外销信息。这需要我们在Internet上建立自己的Web站点，可以为这些信息建立自己的搜索引擎，也可以向一些有名的公用搜索引擎网站提供自己的网站信息。

②在一些农经行业网站上发布外销信息。

③在国内外贸易门户网站或平台上发布外销信息。

④有经济实力的农家，也可以自行召开产品推介会，直接向国外发布产品销售信息。

（2）多方推介。

要想与国外客商建立联系，还可以通过以下渠道：

①向国外客户自我推介。通过查阅国内外出版的企业名录、报纸杂志的广告、互联网等以函电或发送资料的方式自我介绍，建立联系。

②请国外银行代为介绍客商。

③请国内外的贸易促进机构或友好协会介绍，如我国的对外贸易促进会也办理介绍客户的业务。

④请我驻外使馆商务处或外国驻华使馆介绍合作对象。一般来讲，我驻外使馆对当地主要厂商的经营范围、能力和资信较为熟悉，请它们联系成功的机会更大。

⑤通过参加国内外展览会、交易会建立联系。这类活动的优点是能和客户直接见面，联系的范围广，留下的印象也会深刻。

⑥利用国内外的专业咨询公司介绍客商。国内外都有许多专业咨询公司接受委托代办介绍客户，它们的业务关系中有各种类型的、具有一定影响以及一定专业经验和能力的客户。

（3）网络搜寻。

除上述方法外，还可以利用网络寻找潜在的客户。

通过网络寻找客户，一般可以采用下列网站：

①大型的搜索引擎。诸如：google，baidu，yahoo等，一般用关键词搜索。联系这些网站有时需要花费一定的费用。

②该行业的行业网站。每个行业几乎都有行业网站，用关键词搜

索，一般就会在这些网上看到会员列表和相关链接。

③名录网站。

④展会的网站。在展会网站上有各个参展商的名单、联系方式及网址。

2. 同国外客户建立业务关系

通过上面的一系列工作，我们已经找到了客户，但是还没有直接建立业务关系，因而它们还是潜在的客户。接下来，就要进行实质性的进一步接触，并与之建立业务关系，使之成为真正的客户。这个环节主要是在知道了对方公司（或个人）的名称和联系方式后，通过函电或发送资料以及亲自前往等方式建立业务联系。

随着现代通信的不断发展，信函的概念不断延伸，从传统的书信、电报、电传发展到传真、电子邮件、EDI 等等，在提高了通信速度的同时也降低了通信的成本，从而“缩短”了进出口贸易双方地理位置上的距离。因此，通过信函联系已成为进出口贸易中交易双方的主要联系方式。建立关系的基本步骤是：

表述意愿 → 介绍自己 → 资信调查 → 综合考虑 → 建立联系

（1）向客户表述建立业务联系的愿望。

表述建立联系的愿望一般要说明信息来源、写信的目的，并且还要表明希望早日得到答复。一般来说，这类信函的主要目的是引起对方对农家产品的兴趣，进而带动同我方建立业务联系的兴趣。主要具备以下内容：

①说明信息来源的途径和渠道。

在首次发函与国外客商进行联系时，一般有必要告知对方其信息来源的途径，即阐明是如何获得对方资料的，比如通过他人介绍、报纸杂志广告、互联网信息、展会认识等。通常的表达的方式如下：

开头部分。一般包括以下两个部分的内容：第一说明如何取得对方的资料。首次主动与对方进行交往，说明信息来源非常必要。如通过驻外商务参赞、商会、银行介绍；通过书刊、互联网获悉；在交易会上结识等等。第二说明去函目的。通常此类信函都是以建立业务联系为目的的。

介绍部分。为了引起对方的兴趣，必须让对方对农家本人及产品等情况有大致了解。这里主要介绍：

一是农家组建公司的基本情况。主要介绍本公司的性质、业务范围、宗旨以及某些相对优势。

二是介绍本公司的产品。一般是对本公司经营产品的整体情况的介绍，也可以是对对方感兴趣的某类特定产品进行推荐性的介绍。产品介绍一般包括产品质量、成分的组成、价格水平、销路等，同时，为使对方更详细了解本公司产品，通常还附上产品目录、价目单或另邮样品等。

结尾部分：通常结尾部分包括盼对方尽快回音、下订单或告知意见并表示敬意等语句。

②说明写信的目的。

写信的目的可以多种多样。如出售某种商品、扩大商品销售渠道、寻找国外经销商或代理商而建立长期业务联系等。

③希望对方早日给予答复。

(2) 介绍自己对合作前景的设想和展望。

建立业务关系是进出口贸易双方从陌生到互相熟悉，再走向彼此信任的过程。只有双方彼此信任，并且此项合作会有一定前景，才有可能达成交易，从而真正地建立长期的业务关系。信任的基础是了解，因此，在介绍自己、展示自身的优势的同时，让对方尽可能地了解自己对合作前景的设想和展望对贸易双方都是非常重要的。因为，这预示着是做“一锤子”买卖还是要长期做下去的想法，这对对方是一个非常重要的合作前提。

四、怎么取得国内农产品外贸经营权

当农家萌发了农产品外销的念头，经过以上所进行的一系列工作，也建立了客户群，有了外销的可能时，这时国内的手续——农家的农产品外贸经营权一般来说可能在前期已经办完了，也可能是等到这个时候才办理，无论怎样，都涉及国内外贸手续和资质的办理过程。

1. 什么条件才能具备从事农产品外销活动的资格

也就是应该具备什么样的条件才能从事外销活动？我国于2004年全面放开外贸经营权管理。同年7月1日起施行的新《中华人民共和国对外贸易法》在外贸经营者的范围方面做了重大修订，规定自然人、法人和其他组织依法登记后，可以从事货物和技术的进出口贸易。从中可以看出，个人可以从事对外贸易经营活动。同时，将原来对外贸易经营权管理的审批制改为备案登记制，即对于外贸经营活动的经营者来讲，准入的“门槛”降低了许多。但未获得进出口经营权或无某项商品进出口经营权的企业或个人，如需进出口，仍须委托有该商品进出口经营权的企业代理进出口。

2. 怎样取得进出口经营权

首先要知道哪些人可以成为对外贸易经营者。根据《中华人民共和国对外贸易法》和《对外贸易经营者备案登记办法》（商务部令2004年第14号），自2004年7月1日起，凡从事货物进出口或者技术进出口的对外贸易经营者，应当向国务院对外贸易主管部门——商务部或者其委托的机构办理备案登记。对外贸易经营者未办理备案登记的，海关不予办理进出口的报关验放手续。其中，对外贸易经营者是指依法办理工商登记或者其他执业手续，依照外贸法和其他有关法律、行政法规的规定从事对外贸易经营活动的法人、其他组织或者个人。

从以上规定可以看出，从事对外贸易经营活动必须具备以下条件：

第一，依法办理工商登记或者其他执业手续。

农家在从事外贸业务活动之前，必须办理相应的工商登记手续。从中可以看出，农民是不能直接以个人身份取得进出口经营权登记的，而必须是在工商部门注册个人独资企业或个体经营户后，才能从事进出口业务。如不办理工商登记，我们备案登记机关就不能予以备案登记。也就是说，个人做外贸必须以取得工商登记及取得组织机构代码证书为前提，即变为个体工商户（或独资经营者）。从这个角度说，个人可以成为对外贸易经营者。

第二，遵守有关法律、行政法规。

从事外贸业务活动必须遵守相关的法律法规。也就是说，国家对外贸经营管理权限的放松并不意味着外贸经营者可以无任何限制地进行业务活动。

在办理进出口经营权具体事宜时，应该按照以下程序办理：

（1）办理工商注册登记。

办理工商注册登记，首先要弄清楚公司的形式和注册资本要求。在我国，公司法人注册资本最低限额为人民币3万元，对于个人独资企业、合伙企业、个体工商户则没有明确的注册资本要求。但这并不是说，个体工商户就可以没有注册资本。企业法人是以自己的出资额为限对公司承担责任，个人独资企业、合伙企业、个体工商户则是以自己或合伙人的全部财产承担经营责任。通俗地讲，个人独资也好，个体工商户也好，如果经营不善，完全有可能把老本全部赔上。

办理工商注册登记手续需要的资料有：

出资人个人资料（身份证原件和复印件、联系方式）；注册资金证明；选好的公司名称；经营范围；公司或经营地住所；办公地点证明（自有或租赁证）；出资人花名册、联系方式；公司章程；成立协议。

在以上资料备齐后就可以按照以下步骤办理工商注册登记手续：公司名称核准；确定办公地点；商议编写章程；签订出资协议；去银行开立临时验资账户；去会计师事务所办理验资报告；去工商局办理注册登记手续；刻制公章；办理组织机构代码；去银行开立基本结算账户；到区税务局办理税务登记手续。

（2）办理进出口经营资格登记。

在我国，负责办理进出口经营资格登记并核发“中华人民共和国进出口企业资格证书”的管理部门为国家商务部授权的各省、自治区、直辖市、计划单列市的发证机关及其他机构（商务局）。如果我们要申请进出口经营资格，应从以下方面着手：

①根据要求，准备相应申请资料，并报送所在地商务部门。

②等待批复。商务部门要对资料进行一定期限的审核，以决定是否准予登记。

③申领证书。商务部门作出准予登记的决定，企业就可以领取“中华人民共和国进出口企业资格证书”。

（3）个体经营者如何取得进出口经营权

个体经营者办理了工商登记手续之后，才可以申请进出口经营权。具体做法可参照进出口经营权对外贸易经营者备案登记程序。

第一，领取“对外贸易经营者备案登记表”。对外贸易经营者可以通过当地商务管理部门网站下载“对外贸易经营者备案登记表”。准确填写表格内容后，并用电脑打印出登记表。填表时注意事项如下：

①对外贸易经营者应按进出口经营权“登记表”要求认真填写所有事项的信息，并确保所填写内容是完整的、准确的和真实的；同时认真阅读“登记表”背面的条款，并由个体工商负责人签字、盖公司公章。

②“进出口企业代码”无需填写，审核后系统自动生成。

③“备案表编号”无需填写。

④表内“住所”为营业执照登记的住所。

⑤表内“经营场所”为办公地点。

⑥表内“工商登记号”为营业执照的注册号。

⑦表内“工商登记日期”为公司成立日期。

⑧表格在线提交成功后，系统会自动返回系统编号。此编号是在打印表格时输入的，如果表格提交后可以直接打印出来，则无需再用

此编号。

⑨表格分两页，打印在一张纸或两张纸上均可。

第二，申请进出口经营权应向备案登记机关（商务局）提交如下书面材料。

①填写并打印的进出口经营权“登记表”；

②营业执照副本复印件；

③组织机构代码证书副本复印件；

④依法办理工商登记的个体工商户（独资经营者）须提交合法公证机构出具的财产公证证明（原件）。

第三，申请进出口经营权的对外贸易经营者应于提交上述书面材料之日起 5 个工作日后领取加盖备案登记印章的“登记表”，并由企业法定代表人或个体工商负责人在表格背面签字、盖章。

第四，对外贸易经营者应凭加盖备案登记印章的“登记表”在 30 个工作日内到当地海关、检验检疫、外汇、税务等部门办理开展对外贸易业务所需的有关手续。逾期未办理的，“登记表”自动失效。

五、怎样办理海关登记注册手续

接下来，还要办理海关注册手续。我国规定，所有出入境运输工具、货物、物品都需要办理报关手续。进出口货物的报关又可分为自理报关和代理报关两类。进出口货物由收、发货人自行办理报关手续的，称为自理报关。根据我国海关法目前的规定，自理报关单位必须是具有对外贸易经营权和报关权的单位。代理报关是委托代理机构代其办理报关手续的行为。代理报关根据承担的法律责任不同又可以分为直接代理报关和间接代理报关。直接代理报关是指报关企业接受委托人的委托，以委托人的名义办理报关业务的行为。间接代理报关是指报关企业接受委托人的委托，以报关企业自身的名义向海关办理报关业务的行为。

如果农家所在公司需要向海关登记注册手续，应先向海关提出书面申请，经海关审核后办理注册登记手续。具体操作可以从以下几个方面着手。（需要强调的是，如果公司指派你去办理进出口报关手续，你应该是经过海关培训、考核，取得报关员资格的人员）无论你的公司作为进出口货物的收货人还是发货人，在办理报关注册登记时，都需领取并填写“自理报关企业注册登记申请书”、“企业情况登记表”、“企业管理人员情况登记表”及海关规定的其他材料，并同时交验商务部门批准经营进出口业务的批文；工商行政管理部门核发的营业执照；企业合同、章程；上级主管部门核发的关于合同、章程的批复；企业财务管理制度；企业行政印章、报关专用章的备案印模；国税局签发的税务登记证；企业法人代码证书等材料。具体程序是：

1. 提交申请

需要强调的是，当你办理海关注册登记时，需向海关递交的文件、资料较多，除了认真审核，确保向海关提交的文件、资料真实有效外，对于不明白的事项，要向海关咨询清楚。在注册登记时，要特别保证企业名称、注册地址、企业性质、注册资本、纳税人识别号、经营范围等主要项目的准确无误。

2. 等待审查

向海关提交申请及相关资料后，海关对企业的报关服务场所和提供服务的必要设备情况、企业性质、经营范围，企业承担经济法律责任的能力以及文件、资料的真实性、合法性等进行审查。

3. 领取证书

海关对你公司提交的文件、资料进行审核后，在规定的期限内，按规定的职权范围进行审批。如果符合条件并获批准，你将领到海关颁发的“自理报关单位注册登记证明书”，同时，可以拿到海关注册登记编号（又称经营单位代码）。从此，你的公司在海关就建立起相关的企业档案。

领到海关颁发的“自理报关单位注册登记证明书”后，公司应刻好“报关专用章”，并尽快将印鉴样式和确定的报关人员名章及签字样式送交海关存档，以备受理报关时查验。

通常情况下，你的公司只能在所在地海关办理进出口货物的报关手续。可是在实际业务中又需要在所在地海关以外的口岸进出口货物，这时该怎么办呢？我国海关允许符合一定条件的企业开展异地报关业务。如果你的公司需要办理异地报关手续，可以从以下几个步骤着手：

1. 提出申请

向所在地海关提交书面申请，同时附以下材料："自理报关备案申请书"、"企业情况登记表"、企业印鉴、报关专用章、开户银行及账号、企业负责人或主管报关业务的负责人和报关员印章印鉴、"自理报关单位注册登记证明书"等。

2. 等待审核

提交申请后，等待海关审核。注册地海关对申请企业呈交的文件、资料进行审核，在"自理报关备案申请书"正本"备案情况"栏内加注意见并加盖印章，材料齐全、完整、符合要求后，与企业递交的有关文件、资料一起制作"关封"。同时，海关还在"自理报关单位注册登记证明书"正本"备案情况"栏内批注海关审核批准的情况，一并退交申请企业。此时，你的公司就可派人将"关封"送交异地海关，办理异地报关备案手续。

3. 领取证书

你的公司向备案地海关送交原注册地海关制作的"关封"，备案地海关审核送交的文件、资料，确认其齐全、有效后，同意签发"自理报关单位报关备案证明书"。至此，你的公司就可以领取证书，在异地海关辖区内各口岸办理报关业务。

六、如何办理其他出口相关手续

1. 出口配额和许可证

为了维护国家利益，我国对一些特定的货物出口或进口实行配额或者许可证管理制度。所谓进出口配额，是指一国政府为了维护本国的经济利益或根据政府间贸易协定，在一定时期内对某些商品的进口或出口实行数量限制。

而进出口货物许可证是指国家管理货物出境的法律凭证。进出口许可证，包括法律、行政法规规定的各种具有许可进口或出口性质的证明、文件。进出口货物许可证是国家批准特定企业、单位进出口货物的文件。因此，进出口货物许可证不得买卖、转让、伪造和变卖。同时，进出口货物许可证是批准进出口特定货物的文件。其中包括品名、数量、规格、成交价格、贸易方式、贸易国别等内容。因此，进出口企业必须严格按照许可证规定的贸易方式等内容进出口特定货物。

如果农家出口的商品正好在许可证或配额的范围内，那么还需要申领出口配额和出口许可证。

小知识 10—1

我国出口配额的种类有哪些？

1. 计划配额

我国对有关国计民生的大宗资源性出口商品以及在中国出口中占重要地位的大宗传统出口商品实行的配额。如原油、煤炭、棉花、粮食、坯布、钢铁、水泥、茶叶等。计划配额的目的是为了保证国内市场的需要。

2. 主动配额

中国根据国际市场需要与国内资源的情况而采取的自我控制出口商品数量的做法。如蜂蜜、栗子、大蒜、地毯、烟花爆竹、硅锰合金、薄荷脑油、棉漂布等。目前中国的主动配额又分为远洋地区配额和中国港、澳地区配额两种。主动配额的目的是为了稳定市场，防止过度冲击。

3. 被动配额

被动配额是根据进口国的要求，经过协商，出口国自我控制出口商品数量的做法。如纺织品和服装、蘑菇罐头、木螺丝、日用陶瓷、电视机等。一般是进口国首先制定进口配额，中国为了有效利用这些配额而相应制定了出口配额。中国加入WTO以后，国外对中国的进口配额也相应减少或取消，这种被动配额也会相应减少或取消。例如根据2005年中国和欧盟达成的双边协议，欧盟对来自中国的部分纺织品和服装实行进口数量限制，中国则根据限制的数量与商务部发放的这些纺织品和服装的配额进行出口，没有取得配额的商品禁止向欧盟国家出口。

那么，农家如何申请出口配额？一般要按照以下步骤进行：

（1）向地方外经贸管理部门（商务局）申请。

你的公司如果想拿到出口配额，首先要提交申请，填写“**产品出口申请表”一式两份，会同有关文件在每年的10月31日之前送交相关的地方外经贸主管部门。配额申请内容包括出口企业名称、加入进出口商会情况、申请配额的商品名称、出口国别、配额数量、出口货源情况、上年度或上半年度出口实绩、出口价格、换汇成本等。

（2）等待上级管理部门审核。

企业提交的申请要经属地管理部门进行审核，审核合格后，将本地区符合条件的出口企业名单、书面初审意见上报省级管理部门或国家商务部（附企业相关材料）。

（3）领取配额。

根据国家商务部门的规定，进行配额的分配和下达，企业就可以领取到相应配额。

（4）申请出口配额须报送的材料：

申请单位的工商营业执照副本复印件、注册资本、生产能力、经营规模、销售收入、税金总额等；

近三年出口配额的分配数量，包括分配品种数量，并附送分配文件的复印件；

近三年出口实绩，包括分品种出口实绩（出口实绩以海关报关统计为准)；

本年度申请的出口配额的品种和数量；

所在地海关提供的无走私、违规记录证明；

所在地税务部门提供的无逃税、偷税记录证明；

所在地外汇管理部门提供的无逃汇、套汇记录证明；

开户银行提供的资信等级证明；

上一年配额使用情况。

(5) 分配依据：

申请单位以往的出口实绩及出口价格；

以往分配的配额是否得到充分使用；

申请单位的生产能力、经营规模、销售状况；

申请配额的数量情况；

新的出口经营者的申请情况；

其他需要考虑的因素。

农家怎样申请出口许可证？一般要按照以下程序办理：

(1) 申请。

即由申领单位或个人（以下简称“领证人”）向发证机关提出书面申请函件。申请的内容包括：出口商品（货物）名称、规格、输往地（国别或地区）、数量、单价、总金额、交货期、支付方式（即出口收汇方式）等项目。同时，还须向发证机关交验有关证件或材料；外贸公司凭合同正本（或复印件）；非外贸单位凭主管部门（厅、局级）的批准文件。如文物，还需要文物主管部门的批准文件。属于下列情况的，还须提供有关证件或材料：经批准享有出口经营权的外贸企业；第一次向发证机关申领出口许可证时应提交主管部门批准成立公司（企业）的批文、公司（企业）章程、营业执照以及出口商品经营目录等复印件一套。

(2) 审核、填表。

发证机关收到上述有关申请材料后进行审核。经同意后，由领证人按规定要求填写“中华人民共和国出口许可证申请表”。

（3）输入电脑。

填好的出口许可证申请表，由申请单位加盖公章后送交发证机关，经审核符合要求的，由发证机关将申请表各项内容输入电脑。

（4）发证。

发证机关在申请表送交后的三个工作日内，签发《中华人民共和国出口许可证》，一式四联，将第一、二、三联交领证人，凭以向海关办理货物出口报关和银行结汇手续。同时，收取一定的办证费用。

2. 办理检验检疫部门备案手续

为了保障进出口商品及往来人员、动植物的安全卫生和商品质量，在我国专门设置了出入境检验检疫机构，对出入境的货物、人员、交通工具、集装箱、行李邮包携带物等进行检验检疫，进出口商品检验是我国实现进出口商品品质管理的重要环节。进出口商品因种类不同，有的需要法定检验。所谓法定检验检疫目录（即法检目录），指的是在进行进出口贸易时，必须向当地检验检疫部门报检，并实施检验检疫的产品目录。有的需要公证检验。所谓公证检验是指由第三方进行的检验。从事出入境检验检疫报检工作的自理报检单位在首次报检时须先办理备案登记手续，取得报检单位代码，方可办理相关检验检疫报检、申报手续。

办理检验检疫备案登记手续可以按照以下步骤来进行。

（1）网上申请。

农家或个体经营者可先在网上提交申请，网址为：www. eciq. cn，栏目名称为自理报检单位备案登记、报检员注册申请。

（2）面交申请。

企业或个体经营者可以去当地出入境检验检疫局柜台当面办理申请手续。要求提供如下材料：

从网上提交并打印“出入境检验检疫自理报检单位备案申请书”、交验企业工商营业执照和政府批文，并交付有效复印件、进出口资格证书、单位公章印模备案等。

3. 办理出口退税登记

如果农家出口的产品在国内缴纳了税收的，还可以享受到退税优惠。所谓出口货物退税简称出口退税，是指对出口货物退还其在国内生产和流通环节实际缴纳的产品税、增值税、营业税和特别消费税。实行出口退税制度主要是通过退还出口货物的国内已纳税款来平衡国内产品的税收负担，使本国产品以不含税成本进入国际市场，与国外产品在同等条件下进行竞争，从而增强竞争能力，扩大出口创汇。

对外贸易经营者按《备案登记办法》办理备案登记后的30日内，向所在地主管出口退税的税务机关办理出口货物退（免）税认定。办理出口退税登记，需要提供以下证件和资料。

（1）填写“出口货物退（免）税认定表”，一般可从当地国税局网站“进出口税收”专栏下载“出口货物退（免）税认定表”；

（2）已加盖备案登记印章的“对外贸易经营者备案登记表”；

（3）工商营业执照；

（4）税务登记证；

（5）银行基本账户号码；

（6）海关进出口企业代码；

（7）其他要求的文件。

4. 外汇管理部门办理手续并开设外汇账户

以上环节办理完成后，还要开立外汇账户。所谓外汇账户是指农家按照有关账户管理规定，在经批准经营外汇存款业务的银行和非银行金融机构开立的可自由兑换货币的账户。

农家、企业或个体经营者从事进出口业务活动，都应该开立外汇账户。开立外汇账户时需要提供如下材料：

（1）开户申请（打印，盖单位公章），包括：单位基本情况，已开立外汇账户情况，拟开户银行、开户币种，账户限配情况（进行过对外贸易经营者备案的不填），单位联系人及电话；

（2）营业执照副本的原件及复印件（盖单位公章）；

(3) 加盖备案登记印章的《对外贸易经营者备案登记表》原件或有关经常项目外汇收入的证明材料（如涉外收入申报单或收账通知）；

(4) 组织机构代码证书副本的原价及复印件（盖单位公章）；

(5) 外汇管理局（简称外管局）要求的其他资料；

(6) 开户单位如在其他营业网点增开经常项目外汇账户，除上述材料外，还应提供开户核准件，并在申请书上写明各经常项目外汇账户限额分配比例。

七、如何进行讨价还价

经过前面已经进行的市场调研和办理国内手续等环节后，农家已经具备了从事外贸业务的资格了，又经过调研寻找到合适的市场机会和准备成交的客户，这时就预示着你的进出口贸易业务活动已经有了一个好的开始，一个好的开始意味着成功的一半。接下来，将进入讨价还价阶段。这是一个最关键的环节，它决定了这笔出口业务是亏损还是盈利以及能盈利多少的问题。

1. 怎样进行出口报价

在农产品外销业务中，出口报价也称为出口询盘，是指想出口某项农产品的交易一方向交易的另一方询问该项农产品的有关交易条件是什么或怎么样。通俗地讲，就是我们向对方询问，愿以什么样的条件（包括价格）买进该项农产品。那么，业务中怎样进行规范的询盘?

什么是“盘”？我们知道，贸易双方就买卖商品的有关条件进行协商以期达成交易的过程，称为贸易磋商或贸易谈判。做好了进出口贸易的一系列准备工作，与国外客户建立了联系，办理好一系列相关手续后，买卖双方就可以就具体的商品发询盘函或报盘函，进入进口贸易磋商阶段。在进口业务中，洽谈交易程序一般按询盘——发盘——接受这样的环节来进行，询盘是起点。这里的盘是我国进出口贸易中的一个术语，指的就是一系列交易条件，如商品名称、质量规格、价格等。习惯上把这四个环节称为交易洽商的一般程序。其中发盘和接受是达成交易的决定性环节，也是合同成立的重要条件。

农产品出口的报价内容有繁有简，可以只介绍价格，也可以询问其他交易条件，如包装、运输、保险、检验等。有的只是了解一下市场信息，而有的是确实想成交，意图不一样，询盘的方式也不同。

第一种情况：如果报价的目的只是了解市场，这种情况可以选择一般的报价方式。一般的报价不一定立即进行具体交易，属于试探虚实的性质，是为了了解市场行情和对方的态度，以便做出对应的措施。如给对方寄送样品、产品目录、型号图样、报价单等，请对方答复。这种情况虽有虚晃一枪的意思，但是也为以后的工作做了前期铺垫。

第二种情况报价有明确的成交意图，这种情况，可以选择具体的报价方式。就像我们到商店购买商品一样，如果你打算购买这件商品，你就会详细询问该产品的相关信息。具体报价就是指出口方就拟出口的商品进行详细报价。报价的内容也相对完整、实在，以使对方能够掌握相对准确的商品信息，尽快做出是否购买的决定。

2. 怎样规范书写询盘函电

出口询盘不是口头通气，往往要通过函电等书面形式。出口方询盘函电的书写以简洁、清楚和切题为原则，一般包括说明意欲销售的商品和邀请对方发盘两个部分即可。询盘的书面方式除书信、电报、电传、电子邮件等外，卖方还常用询价单进行询盘。

（1）书写电报、电传询盘函电。

电报、电传询盘由于传递速度快，在业务中采用较多，其文字一般从陈述所感兴趣的商品开始，简洁明了、开门见山。通常使用的术语是“请报价”、“请发盘”等。

（2）书写电子邮件、书信询盘函电。

在书写电子邮件、书信询盘函电时，除了要说明询问的内容（如对方愿意成交的各项交易条件）外，一般还带有礼貌性的语言以及对交易内容的宣传，以达到吸引对方发盘的目的。

业务中需要注意的是：询盘函的质量，往往反映写信人的业务素质和可靠程度的高低，从而影响到被询盘人对交易条件的各种考虑。而且，如果询盘信丢三落四，该问的没问，问了的又没问清楚，就可能耽误时间，错过商机，造成无形的损失。

(3) 建立业务联系与询盘函合二为一的"两合水式"书写。

在现实业务中，也可以把建立业务联系的书信和询盘函合二为一写成一份，发给对方，这样达到既务虚又务实的目的。这类询盘信的内容主要包括下列要点：第一，说明写信原因；第二，介绍询盘的内容（指出对方感兴趣的商品，邮寄目录册等）或暗示交易的重要条件（如商品价格、交货期或支付条件等）；第三，结束语。

在实际业务中，询盘只是探寻买或卖的可能性，所以不具有法律上的约束力，询盘的一方对能否达成协议不负有任何责任。通俗地讲，询盘的一方没有任何义务必须购买被询盘一方的货物。因而，询盘也可以省略，直接进入到发盘阶段。

但是，如果进行询盘，往往具有一定意图，在询盘时要注意策略。一般来说，询盘的内容既要能促使客户提供报盘资料，又要防止过早透露采购数量、价格等意向，以防被客户摸清底细，使自己在磋商中处于被动地位。对外商主动向我方发来的询盘或主动发盘，应因势利导，争取有利的成交条件。在书面询盘方式中，询盘信还应注明编号，以加速国外复电、复函的传递。在答复对方来信时，除在编号上加上对方来信的日期外，在信的正文第一句中还要提到对方的来信，并说明日期。目的是使对方在繁杂的日常工作中能迅速查阅到有关的发文。

询盘函写好后还要仔细检查，以防有错误或漏洞。我们要时刻清醒地知道：一笔笔出口活动都事关产品形象、企业形象，甚至国家形象。检查无误后，可以通过电子邮件或信函的方式发给对方。

3. 怎样进行出口发盘

经过了询盘环节进行试探性的活动后，我们对对方的市场、客户的条件和心理情况就有了一定的了解。在这个基础上，要想真正签订合同，还必须进入下一个环节——发盘。在农产品出口业务中，发盘是指我们向国外客户提出出售某种农产品的各项交易条件，并表示愿意按这些条件与对方达成交易、订立合同的行为。这一环节在进出口贸易习惯的做法中属于必经环节，如果说在询盘环节还可以是试探性的行为，那么，在发盘环节，则要求我们“言必行，行必果”，说到做到。主要按照以下过程进行：

（1）要表明发盘人接受发盘约束并愿意订约的意思。

发盘人必须表明：其发盘一旦被受盘人接受，就承担与受盘人按发盘条件订立合同的责任。在有效期内，一般不得反悔或更改发盘条件。但如果发盘只是对订立合同的建议，根本没有“承受约束”的意思，就不能被认为是一项有效发盘。例如，在发盘函电中有“仅供参考”、“以……确认为准”等语句的，都不是一项发盘，只是邀请对方发盘。

（2）向一个或一个以上的特定人发出。

这是指发盘必须指定受盘人，可以是一个人也可以是多个，但必须向具体的公司或个人提出。受盘人不指定，只能视为发盘的邀请。如出口商为了招揽订户而向国外一些客户寄发的商品目录、报价表或刊登的商品广告等，都不是发盘。

（3）要发出内容十分确定的发盘，不能模棱两可。

根据《公约》规定，一项订约建议只要列明三大要素：货物品名、质量或数量、价格三项条件，即被认为其内容“十分确定”，而构成一项有效发盘。

需要注意的是，关于构成一项发盘究竟应该包括哪些内容，各国法律解释不尽一致。我国的实际业务中，为了避免发生争议，在对外发盘时，应明示或暗示至少六项主要交易条件，即货物的品质、数量、包装、价格、交货时间和支付条件。

（4）要将发盘确实传达到受盘人。

发盘只有被受盘人确认时才生效。大多数国家的法律和《公约》都是这样规定的。因为发盘是一种意思的表示，受盘人只有收到发盘后才能决定是否予以接受。发盘在传递过程中遗失，或受盘人通过其他途径了解到发盘内容，在未收到发盘的情况下，主动做出接受的表示，合同是不成立的。这种情况只能看作是双方的交叉发盘。

4. 怎样规定发盘的有效期

在通常情况下，发盘都需要规定一个具体的有效期，作为对方表示接受的时间限制。超过发盘规定的时限，发盘人也不受约束。

不明确规定有效期的发盘，可以理解为在“合理时间”内有效。但是，关于“合理时间”，国际上并无统一规定，所以容易引起纠纷。采用函电成交时，发盘人一般都明确规定发盘的有效期，其规定有以下几种做法：

（1）规定最迟接受的期限。

如：发盘限15日复到，以我方时间为准等。

（2）规定一段接受的期限。

如发盘5天有效等。

规定一段接受的期限，必须明确“一段时间”的起止问题。如发盘函电通过信函寄出，以邮局收寄时间起算。

5. 怎样将发盘撤回与撤销。

（1）撤回发盘。

撤回发盘是指发盘人在发盘送达受盘人之前将其撤回，以阻止其生效。根据国际惯例，一项发盘（包括注明不可撤销的发盘），只要在其尚未生效以前，都是可以修改或撤回的。因此，如果出现了以下情况：发盘内容有错误、市场汇率出现较大变动、市场情况出现较大起伏等，发盘人可以用更迅速的通讯方式，将发盘的撤回或更改通知赶在受盘人收到该发盘之前或同时送达受盘人，则发盘即可撤回或修改。

（2）撤销发盘。

撤销发盘是指发盘已送达受盘人，即发盘生效之后将其取消，解除其效力的行为。

6. 出口方怎样审核发盘、进行比价

在业务活动中，出口方在收到对方询盘所发来的报盘或发盘后，应该立即进行审核和比价工作。

（1）审核发盘。

①审核对方报盘的种类。

发盘从法律责任来分，可分为实盘和虚盘。审核报盘的种类要理解国外来盘是实盘还是虚盘，如属实盘，就不要错失良机，应在有效期内答复。实盘是报盘人在规定的期限内愿意按所提条件达成交易的表示。虚盘是报盘人所作的非承诺性表示。虚盘都附有保留条件，如“以我方最后确认为准”等等。实盘对发盘人有约束力，在发盘规定的有效期内不得更改或撤销已发出的发盘。反之，虚盘没有约束力，可以更改或撤销已发出的发盘。

②审核报盘的内容。

报盘内容的审核主要包括商品的规格型号、数量，所报价格条件和所使用支付币种等，看能否被我方所接受。

③审核交货期限。

主要看交货期限是否符合用货部门生产的需要以及其他应审核的内容。

（2）比价。

经过有策略的询盘之后，可能收到多方的发盘，这时需要对所有发盘的各项交易条件进行分析、比较，选择适当的对象进行回复。具体做法有：

①对不同客户的同期报价进行比较。

②将过去的报价或进口成交价与现价进行比较。

③对各种不同交易条件的发盘进行综合比较。

到此，农家农产品出口的前期业务就基本完成了，接下来，还要进行出口成本核算、签订正式合同并开始履行合同等工作。这些内容的详细情况，有专门的外贸业务书籍，农家可以进一步参看。

正是：

市场不分内和外，
农家迎客四方来。
农产售卖本无界，
跨越才得额外财。
世界任由农家逛，
顺摘硕果入农怀。

话题十一　需提防的风险——农家资源开发利用的风险及防范

农业风险双刃剑，
防范规避保安全。

一、什么是农业风险

农业是个特殊的产业，说它特殊，是因为农产品的产量“三分靠人力，七分靠天时”，大自然是决定农业是否丰收的决定性因素。由于这个原因，我们称农业是弱质产业。所谓弱质产业就是指那些生产周期长、对环境的依赖性大、回报见效慢的产业。农业就是最典型的弱质性质的产业。在科学技术飞速发展的今天，人们仍然不能改变农业生产的自然环境，还是要“靠天吃饭”。人们在从事农业生产和经营的过程中，会受到影响生产成果的不确定性因素，这种不确定性因素一般是人类难以预测的，即便可以预测也是无法抗拒的，这个农业生产的不确定性就叫农业风险。农业风险的特点是：

1. 农业风险的多样性

因为影响农业生产、农业收成的因素很多，因此，由此带来的农业风险也具有多样性。影响农业的风险有自然风险、市场价格波动风险和受政策影响等社会风险。这种面临多样风险的特点是农业独有的，其他产业也会受某些风险的影响，但是受影响的程度要比农业低。

2. 农业风险的分散性

由于我国从事农业的人口数量多，农业生产的地域广阔，由此带来的农业风险具有较强的分散性特点。主要体现在：（1）我国农村从事农业生产的人口有6亿7千多万人，从事农业生产和经营的地域分散。这种分散的生产经营方式和地域特点很难制定统一的衡量风险的标准和操作规范。（2）由于分散的生产经营方式造成农业风险被千家万户分散承担，而单个农业生产经营者很难抵御农业风险的频繁袭击。

3. 农业风险的季节性

相对于其他行业，农业的生产经营带有明显的季节性。因此，农业风险也多伴随着不同的季节出现和发生。

二、农业风险的种类

1. 自然风险

前面提到，农业是靠天吃饭的产业，农业的发展离不开自然界，并受多种自然因素的影响，所以农业风险中首要的风险就是自然风险。所谓自然风险就是指因自然力的不规则变化，而引起的自然灾害。主要表现在气象灾害、病害和虫害三个方面。

自然风险中，气象灾害是主要的灾害：（1）全球气候变化带来的灾害。全球已经进入了气象变化的特殊时期，极端气候频繁地出现。农业经常会受到台风、暴雨、低温、热潮、霜冻等自然灾害的侵扰，发生严重的财产、物资和人员等方面的损失。（2）我国土地辽阔，各地区地理环境和气候差异较大，从而使农业风险更加复杂。上古时期，先人们就总结出自然灾害的发生规律，素有“三岁一饥、六岁一衰、十二岁一荒”之说。我国的自然灾害不仅种类多、频率高、强度大，而且还具有时空分布广、地域组合明显、受损面广、损害严重等特征。比如，我国某地区在抗洪，而其他地区可能在抗旱；我国北方在防霜冻，而南方可能正在防暑热。特别是近年来，由于温室效应而带来的全球气候变化明显，包括我国在内的世界各地自然灾害频发，农业的自然风险有日趋增强的趋势。

2. 市场风险

农业的市场风险也称为经济风险或价格风险。一般是指：

（1）宏观经济形势变化带来的风险。

在农业生产和农产品销售过程中，由于市场农产品和生产资料及工业品价格的波动、贸易环境发生变化（主要指国际上贸易保护等现象出现而引起的农产品销售形势的变化）、国家货币政策的变化（指国家宏观的银根紧缩或宽松政策变化而引起的农产品销售市场形势的变化）、国家宏观经济发展速度下调或上调引起经济发展速度变化而带来的对农产品需求方面的变化和影响。

（2）因农户个人管理问题造成的风险。

由于农户自身经营管理不善、对市场信息掌握的不准确、农产品品种和质量等与市场需求偏差较大等原因，导致农户经济上遭受损失的风险。

（3）外汇风险。

如果农户有农产品出口业务或加工原料需要进口时，外汇汇率的变化就带来了外汇风险。所谓外汇汇率是用一个国家的货币折算成另一个国家货币的比率、比价或价格，也可以说是以本国货币表示的外国货币的“价格”。当某种外币的汇率升值时，在用这种外币结算时，有利于出口；当其贬值时则有利于进口。

（4）利率风险。

银行的利率是处于经常变化之中的。对借款人来说，利率的变化会带来现有借贷资金的成本变化，也会给后续的再借款带来风险。

在市场风险中，价格波动是其主要标志，也是影响农业生产的重要因素。这种影响既可能导致农业生产所需的生产资料价格的上涨，也有可能导致农产品价格的下跌。

3. 社会风险

农业风险中的社会风险也可以称为行为风险，它是指由于个人或团体的社会行为给农户造成的风险。农业的社会风险主要表现在如下几个方面：一是农户购买了伪劣种子、化肥和农药等农业生产资料，造成的农业生产损失；二是错误的行政干预造成的农业生产损失；三是环境污染给农业生产和经营造成的损失；四是农业政策等经济环境的变化给农业生产和经营造成的损失；五是政局变化，政权更迭、动乱等政治因素引起或造成的各种损失。

4. 技术风险

农业的技术风险是指某些技术因素给农业生产造成的损失。技术风险主要是指因技术、机械质量、操作等原因而引起的副作用，如农药使用不当等原因给农业生产和经营带来的各种损失。我国是人口多耕地少的国家，为了确保农产品总量的有效供给，必须立足于农业的科技进步。随着大量农业高新技术的采用和推广，农业的技术风险将会迎来一个大幅扩散和高发的态势。前段时间发生的由于微耕机质量不符合标准，致使贵州某地区四五个农民接连受伤的事件，就属于机械质量给农民带来的风险。

在我们认识农业风险可能会给农业生产带来损失的时候，我们也应该看到，风险的另一面——其会给农业生产带来额外的收益。我们说，任何事物都是由正反两方面组成的，风险有不利的方面，也有有利的方面。风险有利的方面就是有可能会给你带来收益，他们的关系是：往往风险越大，可能的损失就越大，可能的收益也越大；反之则相反。任何一种投资都有一定的风险，一点风险都没有的项目是不存在的，这就是风险的“双刃剑”特点。这有点像武术里面的双节棍功夫，舞得好，就像彩云缠绕周身，能保护自己；舞得不好，就会伤到自己。虽然风险有这样的特点，但是对一般的农家来说，追求的是避免风险可能带来的损失，不去想风险可能会带来的收益。而不去想在风险中寻求高额利润的前提是必须有控制风险或规避风险的能力，而这一点多数人做不到。

三、农业风险的防范

1. 农业风险防范总的原则

对于农业风险的防范，农户应该本着的原则是：掌握信息、谨慎投资、量体裁衣、稳扎稳打。

所谓掌握信息是指农家不能两耳闭塞，要多了解和掌握与农业有关的信息。掌握信息是农业风险防范原则中的首要事项，农家只有掌握了信息，才能了解农业发展的大趋势，按照大趋势来组织农业生产活动就意味着在抵御风险方面成功了一半。现在是信息时代，各种信息五花八门、良莠不齐，有些信息会帮助农家抵御农业风险，有些信息则会给农家带来不可估量的损失。所以农家应该从正常渠道收集信息，然后对信息进行甄别和分析，确保你所了解的信息是准确的、有用的，避免上当受骗。

所谓谨慎投资是指农家面对各色投资诱惑，一定要有一个清醒的头脑，一定要做好调查研究和充分的技术和商务论证。在这个前提下，要一步步按照投资的程序和规律来落实，确保投资准确并能获得预期收益。

所谓量体裁衣是指农家在日常的生产经营活动中，要本着有多大能力办多大事的原则办事，不能超出自身能力办力所不能及的事情。也就是所谓的“多大的肚量，吃多少碗干饭”。

所谓稳扎稳打是指农业活动是受自然规律制约的产业，这就要求农业活动要按照自然规律有序进行、稳扎稳打、步步为营，一点一滴的积累才能成功，不能冒进，也不能有大的跳跃。

2. 农业技术风险的防范

在这个大原则下，针对不同性质的风险，农家应该采取相应的防范措施。在技术风险的防范上，我们不能因噎废食，看到它有风险就远离不用。我国是一个人口多耕地少的国家，耕地面积在世界上排第4位，仅次于美国、俄罗斯和印度，但是人均耕地面积却排在126位以后。平均到每个人头上，拥有耕地只有1.4亩，还不到世界人均耕地面积的一半儿。加拿大人均耕地面积是我国的 18 倍，印度是我国的 20 倍。在这种自然条件下，要确保农产品总量的供应，必须立足于农业的科技进步，从提高单位产量上下工夫。那么，新的适用技术的采用和由此带来的技术进步就应成为促进农业发展的最有效的方式之一。在今年的中央一号文件上，又一次提出："面向产业需求，着力突破农业重大关键技术和共性技术，切实解决科技与经济脱节问题。立足我国基本国情，遵循农业科技规律，把保障国家粮食安全作为首要任务，把提高土地产出率、资源利用率、劳动生产率作为主要目标，把增产增效并重、良种良法配套、农机农艺结合、生产生态协调作为基本要求，促进农业技术集成化、劳动过程机械化、生产经营信息化，构建适应高产、优质、高效、生态、安全农业发展要求的科技体系"。

我国农业技术研究和推广在新中国成立以来取得了突出的成就，许多研究达到了世界先进水平，从而使我们在极其有限的耕地资源上养活了世界上 1/5 的人口。但是，有材料显示，农业科研成果的转化率只有 30% 左右。也就是说，大部分科研成果没有得到充分地利用。低于其他产业技术成果转化率，更低于欧、美、日等发达国家的农业技术成果转化率。农民是农业生产的独立生产者，要应付各种风险，他们不得不在较少的风险和较多的利润之间进行谨慎的权衡，权衡的结果往往是追求收入的稳定，以免使本已较低的生活水平因意外的损失而降低到难以接受的地步。所以，大部分农民的生产决策并非追求利润最大化，而是收入和消费的稳定。一般情况下，当农民面对一项新技术时，主要关心的：一是新技术的使用会不会使得到的净收益低于其最低的维持生存的标准，如果低于维持标准，就不会采用；二是看该项新技术产生的预期收益是否会比原来技术所产生的收益有显著提高，如果没有明显提高，或者只能提高一点点，农民也不会采用。也就是说，农民在是否采用新技术时，主要是从维持安全的角度去选择。特别是越接近于贫困的农民，其行为就越保守，对新技术的采用就越不积极。越不积极使用新技术，也就越发难于脱离贫困。

在防范农业技术风险中，农家应该从以下方面努力：

一是多依靠当地的政府安排的农业科学指导人员，同这些人员建立密切的关系。目前，每一个乡镇政府都配备了专门指导农民科技种田的科技人员，专门指导农业资源调查、病虫害测报等软技术与作物种植、栽培方法等科技成果的使用和普及，他们可以无偿提供给农户各种技术。这是一个政府给广大农民提供的免费服务，农民兄弟应该积极地享受这项“免费的午餐”。所以，要相信农业科学指导人员，争取成为他们的指导重点，并与其建立经常性的联系。

二是农家在思想上应该积极破除传统的种植和养殖习惯，要大胆地接近新科学技术，并大胆地利用新技术。新科技只要用上一次，就能尝到甜头，有了甜头，就有继续使用的动力，只要破除陈旧观念，新科技就会找上门来，只要科技一进家门，距离富裕就不远了。

三是农家自身也应该加大对科技的投入。我们知道，科技是第一生产力，它能使农业的产量和质量都提高，还能省时、省力、省钱。俗话说，磨刀不误砍柴工，应用科技就等于磨刀，我们把科技信息掌握多了，自然就能提高防范风险的能力了。所以，在农家的生产预算上一定要留出科技费用支出的储备。比如气象信息，现在各地的气象服务部门都是政府下属的事业单位，是公益性质的，免费向社会公布一定范围的气象信息。但是，他们也承担一部分有偿服务，如支付一定的费用后（费用不太高），他们就可以提供气候干预、局地气象变化等服务。如果农家采用了这些科技服务，就可以在一定程度上避免早寒、早霜和冰雹等自然灾害，减少损失，减少损失就等于是增收。

四是在购买种子、农药、化肥和农业机械等生产资料时，要购买正规厂家产品，不要贪图便宜，购入问题产品，一定把购买凭证保存好，一旦发现了质量上的问题，要积极要求索赔。

五是积极参加农业保险，今年春末夏初时节，山东胶东地区遇到突如其来的冰雹，造成十几个村庄的大樱桃减收或绝收，面对被冰雹打得一片狼藉的樱桃园，果农们欲哭无泪。在受灾害的这些种植户中，有一部分人参加了农业保险，绝收的就得到了保险公司每亩3 000元钱的保险补偿款。有些农家没把保险当回事，灾害真正来临时就没有得到补偿，此时悔之晚矣。当初买保险时，政府还负担了一半的保险费用，农民自己只花了很少的一部分钱。可见，参加农业保险是一项规避农业风险的最直接也是付出的代价最少的保险措施。

小知识 11—1

我国农业保险的品种

目前，我国农业保险的品种有以下几类：

第一类是种植业保险。种植业通常是指栽培植物以获取产品的生产行业。

(1) 农作物保险。

农作物是指人工栽培的植物，包括粮食作物、经济作物、绿肥和饲料作物等。按上述农作物的不同生长阶段，农作物保险又可具体分为生长期农作物保险和收获期农作物保险：

①生长期农作物保险。

生长期农作物保险是以发苗至收获前处在生长过程中的农作物为保险标的的保险。目前，我国开办的生长期农作物保险有：小麦种植保险、水稻种植保险、玉米种植保险、棉花种植保险、烟叶种植保险、甘蔗种植保险等。

②收获期农作物保险。

收获期农作物保险是承保农作物收获后在进行晾晒、轧打、脱粒和烘烤加工过程中，因遭受水灾、洪水、暴风雨等灾害而造成农作物产品损失的一种保险，如麦场夏粮火灾保险、烤烟水灾保险等。

(2) 林木保险。

林木保险的保险标的主要是指人工栽培的人工林和人工栽培的果木林两大类。原始林或自然林不属于保险标的范围。林木保险包括林木保险和果树保险两大类：

①林木保险。

林木在生长期遇到的灾害有火灾、虫灾、风灾、雪灾、洪水等。

其中，火灾是森林的主要灾害。目前，我国只承保单一的火灾责任，今后将会逐步扩大保险责任范围。林木保险可以根据未来的生长期确定保险期限，也可以按1年定期承保，到期续保。林木保险的保险金额确定方式有两种：一是按造林的成本确定；二是分成若干档次确定。

②果树保险。

果树保险根据承保地区主要树种的自然灾害选择单项灾害或伴发性灾害作为保险责任，对于果树的病虫害一般不予承保。果树保险一般可分为果树产量保险和果树死亡保险两种。果树产量保险只保果树的盛果期，初果期和衰老期一般不予承保。保险期限是从结果时起到果实达到成熟时止。果树死亡保险的保险期限多以1年期为限。

第二类是养殖业保险。养殖业是利用动物的生理机能，通过人工养殖以取得畜禽产品和水产品的生产行业。由于养殖业的劳动对象是有生命的动物，它们在生产过程中具有移位和游动的特点，因此，在利用自然力方面，比种植业有较大的灵活性。但是，养殖业也受到自然灾害和意外事故的影响，尤其受到疾病死亡的严重威胁。养殖业保险是一种对养殖业风险进行科学管理的最好形式。养殖业保险，是以有生命的动物为保险标的，在投保人支付一定的保险费后，对被保险人在饲养期间遭受保险责任范围内的自然灾害、意外事故所引起的损失给予补偿。一般把养殖业保险分为畜禽养殖保险和水产养殖保险两大类：

(1) 畜禽养殖保险。

畜禽养殖保险是以人工养殖的牲畜和家禽为保险对象的养殖保险。在畜禽养殖保险中，根据保险标的的特点，又可分为牲畜保险和家禽保险。

①牲畜保险。

牲畜在饲养过程中，面临的灾害风险较大，如疾病、自然灾害或意外事故造成的死亡或伤残。牲畜保险一般根据不同牲畜的饲养风险，选择几种主要的传染病，再加上部分自然灾害和意外事故作为保险责任。但要尽量避免承保与人为因素密切相关的风险。

②家禽保险。

家禽保险是指家禽经人们长期驯化培育，可以提供肉、蛋、羽绒等产品或其他用途的禽类的一种保险。由于家禽在饲养过程中一般采取高密度的规模养殖方式，因此，承保责任以疾病、自然灾害和意外事故等综合责任为主。

（2）水产养殖保险。

水产养殖保险是指对利用水域进行人工养殖的水产品因遭受自然灾害和意外事故而造成经济损失时，提供经济补偿的一种保险。从水产养殖的水域环境条件来分，主要有淡水养殖保险和海水养殖保险两大类：

①淡水养殖保险。

淡水养殖保险的保险标的主要有鱼、河蚌、珍珠等。淡水养殖保险主要承保的情况是因自然灾害或非人为因素造成意外事故，所致保险标的的死亡，对因疾病引起的死亡一般不予承保。

②海水养殖保险。

海水养殖保险是指为利用海水资源进行人工养殖者提供的一种保险。目前，开办的海水养殖保险有对虾养殖保险、扇贝养殖保险等。海水养殖主要集中在沿海地区的浅海和滩涂，因此面临的风险主要是台风、海啸、异常海潮、海水淡化或海水污染等造成保险标的的流失或死亡。海水养殖保险的保险责任主要是自然灾害造成的流失、缺氧、浮头死亡等，对疾病、死亡风险一般需特约承保。

资料来源　圣才学习网，http：//bx.100xuexi.com/ ExtendItem/ OTDetail_d89fb9df-4b48-4e55-940f-83afb9bf7d25.htm，2012-04-01。

注：保险标的是指作为保险对象的财产及其有关利益、财产、物质或者是人的寿命和身体等。

3. 农业订单风险的预防和规避

我们知道，订单农业是农户根据其本身或其所在的乡村组织同农产品的购买者之间所签订的订单，是组织安排农产品生产的一种农业产销模式。订单农业方式的实行，把个体农业生产活动同市场大环境紧密地联系到了一起，很好地适应了市场的需要，避免了盲目生产，体现了现代农业的特点，有利于农民、加工企业和消费者三方利益。但是就是这样一种合理的销售方式，在具体实行中也出现了很多问题，如生产的农户和采购方双方的违约现象，给产销双方都带来了一定的风险，我们把这种情况称为农业订单风险。之所以出现农业订单风险，主要源于以下几个方面：

第一种原因是由于产品市场价格出现了意外波动，预期会造成额外损失，致使采购方或生产方出现违约情况。某省某县的一个蔬菜加工厂厂长到农村发展生姜种植业，与当地50多户农户签订了农业订单合同，高峰时，带动了400多农户种植生姜，并按照合同收购了生姜。几年中，加工厂与农户严格执行合同条款，并按照合同价收购生姜，农户对加工厂很满意，认为其很诚信。为了进一步扩大规模，加工厂还从外地招商引资来一位投资商与其合作，一起收购生姜，投资商与当地50多户农户达成了收购协议。当时在合同上写明的生姜收购价是2.4元/公斤。但是，市场风云突变，眼看着生姜收购季节到了，市场行情却持续走低，最后生姜跌到1公斤才1元多。看到生姜市场低迷，有些农民妥协了，把姜卖给了按照1元多收购的投资商，但更多的农民仍然要求加工厂以合同价执行。为此，外地引进的投资商卷着铺盖跑路了，再也没露脸。农户们找到加工厂，要求给个说法。看到农民囤积的生姜，加工厂答应按收购价收购，但钱要先拖欠一阵，等从银行贷款出来再付款。就这样，厂家收走了50多户农户的生姜，欠了他们28万元。后来，加工厂因周转不利申请了破产，无力按照合同收购价支付28万元。收购方被“姜了一军”，而且还被一下子“姜”死了，农民也受了牵连。像这类现象各地均有发生。

第二种原因是由于突遭自然灾害或社会突发事件而造成的违约。在农业订单执行中，常常会发生突如其来的自然灾害，造成生产方（供货方）无力供货，造成违约，同时收购方也会受到相同的遭遇。

比如，由于突遭强风袭击，果蔬被毁损，农民无法按照原订合同交货，这就会造成供货方面的违约。再比如，突遭植物病害，局地的果蔬在一段时间内停止交易，这时，就会造成供货方无法供货，采购方也无法进入采购地采购货物，造成双方都违约的情况。

第三种原因是由于收购方出现融资困难而造成的收购方违约。这种情况是指收购方在收购季节，融资方面出现问题，收购资金无法落实，导致的收购方违约。

第四种原因是作为生产方的农户出现的违约。这里主要有两种情况：

一是农民没有吃透合同要求，按照传统思路来履行合同，造成的违约。例如，某村经县农技站介绍，与一家经营蔬菜加工与出口的企业签订了一份农业订单，为了保险起见，由村委会牵头订立合同，并负责组织农民生产无公害青刀豆 300 亩，由企业负责全部产品收购。企业垫付种子及前期的必要费用，收购时扣回，并明确了收购标准和价格。由当地的农技部门提供技术支持。按说，这是一件对农民和收购企业都是有利的好事，可以实现企业、农民、村委会及农技部门多赢的目的。然而却事与愿违，订单合同里规定青刀豆的收购标准是长 6 ~ 17 厘米、直径 0.6 ~ 0.9 厘米。但是，农民采摘时觉得这样的青刀豆太小太嫩，不压秤，想让其长大一些，多点重量可以多卖点钱。结果，由于长得过了头，青刀豆长的太老了，企业拒收超过标准的果实。最终订单没有完全履行，双方都有怨气。

二是出现意外灾害事故，农产品供应方的违约。

那么，如何规避农业订单风险呢？

第一，对市场价格出现的意外波动和价格风险应有一定的心理准备和承受能力。

面对市场价格的一般性波动，无论是农户也好，还是收购方也好，要讲信用，必须按照合同约定的履行。这次你可能因为价格下降吃了亏，明天价格就有可能上涨，到那时就会把丢掉的损失补回来了，但是建立的信誉关系，却会使农民永远受益。

第二，在签订合同时要规范行事，对合作方的信誉和资金等资信情况，要有一定的了解。

就像前面我们讲过的“姜军”的例子一样，如果农户在签订订单合同时就请工商部门把关，也许这样的事情就不会发生。因为工商部门会在对方资质、信用度等方面和合同条款的规范化等方面给予正规化的建议，这样能够最大化地保护农民的利益，有了这些详尽条款作保证，就算公司违约了，农户也能寻求一定的补偿，能够更好地维护自己的合法权益。

第三，在签订农业订单合同时，合同的主体应该明确。

合同的主体不明确，在履行时会遇到很多麻烦。以上“青刀豆”的例子中，本质是农民违约，但是，订单是由采购方同村委会签订的，而村委会不具备法人资格和担保资格，这种订单没有法律效力，对企业和农民也没有约束力。一旦订单在执行过程中因某种因素发生变化，就可能使其难以履行，同时又可能因为这个订单缺乏法定约束力，引发一系列的矛盾和冲突。“青刀豆”的所有者是农民，案例里虽然农民违约了，采购方却得不到赔偿。所以，在签订农业订单合同时一定要明确合同的责任主体。

第四，亲兄弟也要明算账，信任不能当成信用，信人更要信市场。

在农村，凡事讲究的是人情，很多事情都是在人情关系的笼罩下进行的，如果缺少了人情，在农村是寸步难行的。这种现象虽然能够促使人与人之间建立良好的社会关系，相互关照，相互提携，但是在经济活动上却是不行的，经济活动一定要责任分明，亲兄弟明算账。一些民间订单，往往找老关系，讲老交情，某些大户凭借社会上的名望，博取农户的信任，签订订单合同。这样的信任有些是不靠谱的，如果订单合同的签约双方存在信用问题或者缺乏一定的资产作抵押，个人资质信用存在风险，这样一旦出现意外，就会波及大批农户。市场是一双看不见的手，它能左右市场经济的一切活动。所以农民一定要看清市场形式，以此来组织一切生产和经营活动。

第五，成立农民专业合作组织，抱团取暖，共同抗击风险。

我国农业存在着一种怪现象：农产品价格农民自己说了不算，当农产品价格暴跌时，谷贱伤农，农民首先受伤害；当农产品价格暴涨时，农民也不能多得到多少，会出现被中间商“扒皮”的现象，农民似乎总是处在吃亏的最前沿。究其原因有很多，但是最主要的原因是农民单打独斗的生产经营方式决定了这种结果。要解决这个问题，需要国家和社会做的工作很多，但对农民来说，成立农民专业合作社是一个不错的选择。成立专业合作社对农民最大的好处是可以实行同行业的联合，农民抱成团就可以在一定程度上抵御风险。

第六，寻找一切关系，同城市大型超市建立农超对接关系。

这也是一个不错的途径。通过同大型超市建立产销对接关系，可以使农民的生产活动同居民需要直接挂钩，农民可以按照超市的要求组织生产，超市按照消费者的要求组织货源，这样就把“农民的地里同消费者的锅里”建立了直接的关系，也就是使农民的产品同市场建立了关系，这就达到了现代农业的要求。

小知识 11—2

农民抵御种植风险顺口溜：

信息不能太闭塞，拉车还要把头抬。
多看多问多琢磨，内外行情心里埋。
自己做主不跟风，稳坐滩头鱼自来。
品种不能太单一，餐桌不能光吃鸡。
品种不低两三个，不怕奇特和怪异。
东方不亮西方亮，多股水流汇成渠。
销售不把大堆扎，寻找奇径莫怕滑。
紧俏才能吸人眼，桃李无言蹊自下。
紧盯市场找机缘，江湖更要独行侠。
时间赶早不赶晚，新茶贵在谷雨前。

不争三春争头茬，果蔬最是头口鲜。
一早能抵十日迟，早熟早卖丰补欠。
成本求低不求高，农资使用找妙招。
家常便饭最有效，有机粪肥少打药。
再把科技请进门，货好本低富腰包。

4. 中药材种植风险的防范

所谓中药材种植就是农民利用山林和田地资源，种植中草药经济作物的行为。我省东北部地区和西北部地区有良好的种植中草药的条件。目前，种植中草药是一项大有前景的产业。首先，中医理论已经越来越被世界各国承认和认可。现在世界上已经有 70 多个国家的政府正式承认中医的合法地位，其中包括美国、欧洲和日本。这些国家的教育机构可以进行中医药教学，教育部门承认毕业生的学历；中医在当地行医，可以获得医疗行政部门的审批，医疗行为得到保障。在国外对中医合法地位逐渐认可和国内中医学重新崛起的推动下，中药也在随着中医学科的发展而发展。

在我国的中药体系中，按照地域分成三大体系：一是北药，就是以北部地区的辽宁、吉林、黑龙江和内蒙古为主形成的体系；二是云药，主要是以西南地区的云南、贵州为主形成的体系；第三是川药，主要是以四川、重庆、陕西西南部为主形成的体系。这三大体系也称为中药的三大产地。在北药系列中人参、五味子、细辛、刺五加、淫羊藿等属于中药系列中的上品，在收购价上一般都高于其他地区的中药。种药材能挣钱，这是确定无疑的，但种药材也有风险性。中药种植的风险也同其他经济作物一样，也要承受市场价格、意外自然灾害和履约等方面的风险。这里主要讲一下种植风险，其他风险的防范参照我们前面讲过的农业风险的防范。那么，怎样才能避免中草药种植方面的风险呢？

第一，要选好种植基地。

种植基地是中草药生产中最重要的基础环节，目前有利用山林中未开垦的荒地种植和农田种植两种。什么是好的标准？目前是以是否达到 GAP 要求为标准。所谓 GAP 是英文 Good Agriculture Practices 的缩写，中文意思是“良好农业规范”。GAP 主要针对未加工和简单加工（生的）的产品及出售给消费者和加工企业的大多数果蔬的种植、采收、清洗、摆放、包装和运输过程中常见的微生物的危害控制，其关注的是新鲜果蔬的生产和包装，内容包含了从农场到餐桌的整个食品链的所有步骤。2006 年 1 月，国家认证认可监督委员会制定了《良好农业规范认证实施规则（试行）》，并会同有关部门联合制定了良好农业规范系列国家标准，用于指导认证机构开展作物、水果、蔬菜、肉牛、肉羊、奶牛、生猪和家禽生产的良好规范认证活动，每个标准包含通则、控制点与符合性规范、检查表和基准程序。对于药材生产过程要力求规范，严格按照 GAP 标准进行种植。对利用山林种植的中草药则要按照有机标准生产，从而使中草药生产环节达到国家规定的标准。凡是达到有机标准的还可以申请有机证书，因为具备有机资质的可以卖到高价钱。

第二，做好基地的管护工作。

中草药的生产不同于粮食和其他作物的种植，其他作物的种植是为了果腹，解决饥饿问题，而中草药则是为了治病，是特殊作物，在管护上要不同于其他作物的种植。第一个要紧的是使用农药和化肥。一定按照国家 GAP 标准进行种植，不能滥用农药。对化肥的使用也同样，这样可以确保中草药本身的安全和效用的保持。对中草药来说，要追求质量，不能追求产量。第二个要紧的是防范野兽的袭扰。在辽宁省北部山区的本溪和抚顺各县区，由于多年的禁猎，生态得以恢复，各种野兽渐渐多起来。这对环境保护来说确实是好事，但是对利用山林种植和养殖的农民来说，就出现了遭受野兽袭扰的问题。对中草药种植损害最大的野兽是野猪，所以对野猪的防范就是摆在农民面前的一大难题。这方面，农民应该积极向当地的林业管理部门求助，采取有效的措施加以解决。吉林和黑龙江等地多采用在田地里摆放稻草人的办法，利用野猪生性多疑的特点，来恐吓和迷惑野猪，取得了一定的效果。

第三，在种植品种上，长短搭配，相互补充。

在北药中，多数药材的生长周期在4年左右，也有较长的，如人参的种植中，园子参需要4～6年。如果是野播的就要14年以上，这样长的回收期，一般的农户会吃不消。所以农民在选择品种上应该长短搭配，回收期长的品种和回收期短的品种都有一些，形成一个既可持续长期发展又能有现得利的互相搭配的品种。

第四，按照古法种植，注重中药材品质。

近几年，在中医方面，医患双方都有这样的感觉，一些方剂的疗效大不如从前，有的人由此得出中医要退出历史舞台的谬论。造成这种情况的原因是多方面的，但是不排除由于现代化耕种技术造成的高产量，导致中药药性下降。中医向来通过望闻问切等手段找出病因，再通过中药材的自然属性救治。如果用化肥来催长，用农药来杀虫，不仅仅是在药材上面会有农药和化学残留，就是这种人为地干预方式也违反了中医药规律，这样长成的药材不是自然力而为的结果，而是人为的结果。试想这样一来，这个方剂还能有好的疗效吗？所以，国家将来一定会有相应的规范性的管理措施来促使人们按照古法种植药材，恢复中药材的本来面目。

正是：

生活处处有风险，
农家时时需防范。
转闪腾挪能规避，
斧钺勾叉双刃剑。
风雷电闪站稳脚，
春夏秋冬保安全。

话题十二 需收回的财富——农家应收账款的回收

人欠欠人事寻常，
少欠尽收最妥当。

一、农家应收账款的管理和利用

居家过日子，不能凡事不求人，房扒开门，灶坑打井的人家在农村是无法生存的。所以，人情往份就成为农家最为平常的事情了。但是说来平常，实际做起来，却要费一点周章。那么，农家如何才能处理好应收账款的事项？本章就重点说一下这方面的技巧。

1. 什么是农家的应收账款

所谓应收账款也叫应收款，是指单位或个人所欠农家的资金，也就是农家的财产被外单位或个人所占用的经济事项。应收账款是农家的债权，属于一项流动资产。

如果细分起来，应收账款主要包括两类：

第一类是外部单位的欠款，是指农家在与外单位发生经济往来时出现的各种应收账款和暂付款项。

第二类是指农家同个人在经济往来中或其他活动中发生的应收账款和暂付款项。

从性质上来说，应收账款是农家所有而被外单位或别人占用的资产。对农家来说，发生适当数额的应收账款是生产经营和社会管理活动必须的，凡是有生产经营和社会活动，就免不了会有应收账款的存在。但是，如果应收账款占用的数额过多，已超出合理的范围，并且长时间收不回来，就意味着农家流失了经济权利，宝贵的资金资源在被别人所用。所以，应加强应收账款管理，将其控制在合理的范围内，采用合适的方法及时收回应收账款是农家生产经营中一项不可或缺的工作。

2. 应收账款有什么用处

如果从前面的分析来看，应收账款应该被列为消灭之列。但是实际上应收账款并不是一无是处，对农家生产经营来说，它对产品销售和库存积压有一定的正面作用。

（1）可以增加农产品的销售量。

由于大部分农产品有应时和应急销售的特点，所以，在销售环节上必须要抢时间，力争在短时间内销售完，这样才能获得更多的效益。对一些在一段时间内生产量大于市场需求量的农产品或其他产品，为了扩大销售市场，把农产品或其他产品及时地销售出去，一个可行的办法就是赊销。例如，秋天的大白菜，如果农家没有适当的存储条件，就要在上冻前及时把收获的白菜销售掉，否则就会发生冻损。这时对部分白菜可以适当采用赊销的方式卖出去，通过赊销缓解购买者的资金压力，也使自己的产品达到了销售的目的。在此情况下，应收账款也会随之产生，所以，适当的应收款存在，意味着扩大了产品的销售量。

（2）可以减少农产品的库存积压。

由于对气候变化条件、市场供求趋势、种植面积等情况估计不足，往往会产生农产品库存积压的现象，这是农产品生产者常见的经济现象。所谓人算不如天算就是指这种情况。当农家存在农产品库存积压时，不仅会造成农产品品质变化，而且还要发生大量的管理费、仓储费等费用，除此之外还会有自然损耗。但是，如果我们将这些库存积压赊销出去，把积压的实物变成应收账款，则不会有上述的费用支出。所以，当农家产品存货较多时，可以考虑采用优惠的信用条件进行赊销，以减少库存积压，降低有关费用支出。从另一个角度看，适当数量的应收账款，还可以减少库存产品的积压。

二、应收账款的成本

虽然，应收账款是体现在会计账面上的数字，平时应该不会有什么费用发生。但是并非如此，凡是应收账款存在的时候，也要发生一定的成本。当农家的账面上有应收账款存在时，就意味着要付出一定的代价了，这个代价就是应收账款的成本。应收账款的成本主要有以下几个方面：

1. 机会成本

所谓机会成本，就是指由于从事这项活动而丧失掉另外一项活动的价值。对农家积压的农产品来说，如果不采用赊销方式卖掉，就需要将这些库存积压产品通过减价方式卖掉，将取得的减价收入用到其他投资上，并获得收益。这种因投放于应收账款而放弃其他投资的收入，就是应收账款的机会成本。其基本计算公式如下：

$$\text{持有应收账款的机会成本}=\text{预计持有的应收账款数}\times\frac{\text{应收账款机会成本率}}{360\text{天}}\times\text{应收账款平均收账期}$$

举例来说：如果农家计划赊销一部分农产品，预计发生额为10万元人民币，并且有半年期限的应收账款数额。当期的银行贷款利率是10%，该项应收账款的机会成本为：

$$\text{该项应收账款的机会成本}=100\,000\text{元}\times\frac{10\%}{360\text{天}}\times180\text{天}$$

$$=5\,000\text{（元）}$$

这个结果就意味着这笔10万元赊销半年的应收账款业务的机会成本是5 000元。有了这个数，再同减价销售的机会成本数比较，哪个成本低就可以选用哪种销售方式。

2. 管理成本

管理成本是指形成应收账款后要发生的管理费用。这些费用主要包括：

（1）催收账款时发生的各项费用。主要是派人催款时发生的差旅、通信、邮递等费用。

（2）账簿管理费用。由于增加财会人员业务量而带来的各种费用。

（3）其他费用。

3. 坏账成本

尽管财会人员努力收账，但是由于各种原因，在应收账款中，总会有一部分因不能如数收回而发生损失，这部分损失称为应收账款的坏账损失。坏账损失往往同应收账款的总数成正比，应收账款越多，坏账成本就越大。

农家在是否采用赊销时，应该考虑应收账款的以上成本，并同应收账款可能带来的收入增加相比较，慎重决策，以便使应收账款的数额控制在合理的范围内。

三、如何管理应收账款

为了减少农家催收应收账款的麻烦，在平时，农家应该加强以下几方面的工作：

1. 防患于未然，加强平时农产品的销售推介

农家在农产品尚未成熟前，应该提早做好销售的推介工作，提早联系，争取在销售的同时得到现款。同时，要提早做好农产品销售合同的签订工作，争取提早得到采购订单。农家在农产品销售合同的订立中，应该注意合同的规范化，避免口头形式的约定。在签订合同时，应注意以下内容：

（1）明确各项交易条件，如：价格、计量单位、付款条件（指销售量达到什么程度时开始付款）、付款方式、付款日期、运输方式及到达地点等；

（2）明确双方的权利和责任；

（3）确定合同期限，明确合同的起止时间；

（4）合同必须加盖经销商的合同专用章，以明确责任，避免使用个体行为的私章或个人签字。

2. 平时坚持定期的财务对账制度

对外部单位的欠款，农家要形成定期的对账制度，每隔一段时间就必须同欠款方核对一次账目。对账不仅是核对欠款数目，借此也一并提醒对方积极还款。因此要制订一套规范的、定期的对账制度，以避免日后由于人员变动造成双方财务记载出现差距，进而出现呆账、死账现象。同时，为了保险起见，对账时要形成具有法律效应的文书或其他纸质、电子文档记录，以避免以后出现异议。

3. 做好应收账款日常的记录和核算工作

农家平时要做好日常的基础记录和核算工作。基础记录包括农家对顾客提供的信用标准、信用期限、经办人员组成、付款的时间、应收账款余额、顾客名称、单位住址、联系方式、合同编号、记录账页、页次编号等。一定要掌握欠款人完整的信息。同时，农家还应该设置应收账款总账账户和应收账款明细分类账，汇总记载同所有顾客的往来账款数额及其增减情况。分门别类地详细记录与销货顾客的往来款项的增减变动情况，以便及时了解掌握情况，采取措施。

4. 确定合适的收账程序

合适的收账程序应该是先缓后紧、先宽后严、先常规后法律，坚持保持友情第一，催收账款第二的原则，尽量避免“一锤子买卖”的行为。具体说，催收账款的一般程序依次为：信函通知、电话催收、派员面谈，最后再考虑采取法律行动。对于欠款时间较短和信用较好的顾客，委婉地电话提示即可，不要过多地催收，以免引起对方反感，失去优质顾客；对于过期稍长的顾客，可以措辞婉转地写信催收，也不要伤了和气；对于过期较长时间的顾客，要频繁地进行信件催收和电话催收；对于过期很长时间的顾客，可以在催款时措辞严厉，必要时采取提请有关部门仲裁或提请诉讼等方式强制催收。

四、如何催收欠款

在农家的日常生活中，催收账款是个既头疼又艰苦的事情，催收欠款需要有一定的耐心，同时还要讲究一定的方法，才能取得合适的收账效果。

1. 要确定合理的讨债方法。一般情况下，讨债方法有以下几种：

（1）农家自行追讨

在自行讨要的情况下，要分析拖欠方的情况，不同情况采取不同方法处理。顾客拖欠货款的原因可能比较多，但可以概括为两类：无力偿付和故意、恶意拖欠。无力偿付是指顾客因经营不善，财务出现困难，没有资金来偿付到期的债务。对这种情况应该进行具体分析。如果顾客确实遇到暂时的资金困难，且平时的诚信度又较好，经过努力可以在稍短的时间内还款的，农家应该稍缓催款，帮助顾客渡过难关，以便以后能顺利收回应收账款。

当发现欠款单位出现经营危机和财务危机时，应收账款将面临较大的损失，农家应该尽快与债务方商讨，必要时进行债务重组。

所谓债务重组又称债务重整，是指债权人在债务人发生财务困难时，本着友好协商的原则，在法律的监督下，债权人对债务人做出的让步。

债务重组的主要方式是：

①在无法以现金形式偿还的情况下，以非现金资产清偿全部或部分债务；

②修改负债条件清偿全部或部分债务。包括延长还款期限、降低利率、债务转成股份、免去应付未付的利息、减少本金等。

当债务单位破产时，农家应积极参与债权的申报以及追讨，切勿错过追讨的最佳时机，以期望在破产清算时得到债权的部分清偿。

（2）委托专业机构追讨。

对故意或恶意拖欠的，除了自行追讨外，农家还可以委托专业机构追讨。所谓故意或恶意拖欠是指顾客虽有能力付款，但为了自身利益，想方设法不付款（俗称“老赖”）。对这类人，农家在自己追讨一段时间后仍没有实质性效果的情况下，可以委托专业机构追讨应收账款，由其代理行使债权人的追讨工作，如果还不行，再采用仲裁或法律诉讼来捍卫自身的正当权益。

小知识 12—1

讨债小招数：对付“老赖”常用的招数：

1. “老赖”可分为以下几种：装聋作哑式、东躲西藏式、以死要挟式（指当债主找到时，先哭穷喊冤，呼天喊地，进而发展到以死相要挟，以达到赖账目的）、“牙膏”式。

2. 民间对付“老赖”的常用办法：

一磨，只要不还钱，天天来要账，并多说好话，讲困难，不发火；

二缠，选一位适合的人员，采取跟随战术，赖账人走到哪，就跟到哪，紧紧缠住，一直缠到他把钱还上为止；

三扰，利用一些手段，在法律允许的框架内，把要账工作适当造成声势，在赖账人的工作地点和生活区域展开，给欠款人造成一定思想压力，促使对方把钱还上；

四诉，诉就是诉讼，不仅向法律诉状，还要查清对方实力，掌握对方资产，采取好保全措施；

五转，将无力或难以回收的债权有偿、依法转让他人，然后通知债务人便可，无须征得其同意。

2. 要提前制定合理的信用政策。为了减少不良欠款，农家可以参照企业的办法，提前制定合理的信用政策，防患于未然。

(1) 合理确定信用期间。

所谓信用期间，是指买方允许顾客从购货到付款之间的时间，或者说是卖方给予顾客的付款期。如果信用期过短，不足以吸引顾客，在同类产品的市场竞争中会使销售额下降；如果信用期过长，对销售额增加固然有利，但是，在此期间由于占用资金的利息和催收货款等费用的增多，所增加的收益会被增长的费用所抵消，造成利润的减少。因此，农家必须慎重研究，确定出比较恰当的信用期。

信用期的确定，主要的方法是分析改变现行信用期对收入和成本所带来的影响。延长信用期，会使销售额增加，产生有利影响。与此同时应收账款、收账费用和坏账损失又会增加，产生一定的不利影响。两者进行比较，当前者大于后者时，可以延长信用期，否则不宜延长。如果缩短信用期，会使销售额有一定的减少，但是应收账款的费用却会减少。具体操作时应将两者进行比较，然后取其有利者。

(2) 合理确定信用标准。

信用标准是指购货方要享受销货方的交易信用所具备的条件，也是农家在决定赊销农产品前事先划定的条件，符合这个条件的，农家就可以对其实行赊销。农家在信用标准设定时，往往要考虑以下因素：

①品质因素。

所谓品质因素是指顾客的信誉，即履行偿债义务的可能性。为了了解这一信息，农家必须设法了解购买方过去的付款记录，看其是否有按期如数付款的良好习惯，及与其他供货单位的关系是否良好，这一点经常被视为评价顾客信用的首要因素。

②能力因素。

所谓能力因素是指购货方的偿债能力，即购买方资产的数量和质量以及流动负债的比例。购货方的流动资产越多，其转换为现金支付款项的能力就越强。同时，还应注意购买方流动资产的质量，看顾客的存货是否过多、过时或质量下降，是否存在影响其变现能力和支付能力的情况。

③资本因素。

所谓资本因素是指购买方的财务实力和财务状况，表明顾客可能偿还债务的背景。销售方可以通过了解对方单位的财务比率中所反映的单位资产构成状况进行判断。

④抵押因素。

所谓抵押因素是指一旦购买方无力支付货款，能被用作抵押的资产的数量和质量，也就是看看购买方的“家底”能否抵偿“赖账”的金额。这对于不知底细或信用状况有争议的购买方尤其重要。一旦收不到这些单位的款项，便以抵押品抵补。如果这些购买方提供足够的抵押，就可以考虑向他们提供相应的信用。

⑤条件因素。

所谓条件因素是指可能影响客户付款能力的外界经济环境。比如，万一出现经济不景气，会对顾客的付款产生什么影响，顾客会如何做等等，这需要了解顾客在过去困难时期的付款历史。

如果达不到信用标准，购买方就不能享受到信用优惠或只能享受到较低的信用优惠，或者干脆“一手交钱，一手交货”。农家自定的信用标准通常以预期的坏账损失率来确定是采用较宽的标准还是采用较严的标准。

如果农家平时坚持谨慎的原则，掌握信用标准较严，只对信誉较好、坏账损失率很低的顾客给予赊销，这样会减少坏账损失的发生和应收账款的机会成本，但同时也会减少销售量。如果信用标准较宽，虽然会增加销售量，但会相应地会增加坏账损失和应收账款的机会成本。农家应根据具体情况，进行合理权衡。只有信用标准变化带来的收益大于其成本时，才可提供商业信用。

五、如何利用应收账款

虽然应收账款是一项农家的钱由外人使用的资产。但是，它毕竟还是资产，是资产就有利用的可能。对存在应收账款的农村家庭来说，不能简单地把所有的应收账款都看成是停滞的或呆死的资产，农家在坚持积极索要的前提下，还可以想办法让其流动起来。也就是说，农家除了按照以上介绍的方法加强应收账款的管理和积极催收以外，还可以考虑利用应收账款的账面数额进行融资。利用应收账款融资的主要方法有以下几方面：

1. 应收账款出售

应收账款出售是指将应收账款出售给融资单位，融资单位获得应收账款的所有权，并一次性支付价款的行为。这个融资单位，可以是金融机构，也可以是民间的收账集团。一旦达成购买协议以后，购买单位就将一部分应收账款折价购买，并向卖方支付相应的价款。在采用应收账款出售的情况下，应收账款出售单位所得到的出售价款会少于应收账款的账面数，因为购买方要支付以下的成本：

（1）应收账款购买方要支付利息成本，包括预期收回应收账款的时间内的利息成本和风险成本；

（2）购买方要支付收账过程中的预期费用，包括折扣、折让、交通、信息等费用；

（3）买方单位应得的利润。应收账款出售的好处是回收资金快，免除了催账过程中的麻烦；坏处是付出的成本要高一些，要损失掉一部分应收账款。

2. 应收账款贴现

应收账款贴现是指将应收账款到银行贴现以融通资金的办法。在这种情况下，银行也要按照上述的方法作必要的扣除，付给的贴现数额也要少于应收账款的账面数。其好处同上。但是，在一般情况下，银行可能要对欠款方进行资信甄别，会挑选那些资信好的欠款单位的应收款实行贴现，其余的应收账款还是要由债权人自行想办法解决。

3. 以应收账款作抵押品融资

以应收账款作抵押品融资也叫应收账款融资，是指将应收账款资产作为贷款的抵押物，以融通资金取得银行借款的办法。通过应收账款作抵押品融资，既能满足农家临时的资金需求，又能使应收账款得到一定的利用。一般情况下，农家以应收账款作抵押向银行申请贷款时，贷款额一般为应收账款面值的50%～90%。应收账款抵押后，农家还要继续向欠债方追讨应收账款。为了能够收回应收账款，农家不能将应收账款抵押的信息透露给欠债的客户。

4. 将应收账款转作股权

将应收账款转作股权也叫债务资本化，通常称为“债转股”，是指农家在账款回收不利或回收无望的情况下将到期的应收账款转作对债务方投资的行为。这种情况，也是债务重组的一种方式。所谓债务重组是指通过削减债务、豁免债务、债务转让、债务抵销、债权转股等方式对单位的负债和债权进行重新组合的行为。债务重组能够减轻负债单位的债务负担，也可以减轻债权单位催收债务的压力，可以重新优化债权和债务双方单位的资本结构，也可以为双方单位后续的生产经营发展进行合理的铺垫。将应收账款转作股权时应注意以下一些问题：

（1）要选好债务人。

采用债权变股权的方式并不适用于所有负债单位。一般情况下有两类负债单位可以考虑作为选择对象：一是负债单位是国家支持和保护行业中的企业或其他单位，有一定的发展前景，农家将债权转作股本后会带来长远的经济利益；二是虽然负债单位的负债率较高，但仍有一定的发展潜力，具备相当的管理实力。

（2）对拟选择的债务人的债务要逐笔进行分析，将符合条件的债权作股权转换。

也就是说，并不是将该家单位的全部负债不加区分地全部转为股权。一般情况下，仅可以对以下符合条件的负债进行转股：一是对方由于政策性原因造成亏损，国家并未拨款弥补，欠款单位靠银行长期垫付作为维持简单再生产的周转资金而无法收回的贷款，这些亏损将来国家迟早会予以弥补；二是欠款单位由于过度负债无法还款，但这部分资金借贷后形成了实实在在的资产，增大了欠款单位的生产能力。

以上所介绍应收账款的利用方法，其共同点是：利用其融资的成本代价较高，而其他的成本会稍低一些，农家在使用时应该仔细地评估，争取选择成本最低、经济利益最优的办法，在应收账款的回收中力争获得更好的效益。

正是：

尽管满心不情愿，
经营难免有人欠。
提前预防尽量少，
发生之后及时算。
方法得当讲信誉，
厚重之家财富连。

附录1　2012年中央一号文件[①]

新华社北京2012年2月1日电　中共中央、国务院近日印发了《关于加快推进农业科技创新持续增强农产品供给保障能力的若干意见》。全文如下：

2011年，各地区各部门认真贯彻中央决策部署，同心协力，扎实工作，克服多种困难挑战，农业农村保持了强劲发展势头。粮食生产稳定跃上新台阶，农民增收成效喜人，水利建设明显加速，农村民生持续改善，农村社会安定祥和。农业农村形势好，有力支撑了经济平稳较快发展，有效维护了改革发展稳定大局。

做好2012年农业农村工作，稳定发展农业生产，确保农产品有效供给，对推动全局工作、赢得战略主动至关重要。当前，国际经济形势复杂严峻，全球气候变化影响加深，我国耕地和淡水资源短缺压力加大，农业发展面临的风险和不确定性明显上升，巩固和发展农业农村好形势的任务更加艰巨。全党要始终保持清醒认识，绝不能因为连续多年增产增收而思想麻痹，绝不能因为农村面貌有所改善而投入减弱，绝不能因为农村发展持续向好而工作松懈，必须再接再厉、迎难而上、开拓进取，努力在高起点上实现新突破、再创新佳绩。

实现农业持续稳定发展、长期确保农产品有效供给，根本出路在科技。农业科技是确保国家粮食安全的基础支撑，是突破资源环境约束的必然选择，是加快现代农业建设的决定力量，具有显著的公共性、基础性、社会性。必须紧紧抓住世界科技革命方兴未艾的历史机遇，坚持科教兴农战略，把农业科技摆上更加突出的位置，下决心突破体制机制障碍，大幅度增加农业科技投入，推动农业科技跨越发

① 资料来源　中国网，www. china. com. cn，2012-02-02。

展，为农业增产、农民增收、农村繁荣注入强劲动力。

2012 年农业农村工作的总体要求是：全面贯彻党的十七大和十七届三中、四中、五中、六中全会以及中央经济工作会议精神，高举中国特色社会主义伟大旗帜，以邓小平理论和“三个代表”重要思想为指导，深入贯彻落实科学发展观，同步推进工业化、城镇化和农业现代化，围绕强科技保发展、强生产保供给、强民生保稳定，进一步加大强农惠农富农政策力度，奋力夺取农业好收成，合力促进农民较快增收，努力维护农村社会和谐稳定。

一、加大投入强度和工作力度，持续推动农业稳定发展

1. 毫不放松抓好粮食生产。

保障农产品有效供给，首先要稳住粮食生产，确保不出现滑坡。要切实落实“米袋子”省长负责制，继续开展粮食稳定增产行动，千方百计稳定粮食播种面积，扩大紧缺品种生产，着力提高单产和品质。继续实施全国新增千亿斤粮食生产能力规划，加快提升 800 个产粮大县（市、区、场）生产能力。继续实施粮食丰产科技工程、超级稻新品种选育和示范项目。支持优势产区加强棉花、油料、糖料生产基地建设，进一步优化布局、主攻单产、提高效益。深入推进粮棉油糖高产创建，积极扩大规模，选择基础条件好、增产潜力大的县乡大力开展整建制创建。大力支持在关键农时、重点区域开展防灾减灾技术指导和生产服务，加快推进农作物病虫害专业化统防统治，完善重大病虫疫情防控支持政策。

2. 狠抓“菜篮子”产品供给。

抓好“菜篮子”，必须建好菜园子、管好菜摊子。要加快推进区域化布局、标准化生产、规模化种养，提升“菜篮子”产品整体供给保障能力和质量安全水平。大力发展设施农业，继续开展园艺作物标准园、畜禽水产示范场创建，启动农业标准化整体推进示范县建设。实施全国蔬菜产业发展规划，支持优势区域加强菜地基础设施建设。稳定发展生猪生产，扶持肉牛肉羊生产大县标准化养殖和原良种

场建设，启动实施振兴奶业苜蓿发展行动，推进生猪和奶牛规模化养殖小区建设。制定和实施动物疫病防控二期规划，及时处置重大疫情。开展水产养殖生态环境修复试点，支持远洋渔船更新改造，加强渔政建设和管理。充分发挥农业产业化龙头企业在“菜篮子”产品生产和流通中的积极作用。强化食品质量安全监管综合协调，加强检验检测体系和追溯体系建设，开展质量安全风险评估。大力推广高效安全肥料、低毒低残留农药，严格规范使用食品和饲料添加剂。落实“菜篮子”市长负责制，充分发挥都市农业应急保障功能，大中城市要坚持保有一定的蔬菜等生鲜食品自给能力。

3. 加大农业投入和补贴力度。

持续加大财政用于“三农”的支出，持续加大国家固定资产投资对农业农村的投入，持续加大农业科技投入，确保增量和比例均有提高。发挥政府在农业科技投入中的主导作用，保证财政农业科技投入增幅明显高于财政经常性收入增幅，逐步提高农业研发投入占农业增加值的比重，建立投入稳定增长的长效机制。按照增加总量、扩大范围、完善机制的要求，继续加大农业补贴强度，新增补贴向主产区、种养大户、农民专业合作社倾斜。提高对种粮农民的直接补贴水平。落实农资综合补贴动态调整机制，适时增加补贴。加大良种补贴力度。扩大农机具购置补贴规模和范围，进一步完善补贴机制和管理办法。健全主产区利益补偿机制，增加产粮（油）大县奖励资金，加大生猪调出大县奖励力度。探索完善森林、草原、水土保持等生态补偿制度。研究建立公益林补偿标准动态调整机制，进一步加大湿地保护力度。加快转变草原畜牧业发展方式，加大对牧业、牧区、牧民的支持力度，草原生态保护补助奖励政策覆盖到国家确定的牧区半牧区县（市、旗）。加大村级公益事业建设一事一议财政奖补力度，积极引导农民和社会资金投入“三农”。有效整合国家投入，提高资金使用效率。切实加强财政“三农”投入和补贴资金使用监管，坚决制止、严厉查处虚报冒领、截留挪用等违法违规行为。

4. 提升农村金融服务水平。

加大农村金融政策支持力度，持续增加农村信贷投入，确保银行业金融机构涉农贷款增速高于全部贷款平均增速。完善涉农贷款税收激励政策，健全金融机构县域金融服务考核评价办法，引导县域银行业金融机构强化农村信贷服务。大力推进农村信用体系建设，完善农户信用评价机制。深化农村信用社改革，稳定县（市）农村信用社法人地位。发展多元化农村金融机构，鼓励民间资本进入农村金融服务领域，支持商业银行到中西部地区县域设立村镇银行。有序发展农村资金互助组织，引导农民专业合作社规范开展信用合作。完善符合农村银行业金融机构和业务特点的差别化监管政策，适当提高涉农贷款风险容忍度，实行适度宽松的市场准入、弹性存贷比政策。继续发展农户小额信贷业务，加大对种养大户、农民专业合作社、县域小型微型企业的信贷投放力度。加大对科技型农村企业、科技特派员下乡创业的信贷支持力度，积极探索农业科技专利质押融资业务。支持农业发展银行加大对农业科技的贷款力度。鼓励符合条件的涉农企业开展直接融资，积极发展涉农金融租赁业务。扩大农业保险险种和覆盖面，开展设施农业保费补贴试点，扩大森林保险保费补贴试点范围，扶持发展渔业互助保险，鼓励地方开展优势农产品生产保险。健全农业再保险体系，逐步建立中央财政支持下的农业大灾风险转移分散机制。

5. 稳定和完善农村土地政策。

加快修改完善相关法律，落实现有土地承包关系保持稳定并长久不变的政策。按照依法自愿有偿原则，引导土地承包经营权流转，发展多种形式的适度规模经营，促进农业生产经营模式创新。加快推进农村地籍调查，2012 年基本完成覆盖农村集体各类土地的所有权确权登记颁证，推进包括农户宅基地在内的农村集体建设用地使用权确权登记颁证工作，稳步扩大农村土地承包经营权登记试点，财政适当补助工作经费。加强土地承包经营权流转管理和服务，健全土地承包经营纠纷调解仲裁制度。加快修改土地管理法，完善农村集体土地征收有关条款，健全严格规范的农村土地管理制度。加快推进牧区草原承包工作。深化集体林权制度改革，稳定林地家庭承包关系，2012年基本完成明晰产权、承包到户的改革任务，完善相关配套政策。搞好国有林场、国有林区改革试点。深入推进农村综合改革，加强农村改革试验区工作。

二、依靠科技创新驱动，引领支撑现代农业建设

6. 明确农业科技创新方向。

着眼长远发展，超前部署农业前沿技术和基础研究，力争在世界农业科技前沿领域占有重要位置。面向产业需求，着力突破农业重大关键技术和共性技术，切实解决科技与经济脱节问题。立足我国基本国情，遵循农业科技规律，把保障国家粮食安全作为首要任务，把提高土地产出率、资源利用率、劳动生产率作为主要目标，把增产增效并重、良种良法配套、农机农艺结合、生产生态协调作为基本要求，促进农业技术集成化、劳动过程机械化、生产经营信息化，构建适应高产、优质、高效、生态、安全农业发展要求的技术体系。

7. 突出农业科技创新重点。

稳定支持农业基础性、前沿性、公益性科技研究。大力加强农业基础研究，在农业生物基因调控及分子育种、农林动植物抗逆机理、农田资源高效利用、农林生态修复、有害生物控制、生物安全和农产品安全等方面突破一批重大基础理论和方法。加快推进前沿技术研究，在农业生物技术、信息技术、新材料技术、先进制造技术、精准农业技术等方面取得一批重大自主创新成果，抢占现代农业科技制高点。着力突破农业技术瓶颈，在良种培育、节本降耗、节水灌溉、农机装备、新型肥药、疫病防控、加工贮运、循环农业、海洋农业、农村民生等方面取得一批重大实用技术成果。

8. 完善农业科技创新机制。

打破部门、区域、学科界限，有效整合科技资源，建立协同创新机制，推动产学研、农科教紧密结合。按照事业单位分类改革的要求，深化农业科研院所改革，健全现代院所制度，扩大院所自主权，

努力营造科研人员潜心研究的政策环境。完善农业科研立项机制，实行定向委托和自主选题相结合、稳定支持和适度竞争相结合。完善农业科研评价机制，坚持分类评价，注重解决实际问题，改变重论文轻发明、重数量轻质量、重成果轻应用的状况。大力推进现代农业产业技术体系建设，完善以产业需求为导向、以农产品为单元、以产业链为主线、以综合试验站为基点的新型农业科技资源组合模式，及时发现和解决生产中的技术难题，充分发挥技术创新、试验示范、辐射带动的积极作用。落实税收减免、企业研发费用加计扣除、高新技术优惠等政策，支持企业加强技术研发和升级，鼓励企业承担国家各类科技项目，增强自主创新能力。积极培育以企业为主导的农业产业技术创新战略联盟，发展涉农新兴产业。加快农业技术转移和成果转化，加强农业知识产权保护，稳步发展农业技术交易市场。

9. 改善农业科技创新条件。

加大国家各类科技计划向农业领域倾斜支持力度，提高公益性科研机构运行经费保障水平。支持发展农业科技创新基金，积极引导和鼓励金融信贷、风险投资等社会资金参与农业科技创新创业。继续实施转基因生物新品种培育科技重大专项，加大涉农公益性行业科研专项实施力度。推进国家农业高新技术产业示范区和国家农业科技园区建设。按照统筹规划、共建共享的要求，增加涉农领域国家工程实验室、国家重点实验室、国家工程技术研究中心、科技资源共享平台的数量，支持部门开放实验室和试验示范基地建设。加强市地级涉农科研机构建设，鼓励有条件的地方纳入省级科研机构直接管理。加强国际农业科技交流与合作，加大力度引进消化吸收国外先进农业技术。加强农业气象研究和试验工作，强化人工影响天气基础设施和科技能力建设。

10. 着力抓好种业科技创新。

科技兴农，良种先行。增加种业基础性、公益性研究投入，加强种质资源收集、保护、鉴定，创新育种理论方法和技术，创制改良育种材料，加快培育一批突破性新品种。重大育种科研项目要支持育繁推一体化种子企业，加快建立以企业为主体的商业化育种新机制。优化调整种子企业布局，提高市场准入门槛，推动种子企业兼并重组，鼓励大型企业通过并购、参股等方式进入种业。建立种业发展基金，培育一批育繁推一体化大型骨干企业，支持企业与优势科研单位建立育种平台，鼓励科研院所、高等学校科研人员与企业合作共享。加大动植物良种工程实施力度，加强西北、西南、海南等优势种子繁育基地建设，鼓励种子企业与农民专业合作社联合建立相对集中稳定的种子生产基地，在粮棉油生产大县建设新品种引进示范场。对符合条件的种子生产开展保险试点，加大种子储备财政补助力度。完善品种审定、保护、退出制度，强化种子生产经营行政许可管理，严厉打击制售假冒伪劣、套牌侵权、抢购套购等违法行为。

三、提升农业技术推广能力，大力发展农业社会化服务

11. 强化基层公益性农技推广服务。

充分发挥各级农技推广机构的作用，着力增强基层农技推广服务能力，推动家庭经营向采用先进科技和生产手段的方向转变。普遍健全乡镇或区域性农业技术推广、动植物疫病防控、农产品质量监管等公共服务机构，明确公益性定位，根据产业发展实际设立公共服务岗位。全面实行人员聘用制度，严格上岗条件，落实岗位责任，推行县主管部门、乡镇政府、农民三方考评办法。对扎根乡村、服务农民、艰苦奉献的农技推广人员，要切实提高待遇水平，落实工资倾斜和绩效工资政策，实现在岗人员工资收入与基层事业单位人员工资收入平均水平相衔接。进一步完善乡镇农业公共服务机构管理体制，加强对农技推广工作的管理和指导。切实改善基层农技推广工作条件，按种养规模和服务绩效安排推广工作经费。2012 年基层农业技术推广体系改革与建设示范县项目基本覆盖农业县（市、区、场）、农业技术推广机构条件建设项目覆盖全部乡镇。大幅度增加农业防灾减灾稳产增产关键技术良法补助。加快把基层农技推广机构的经营性职能分离出去，按市场化方式运作，探索公益性服务多种实现形式。改进基层

农技推广服务手段，充分利用广播电视、报刊、互联网、手机等媒体和现代信息技术，为农民提供高效便捷、简明直观、双向互动的服务。加强乡镇或小流域水利、基层林业公共服务机构建设，健全农业标准化服务体系。扩大农业农村公共气象服务覆盖面，提高农业气象服务和农村气象灾害防御科技水平。

12. 引导科研教育机构积极开展农技服务。

引导高等学校、科研院所成为公益性农技推广的重要力量，强化服务“三农”职责，完善激励机制，鼓励科研教学人员深入基层从事农技推广服务。支持高等学校、科研院所承担农技推广项目，把农技推广服务绩效纳入专业技术职务评聘和工作考核，推行推广教授、推广型研究员制度。鼓励高等学校、科研院所建立农业试验示范基地，推行专家大院、校市联建、院县共建等服务模式，集成、熟化、推广农业技术成果。大力实施科技特派员农村科技创业行动，鼓励创办领办科技型企业和技术合作组织。

13. 培育和支持新型农业社会化服务组织。

通过政府订购、定向委托、招投标等方式，扶持农民专业合作社、供销合作社、专业技术协会、农民用水合作组织、涉农企业等社会力量广泛参与农业产前、产中、产后服务。充分发挥农民专业合作社组织农民进入市场、应用先进技术、发展现代农业的积极作用，加大支持力度，加强辅导服务，推进示范社建设行动，促进农民专业合作社规范运行。支持农民专业合作社兴办农产品加工企业或参股龙头企业。壮大农村集体经济，探索有效实现形式，增强集体组织对农户生产经营的服务能力。鼓励有条件的基层站所创办农业服务型企业，推行科工贸一体化服务的企业化试点，由政府向其购买公共服务。支持发展农村综合服务中心。全面推进农业农村信息化，着力提高农业生产经营、质量安全控制、市场流通的信息服务水平。整合利用农村党员干部现代远程教育等网络资源，搭建三网融合的信息服务快速通道。加快国家农村信息化示范省建设，重点加强面向基层的涉农信息服务站点和信息示范村建设。继续实施星火计划，推进科技富民强县行动、科普惠农兴村计划等工作。

四、加强教育科技培训，全面造就新型农业农村人才队伍

14. 振兴发展农业教育。

推进部部共建、省部共建高等农业院校，实施卓越农林教育培养计划，办好一批涉农学科专业，加强农科教合作人才培养基地建设。进一步提高涉农学科（专业）生均拨款标准。加大国家励志奖学金和助学金对高等学校涉农专业学生倾斜力度，提高涉农专业生源质量。加大高等学校对农村特别是贫困地区的定向招生力度。鼓励和引导高等学校毕业生到农村基层工作，对符合条件的，实行学费补偿和国家助学贷款代偿政策。深入推进大学生“村官”计划，因地制宜实施“三支一扶”、大学生志愿服务西部等计划。加快中等职业教育免费进程，落实职业技能培训补贴政策，鼓励涉农行业兴办职业教育，努力使每一个农村后备劳动力都掌握一门技能。

15. 加快培养农业科技人才。

国家重大人才工程要向农业领域倾斜，继续实施创新人才推进计划和农业科研杰出人才培养计划，加快培养农业科技领军人才和创新团队。进一步完善农业科研人才激励机制、自主流动机制。制定以科研质量、创新能力和成果应用为导向的评价标准。广泛开展基层农技推广人员分层分类定期培训。完善基层农技推广人员职称评定标准，注重工作业绩和推广实效，评聘职数向乡镇和生产一线倾斜。开展农业技术推广服务特岗计划试点，选拔一批大学生到乡镇担任特岗人员。积极发挥农民技术人员示范带动作用，按承担任务量给予相应补助。

16. 大力培训农村实用人才。

以提高科技素质、职业技能、经营能力为核心，大规模开展农村实用人才培训。充分发挥各部门各行业作用，加大各类农村人才培养计划实施力度，扩大培训规模，提高补助标准。加快培养村干部、农民专业合作社负责人、到村任职大学生等农村发展带头人，农民植保

员、防疫员、水利员、信息员、沼气工等农村技能服务型人才，种养大户、农机大户、经纪人等农村生产经营型人才。大力培育新型职业农民，对未升学的农村高初中毕业生免费提供农业技能培训，对符合条件的农村青年务农创业和农民工返乡创业项目给予补助和贷款支持。

五、改善设施装备条件，不断夯实农业发展物质基础

17. 坚持不懈加强农田水利建设。

加快推进水源工程建设、大江大河大湖和中小河流治理、病险水库水闸除险加固、山洪地质灾害防治，加大大中型灌区续建配套与节水改造、大中型灌溉排水泵站更新改造力度，在水土资源条件具备的地方新建一批灌区，努力扩大有效灌溉面积。继续增加中央财政小型农田水利设施建设补助专项资金，实现小型农田水利重点县建设基本覆盖农业大县。加大山丘区“五小水利”工程建设、农村河道综合整治、塘堰清淤力度，发展牧区水利。大力推广高效节水灌溉新技术、新设备，扩大设备购置补贴范围和贷款贴息规模，完善节水灌溉设备税收优惠政策。创新农田水利建设管理机制，加快推进土地出让收益用于农田水利建设资金的中央和省级统筹，落实农业灌排工程运行管理费用由财政适当补助政策。发展水利科技推广、防汛抗旱、灌溉试验等方面的专业化服务组织。

18. 加强高标准农田建设。

加快永久基本农田划定工作，启动耕地保护补偿试点。制定全国高标准农田建设总体规划和相关专项规划，多渠道筹集资金，增加农业综合开发投入，开展农村土地整治重大工程和示范建设，集中力量加快推进旱涝保收高产稳产农田建设，实施东北四省区高效节水农业灌溉工程，全面提升耕地持续增产能力。占用耕地建设重大工程，要积极推行“移土培肥”经验和做法。继续搞好农地质量调查和监测工作，深入推进测土配方施肥，扩大土壤有机质提升补贴规模，继续实施旱作农业工程。加强设施农业装备与技术示范基地建设。加快推

进现代农业示范区建设，支持垦区率先发展现代农业。

19. 加快农业机械化。

充分发挥农业机械集成技术、节本增效、推动规模经营的重要作用，不断拓展农机作业领域，提高农机服务水平。着力解决水稻机插和玉米、油菜、甘蔗、棉花机收等突出难题，大力发展设施农业、畜牧水产养殖等机械装备，探索农业全程机械化生产模式。积极推广精量播种、化肥深施、保护性耕作等技术。加强农机关键零部件和重点产品研发，支持农机工业技术改造，提高产品适用性、便捷性、安全性。加大信贷支持力度，鼓励种养大户、农机大户、农机合作社购置大中型农机具。落实支持农机化发展的税费优惠政策，推动农机服务市场化和产业化。切实加强农机售后服务和农机安全监理工作。

20. 搞好生态建设。

巩固退耕还林成果，在江河源头、湖库周围等国家重点生态功能区适当扩大退耕还林规模。落实天然林资源保护工程二期实施方案，统筹解决就业困难的一次性安置职工社会保险补贴问题。逐步提高防护林造林投资中央补助标准，加强“三北”、沿海、长江等防护林体系工程建设。抓紧编制京津风沙源治理二期工程规划，扩大石漠化综合治理实施范围，开展沙化土地封禁保护补助试点。构建青藏高原生态安全屏障，启动区域性重点生态工程。适当扩大林木良种和造林补贴规模，完善森林抚育补贴政策。完善林权抵押贷款管理办法，增加贷款贴息规模。探索国家级公益林赎买机制。支持发展木本粮油、林下经济、森林旅游、竹藤等林产业。鼓励企业等社会力量运用产业化方式开展防沙治沙。扩大退牧还草工程实施范围，支持草原围栏、饲草基地、牲畜棚圈建设和重度退化草原改良。加强牧区半牧区草原监理工作。继续开展渔业增殖放流。加大国家水土保持重点建设工程实施力度，加快坡耕地整治步伐，推进清洁小流域建设，强化水土流失监测预报和生产建设项目水土保持监督管理。把农村环境整治作为环保工作的重点，完善以奖促治政策，逐步推行城乡同治。推进农业清洁生产，引导农民合理使用化肥农药，加强农村沼气工程和小水电代燃料生态保护工程建设，加快农业面源污染治理和农村污水、垃圾处理，改善农村人居环境。

六、提高市场流通效率，切实保障农产品稳定均衡供给

21. 加强农产品流通设施建设。

统筹规划全国农产品流通设施布局，加快完善覆盖城乡的农产品流通网络。推进全国性、区域性骨干农产品批发市场建设和改造，重点支持交易场所、电子结算、信息处理、检验检测等设施建设。把农产品批发市场、城市社区菜市场、乡镇集贸市场建设纳入土地利用总体规划和城乡建设规划，研究制定支持农产品加工流通设施建设的用地政策。鼓励有条件的地方通过投资入股、产权置换、公建配套、回购回租等方式，建设一批非营利性农产品批发、零售市场。继续推进粮棉油糖等大宗农产品仓储物流设施建设，支持拥有全国性经营网络的供销合作社和邮政物流、粮食流通、大型商贸企业等参与农产品批发市场、仓储物流体系的建设经营。加快发展鲜活农产品连锁配送物流中心，支持建立一体化冷链物流体系。继续加强农村公路建设和管护。扶持产地农产品收集、加工、包装、贮存等配套设施建设，重点对农民专业合作社建设初加工和贮藏设施予以补助。

22. 创新农产品流通方式。

充分利用现代信息技术手段，发展农产品电子商务等现代交易方式。探索建立生产与消费有效衔接、灵活多样的农产品产销模式，减少流通环节，降低流通成本。大力发展订单农业，推进生产者与批发市场、农贸市场、超市、宾馆饭店、学校和企业食堂等直接对接，支持生产基地、农民专业合作社在城市社区增加直供直销网点，形成稳定的农产品供求关系。扶持供销合作社、农民专业合作社等发展联通城乡市场的双向流通网络。开展“南菜北运”、“西果东送”现代流通综合试点。开展农村商务信息服务，举办多形式、多层次的农产品展销活动，培育具有全国性和地方特色的农产品展会品牌。充分发挥农产品期货市场引导生产、规避风险的积极作用。免除蔬菜批发和零

售环节增值税，开展农产品进项税额核定扣除试点，落实和完善鲜活农产品运输绿色通道政策，清理和降低农产品批发市场、城市社区菜市场、乡镇集贸市场和超市的收费。

23. 完善农产品市场调控。

准确把握国内外农产品市场变化，采取有针对性的调控措施，确保主要农产品有效供给和市场稳定，保持价格合理水平。稳步提高小麦、稻谷最低收购价，适时启动玉米、大豆、油菜籽、棉花、食糖等临时收储，健全粮棉油糖等农产品储备制度。抓紧完善鲜活农产品市场调控办法，健全生猪市场价格调控预案，探索建立主要蔬菜品种价格稳定机制。加强国内外农产品市场监测预警，综合运用进出口、吞吐调剂等手段，稳定国内农产品市场。完善农产品进口关税配额管理，严厉打击走私违法行为。抓紧建立全国性、区域性农产品信息共享平台，加强农业统计调查和预测分析，提高对农业生产大县的统计调查能力，推行重大信息及时披露和权威发布制度，防止各类虚假信息影响产业发展、损害农民利益。

各级党委和政府必须始终坚持把解决好“三农”问题作为重中之重，不断加强和改善对农业农村工作的领导，切实把各项政策措施落到实处，努力形成全社会关心支持“三农”的良好氛围。全面贯彻落实党的十七届六中全会精神，促进城乡文化一体化发展，增加农村文化服务总量，缩小城乡文化发展差距。加快推进社会主义新农村建设，切实保障和改善农村民生，大力发展农村公共事业，认真落实《中国农村扶贫开发纲要（2011—2020 年）》。推进以党组织为核心的农村基层组织建设，完善农村基层自治机制，健全农村法制，加强和创新农村社会管理，确保农村社会和谐稳定。

切实加强农业农村工作，加快推进农业科技创新，持续增强农产品供给保障能力，使命光荣、责任重大、任务艰巨。我们要紧密团结在以胡锦涛同志为总书记的党中央周围，坚定信心，真抓实干，以优异成绩迎接党的第十八次全国代表大会胜利召开！

附录2　解读2012中央一号文件六大亮点[①]

核心提示　2012年2月1日，以“农业科技”为关键词的中央一号文件由新华社受权发布，这也是自2004年以来中央连续发布的第9个以“三农”为主题的“一号文件”。今年的一号文件新意亮点何在，有哪些新论述、新思路、新举措?

2012年中央一号文件公布

把农业科技摆上更加突出位置

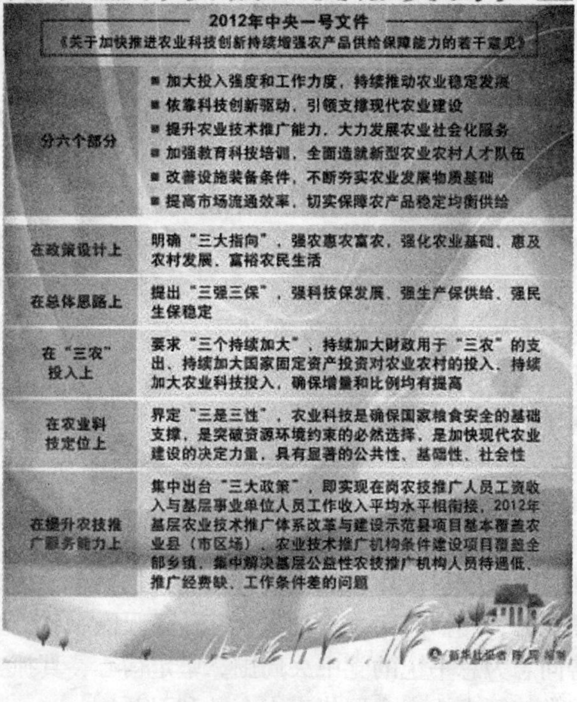

2012年中央一号文件
《关于加快推进农业科技创新持续增强农产品供给保障能力的若干意见》

分六个部分	■ 加大投入强度和工作力度，持续推动农业稳定发展 ■ 依靠科技创新驱动，引领支撑现代农业建设 ■ 提升农业技术推广能力，大力发展农业社会化服务 ■ 加强教育科技培训，全面造就新型农业农村人才队伍 ■ 改善设施装备条件，不断夯实农业发展物质基础 ■ 提高市场流通效率，切实保障农产品稳定均衡供给
在政策设计上	明确“三大指向”，强农惠农富农，强化农业基础、惠及农村发展、富裕农民生活
在总体思路上	提出“三强三保”，强科技保发展、强生产保供给、强民生保稳定
在“三农”投入上	要求“三个持续加大”，持续加大财政用于“三农”的支出、持续加大国家固定资产投资对农业农村的投入、持续加大农业科技投入，确保增量和比例均有提高
在农业科技定位上	界定“三是三性”，农业科技是确保国家粮食安全的基础支撑，是突破资源环境约束的必然选择，是加快现代农业建设的决定力量，具有显著的公共性、基础性、社会性
在提升农技推广服务能力上	集中出台“三大政策”，即实现在岗农技推广人员工资收入与基层事业单位人员工作收入平均水平相衔接，2012年基层农业技术推广体系改革与建设示范县项目基本覆盖农业县（市区场），农业技术推广机构条件建设项目覆盖全部乡镇，集中解决基层公益性农技推广机构人员待遇低、推广经费缺、工作条件差的问题

① 资料来源　新华网，www. xinhuanet. com，2012-02-03。

亮点一：把“农业科技”摆上更加突出位置

文件表述：实现农业持续稳定发展、长期确保农产品有效供给，根本出路在科技。农业科技是确保国家粮食安全的基础支撑，是突破资源环境约束的必然选择，是加快现代农业建设的决定力量，具有显著的公共性、基础性、社会性。必须紧紧抓住世界科技革命方兴未艾的历史机遇，坚持科教兴农战略，把农业科技摆上更加突出的位置，下决心突破体制机制障碍，大幅度增加农业科技投入，推动农业科技跨越发展，为农业增产、农民增收、农村繁荣注入强劲动力。

专家解读

中央农村工作领导小组副组长、办公室主任陈锡文：今年中央把1号文件的主题确定为“加快推进农业科技创新、持续增强农产品供给保障能力”，既抓住了发展要害、回应了基层关切、兼顾了当前长远，又在保持政策连续性基础上丰富和发展了“三农”政策体系。

农业部总经济师、新闻发言人陈萌山：“今年的中央1号文件突出强调农业科技创新，把推进农业科技创新作为农产品生产保供和现代农业发展的支撑，在中国农业科技发展史上具有里程碑意义。”关于农业科技创新的问题，中央1号文件进一步明确了农业科技的定位、定性和定向。

中国社会科学院农村发展研究所宏观室主任党国英：今年中央1号文件从三方面确保我国农业科技的发展：明确了发展农业科技的责任；国家将确保加大用于农业科技创新的投入力度；致力于完善农业技术推广体制。

亮点二：在政策设计上，明确“三大指向”——强农惠农富农

文件表述：进一步加大强农惠农富农政策力度，奋力夺取农业好收成，合力促进农民较快增收，努力维护农村社会和谐稳定。

专家解读

中央农村工作领导小组副组长、办公室主任陈锡文：在“三农”政策体系上，明确提出“三大指向”。过去一直提“支农”，后来提“支农惠农”，党的十七届三中全会科学地表述为“强农惠农”，这次

一号文件又提升到“强农惠农富农”。这是重中之重战略思想的丰富发展，是以工补农、以城带乡方针的细化实化，是强化农业基础、惠及农村发展、富裕农民生活的精炼表述和精辟概括。

亮点三：在总体思路上，提出“三强三保”

文件表述：围绕强科技保发展、强生产保供给、强民生保稳定，进一步加大强农惠农富农政策力度，奋力夺取农业好收成，合力促进农民较快增收，努力维护农村社会和谐稳定。

四川省社会科学院副院长、农业经济学家郭晓鸣：虽然过去十年农业科技进步明显，成为了促成中国农业八连增的重要原因，但是中国农业科技水平仍然是全面滞后的。“农业的发展越来越依赖于科技的进步，但现在中国给予农业科技方面的支持仍不够多，这既包括研发，更包括农业技术的推广。”

党的十六大以来，中央制定了工业反哺农业、城市支持农村和多予少取放活的方针，强农惠农富农政策不断完善，农业农村基础不断夯实，粮食生产实现“八连增”，农民增收实现“八连快”。各级党委和政府务必始终保持清醒认识，绝不能因为连续多年增产增收而思想麻痹，绝不能因为农村面貌有所改善而投入减弱，绝不能因为农村发展持续向好而工作松懈。

亮点四：在“三农”投入上，要求“三个持续加大”

文件表述：持续加大财政用于“三农”的支出、持续加大国家固定资产投资对农业农村的投入、持续加大农业科技投入，确保增量和比例均有提高。

专家解读

农业部总经济师、新闻发言人陈萌山：虽然我国农业科技取得了辉煌的成就，但我们也清醒地认识到，与建设现代农业的新要求相比，与国际先进水平相比，差距仍然较大，突出表现在“三个不足”：一是创新成果供给不足。农业科技总体水平还不高，跟踪式、模仿式，甚至低水平重复式研究还较多，类似杂交水稻、黄淮海综合治理等重大成果多年少见，我国50%以上的生猪、蛋肉鸡、奶牛良种，90%以上的高端蔬菜花卉品种依赖进口。二是农技推广服务不足。基层农技推广体系还存在许多突出问题，如管理体制不顺、运行机制不活、经费投入不足、条件建设薄弱、人员素质不高等等，推广能力落后于生产和农民需要。专业化和社会化服务组织发展还相对滞后，不能满足现代农业发展要求。三是农业人才总量不足。农业科研缺乏领军人才，基层农技人员年龄老化问题突出。大量农村青壮年劳动力进城务工，农村“谁来种地”、“谁来养猪”已成为绕不过的严峻问题。

亮点五：在农业科技定位上，界定“三是三性”

文件表述：农业科技是确保国家粮食安全的基础支撑，是突破资源环境约束的必然选择，是加快现代农业建设的决定力量，具有显著的公共性、基础性、社会性。

专家解读

农业部总经济师、新闻发言人陈萌山：在农业科技的定性上，文件明确强调，农业科技具有显著的公共性、基础性、社会性，要大幅度增加农业科技投入，保证财政农业科技投入增幅高于财政经常性收入增幅，逐步提高农业研发投入占农业增加值的比重，建立投入稳定增长的长效机制。这就进一步明确了在农业科技上，政府要发挥主导作用、财政承担主要责任的基本政策取向。

农业部总经济师、新闻发言人陈萌山：最受广大农业科研和农技推广人员欢迎的政策亮点有两个：一个是关于农业科技公共性、基础性、社会性的“三性”论述，这一论述给广大农业科技人员吃下了定心丸。

亮点六：在提升农技推广服务能力上，集中出台“三大政策”

文件表述：对扎根乡村、服务农民、艰苦奉献的农技推广人员，要切实提高待遇水平，落实工资倾斜和绩效工资政策，实现在岗人员工资收入与基层事业单位人员工资收入平均水平相衔接。进一步完善乡镇农业公共服务机构管理体制，加强对农技推广工作的管理和指导。切实改善基层农技推广工作条件，按种养规模和服务绩效安排推广工作经费。2012 年基层农业技术推广体系改革与建设示范县项目基本覆盖农业县（市、区、场）、农业技术推广机构条件建设项目覆盖全部乡镇。

专家解读

中央农村工作领导小组办公室副主任唐仁健：今年的一号文件突出强调农业基层推广体系的能力，主要是两大方面：一方面做强“主力军”。就是经常讲的七站八所。怎么做强有两点：第一，强调条件改善和能力建设。有三个亮点：一是我们讲的“一个衔接两个覆盖”。“一个衔接”是要让基层在岗的农技推广人员工资收入水平与基层事业单位的平均水平相衔接。因为在基层事业单位五大体系中，多年来农业技术推广人员的工资一直是非常低的，平均水平相衔接将极大地激励基层农技推广人员的积极性。“两个覆盖”，一个是农技推广体系改革与建设示范县，今年要覆盖到所有的农业县（市、区、场）。这个覆盖讲的主要是投入财政资金，解决基层农技推广机构没有工作经费的问题。一个是农业技术推广机构条件建设项目要覆盖全部的乡镇，这个钱是发改委的资金，主要是解决他们的办公条件，比如说房屋、仪器设备、交通工具等等。第二，文件强调要转换机制，增强活力。要全面实行人员聘用制度，严格上岗的条件，落实岗位责任等等，不是说你在这个岗位上可以端铁饭碗。推广的效果和条件怎么样，也不像以前主管部门说了算，需要主管部门、乡镇政府、农民三方来考评。另一方面做大“方面军”。农业的科研院所、农业的大学、专业合作组织、龙头企业等等，要采取适当的政策和措施，引导他们开展农技推广。在这方面，激励机制很关键。

四川省社会科学院副院长、农业经济学家郭晓鸣：现在中国农业技术推广面临很大问题，体现为由政府主导的农业技术推广体系“最后一公里断裂”。这是因为政府部门与农民没有利益关联度，导致提供的技术不是农民最需要的技术，而监督的缺乏又导致了这种“供需矛盾”很难问责。

农业部总经济师、新闻发言人陈萌山：“一个衔接、两个覆盖”政策，是中央财政支持基层农技推广工作的重大政策突破，是基层广大农技推广人员的长期期盼，是激励和发挥他们作用的关键所在。

附录3　全国农业和农村经济发展第十二个五年规划

“十二五”时期是我国全面建设小康社会的关键时期，是深化改革开放、加快转变经济发展方式的攻坚时期，也是加快推进农业现代化、建设社会主义新农村的重要时期。为充分发挥规划引领作用，推动农业和农村经济保持平稳较快发展，根据《国民经济和社会发展第十二个五年规划纲要》有关农业和农村经济发展的总体部署和要求，制定《全国农业和农村经济发展第十二个五年规划》。

第一章　把握形势，顺应发展新要求

一、发展成就与经验

“十一五”以来，中央坚持把“三农”工作作为全党工作的重中之重，不断完善强农惠农政策，加大“三农”投入力度，在各级各部门和亿万农民群众的共同努力下，农业和农村经济克服严重自然灾害和国际金融危机等影响，实现了持续稳定发展，完成了“十一五”规划确定的主要目标和任务。粮食连年增产，总产连续4年保持在5亿吨以上，粮食综合生产能力稳步迈上了万亿斤新台阶。“菜篮子”产品供应充足，满足了市场多样化需求。农民收入较快增长，先后跨越4 000元、5 000元大关，年均实际增长8.9%，增速超过“七五”以来各个时期。农业物质技术装备条件明显改善，农业科技进步贡献率和农作物耕种收综合机械化水平均达到52%，分别增长4个和16个百分点，标志着科技已成为我国农业发展的主要推动力量，农业生产方式正由千百年来人力畜力为主转入以机械作业为主的新阶段。农业农村改革开放取得新成就，农村土地承包关系继续保持稳定，土地流转平稳有序，家庭农（牧）场、种粮大户不断涌现，农民专业合作社达到37万多家，农业产业化经营组织达到25万个，新型农业生产经营主体逐步发展壮大；农产品进出口贸易额突破1 000亿美元，我国已成为世界上第三大农产品贸易国。农村二三产业快速发展，农产品加工业产值与农业总产值之比提高到1.7∶1；乡镇企业增加值超过11万亿元，年均增长12.9%；休闲农业年接待游客超过4亿人次，营业收入超过1 200亿元；农林牧渔服务业总产值超过2 300亿元，比2005年增长110%以上。社会主义新农村建设开创新局面，农村基础设施和教育、卫生、文化、社会保障等社会事业加快发展，村容村貌明显改观，涌现了一大批示范典型。农业和农村经济发展取得的巨大成就，为我国成功应对各种困难和风险，保持经济社会平稳较快发展奠定了坚实基础。

“十一五”是极不平凡的五年，是现代农业加快发展、新农村建设扎实推进的五年。实践表明，要保持农业和农村经济又好又快发展，必须深入贯彻落实科学发展观，全面落实“重中之重”战略思想，完善强农惠农政策，健全农业支持保护体系；必须坚持立足国内保障粮食基本自给的方针，切实加强农业基础设施和装备建设，不断提高农业综合生产能力和抗风险能力；必须坚持强化农业科技创新和推广服务，切实增强农业科技支撑能力，推动农业和农村经济发展方式转变；必须坚持和完善农村基本经营制度，推动农业生产经营体制机制创新，不断增强农业和农村经济发展活力；必须坚持统筹城乡发展方略，深入推进社会主义新农村建设，加快形成城乡经济社会一体化发展新格局。

专栏1 “十一五”农业和农村经济发展主要成就一览表

类别	指标	2005年	2010年	年均增长(%)
农产品供给	粮食播种面积（亿亩）	15.64	16.48	1.05
	粮食总产量（亿吨）	4.84	5.46	2.44
	棉花总产量（万吨）	571	596	0.86
	油料总产量（万吨）	3 077	3 230	0.98
	糖料总产量（万吨）	9 452	12 008	4.9
	肉类总产量（万吨）	6 939	7 925	2.69
	禽蛋总产量（万吨）	2 438	2 765	2.55
	奶类总产量（万吨）	2 865	3 780	5.7
	水产品总产量（万吨）	4 420	5 373	3.98
	农产品质量安全例行监测总体合格率（%）	94.3	94.8	[0.5]
农业产业结构	畜牧业占农业总产值比重（%）	33.7	30	[-3.7]
	农产品加工业产值与农业总产值比	1.1	1.7	[0.6]
	乡镇企业增加值（万亿元）	5.05	11.2	12.9
	农垦生产总值（亿元）	1 358.65	3 381	20
农业物质技术装备条件	有效灌溉面积（亿亩）	8.25	8.98	1.71
	农业灌溉用水有效利用系数	0.45	0.5	[0.05]
	农业科技进步贡献率（%）	48	52	[4]
	农作物耕种收综合机械化水平（%）	36	52	[16]
	农机总动力（亿千瓦）	6.8	9.2	6.23
农业组织方式	农民专业合作社数（万家）		37.9	
	实有入社农户（万户）		2 900	
	农业产业化经营组织（万个）	13.6	25	13
	带动农户数（万户）	8 700	10 700	4.23

续表

类别	指标	2005 年	2010 年	年均增长(%)
农村生态	适宜农户沼气普及率（%）	12	33	[21]
农业产值与农民收入	农林牧渔业增加值（亿元）	22 420	40 497	
	转移农业劳动力（万人）			[4 500]
	农村居民人均纯收入（元）	3 255	5 919	8.9

注：带［　］的为五年累计数，增长速度按可比价格计算。

二、发展机遇与挑战

“十二五”时期，世情、国情、农情将继续发生深刻变化，我国农业和农村经济发展仍然处于可以大有作为的重要战略机遇期，同时也面临着诸多风险挑战。

党中央、国务院高度重视“三农”工作，把发展现代农业作为加快转变经济发展方式的重大任务，把同步推进工业化、城镇化和农业现代化作为政策导向，把统筹城乡发展作为全面建设小康社会的根本要求，全社会关心农民、支持农业、关注农村的氛围更加浓厚，农业和农村经济发展的环境条件更加有利。一是我国已进入以工补农、以城带乡的发展阶段，2010 年国内生产总值超过 39 万亿元，财政收入突破 8 万亿元，综合国力和财政实力不断增强，强农惠农力度将持续加大。二是我国工业化已进入中期阶段，“十二五”时期城镇化率将超过 50%，对农业和农村经济发展的拉动作用将更加明显。三是经济结构战略性调整不断深化，扩大内需战略全面实施，城乡居民消费结构加快升级，农业和农村经济发展的空间将更加广阔。四是农村改革深入推进，体制机制不断完善，农业和农村经济发展的制度基础更加坚实，发展活力将进一步增强。

但是，我国农业现代化滞后于工业化、城镇化的问题相当突出，农村发展滞后、城乡发展不协调越来越成为我国现代化建设的关键制约。一是农业发展的基础尚不稳固。农业基础设施薄弱、物质装备水平不高、科技自主创新能力不强、公共服务和社会化服务滞后、组织化程度较低等问题突出，在资源短缺与环境约束加剧、农产品需求刚性增长、国内外传导联动和相互影响日益加深的背景下，保障农产品供求总量平衡、结构平衡、质量安全和生态安全的压力增大。二是农村生产要素流失严重。在工业化、城镇化快速发展中存在着耕地占多补少、占优补劣和非农化、非粮化现象；随着农村劳动力大量转移，农村劳动力已进入总量过剩与结构性短缺并存阶段，关键农时缺人手、现代农业发展缺人才、新农村建设缺人力问题凸显；农村资金外流、金融服务供给不足问题依然突出，加快建立城乡要素平等交换和合理补偿机制的要求更加迫切。三是促进农民持续较快增收难度增大。农业生产进入高成本阶段，金融危机后农民外出务工增速放缓，城乡居民收入差距扩大的趋势尚未遏制，缩小城乡差距任务艰巨。

站在新的历史起点上，继续保持农业和农村经济发展的好形势，必须抓住难得的历史机遇，创新发展思路，转变发展方式，突出发展重点，破解发展难题，提高发展质量，更加奋发有为地发展现代农业、推进社会主义新农村建设。

第二章　转变方式，确立发展新思路

一、指导思想

以邓小平理论和“三个代表”重要思想为指导，深入贯彻落实科学发展观，坚持统筹城乡发展方略，按照在工业化、城镇化深入发展中同步推进农业现代化的总体要求，以转变农业发展方式为主线，以确保国家粮食安全和农民持续较快增收为目标，以加快现代农业发展和社会主义新农村建设为主要任务，着力强化政策、科技、设施装备、人才和体制支撑，提高农业现代化水平，夯实农业和农村经济发展基础，建设农民幸福生活的美好家园，为经济社会平稳较快发展和全面建设小康社会奠定坚实基础。

二、基本原则

（一）坚持把保障粮食等主要农产品有效供给作为首要任务

解决好13亿人口吃饭问题始终是治国安邦的头等大事，必须把确保国家粮食安全放在农业和农村经济发展的首位，坚持立足国内保障基本自给的方针，深化农业结构战略性调整，加快完善现代农业产业体系，大力提高农业综合生产能力和农产品质量安全水平，满足国内消费需求。

（二）坚持把加快推进农业现代化作为主攻方向

在工业化、城镇化深入发展中同步推进农业现代化是“十二五”时期的一项重大任务，必须按照高产、优质、高效、生态、安全的要求，加快转变农业发展方式，深入实施科教兴农和人才强农战略，强化基础设施和物质装备条件建设，促进农业生产经营专业化、标准化、规模化、集约化，提高农业综合生产能力、抗风险能力和市场竞争能力。

（三）坚持把改善农村民生作为出发点和落脚点

增加农民收入，改善农村民生，事关社会主义新农村建设和全面建设小康社会全局，必须加大强农惠农力度，优化种养结构，拓展农业功能，发展农村二三产业，促进农民转移就业，拓宽农民增收渠道，加快改善农村生产生活条件，确保亿万农民共享改革发展成果。

（四）坚持把推进农村改革创新作为强大动力

农村改革创新是解放和发展农村生产力、调动农民生产积极性的动力源泉，必须继续深化农村改革，坚持和完善农村基本经营制度，强化农村土地管理，完善城乡平等要素交换关系，改善农村金融服务，深化农村集体产权制度改革，创新体制机制，不断增强农业和农村经济发展活力。

（五）坚持把加强宏观调控作为重要手段

加强宏观调控是实现农产品有效供给和促进物价稳定的重要保障，必须充分发挥市场对资源配置的基础作用，加强农产品市场监测预警，增强短缺农产品供给能力，完善贸易调控和产业准入政策，防止农产品价格剧烈波动，促进农业和农村经济健康稳定发展。

三、发展目标

“十二五”时期农业和农村经济发展的总体目标是：粮食等主要农产品综合生产能力稳步提高，现代农业建设取得明显进展；农民收入大幅提高，农民生活更加殷实；新农村建设取得显著成效，城乡发展更加协调。具体发展指标为：

（一）农产品供给能力

粮食播种面积稳定在16亿亩以上，综合生产能力达到5.4亿吨以上；棉花、糖料总产量分别达到700万吨和14 000万吨以上，油料总产量达到3 500万吨；蔬菜、水果等产品供应稳定增加；肉类、禽蛋、奶类、水产品总产量分别达到8 500万吨、2 900万吨、5 000万吨、6 000万吨以上；标准化生产普及率明显提高，农产品质量安全水平稳步提升，农产品质量安全例行监测总体合格率达到96%以上。

（二）农业农村产业结构

畜牧业和渔业产值占农业总产值的比重分别达到36%和10%；农产品加工业产值与农业总产值比达到2.2∶1；乡镇企业增加值年均增长10%；农垦生产总值年均增长9%；农业的观光休闲、文化传承等功能进一步拓展，农业农村服务业快速发展。

（三）农业物质技术装备水平

旱涝保收高标准农田比重持续提高，新增农田有效灌溉面积4 000万亩，农业灌溉用水有效利用系数达到0.53；农业机械总动力达到10亿千瓦，农作物耕种收综合机械化水平达到60%左右；农村实用人才总量达到1 300万人，农民科学文化素质进一步提高；农业科技进步贡献率超过55%。

（四）农业生产经营组织方式

现代农业经营主体不断壮大，农民专业合作社健康成长，多种形式的适度规模经营稳步发展，农业产业化组织带动农户数达到1.3亿户，存栏100头以上奶牛规模化养殖比重超过38%，出栏500头以上生猪规模化养殖比重达到50%。

（五）农业效益与农民收入水平

农林牧渔业增加值年均增长5%左右；累计转移农业劳动力4 000万人；农村居民人均纯收入年均增长7%以上，贫困人口明显减少。

（六）农业资源利用与生态环境保护

化肥、农药的利用水平明显提高，农作物秸秆综合利用率力争达到80%以上，适宜农户沼气普及率达到50%以上；草原退化得到有效遏制；水生生物资源养护水平显著提高，累计放流各类水生生物苗种1 500亿尾。

（七）农村基础设施与公共服务

农村水电路气房等基础设施建设不断加强，科教、文化、卫生、体育全面发展，社会保障体系更加健全。

专栏2　**“十二五”时期农业和农村经济发展的主要指标**

类别	指标	2010年	2015年	年均增长（%）
农产品供给能力	粮食播种面积（亿亩）	16.48	>16.0	
	粮食综合生产能力（亿吨）	>5.0	>5.4	
	棉花总产量（万吨）	596	>700	>3.27
	油料总产量（万吨）	3 230	3 500	1.62
	糖料总产量（万吨）	12 008	>14 000	>3.12
	肉类总产量（万吨）	7 925	8 500	1.41
	禽蛋总产量（万吨）	2 765	2 900	0.96
	奶类总产量（万吨）	3 780	5 000	5.75
	水产品总产量（万吨）	5 373	>6 000	>2.23
	农产品质量安全例行监测总体合格率（%）	94.8	>96	>[1.2]

续表

类别	指标	2010 年	2015 年	年均增长（%）
农业农村产业结构	畜牧业产值占农业总产值比重（%）	30	36	[6]
	渔业产值占农业总产值比重（%）	9.3	10	[0.7]
	农产品加工业产值与农业总产值比	1.7	2.2	[0.5]
	乡镇企业增加值年均增长率（%）			10
	农垦生产总值年均增长率（%）			9
农业物质技术装备条件	农业科技进步贡献率（%）	52	>55	>[3]
	农业机械总动力（亿千瓦）	9.2	10	1.68
	农作物耕种收综合机械化水平（%）	52	60	[8]
	新增农田有效灌溉面积（亿亩）			[0.4]
	农业灌溉用水有效利用系数	0.5	0.53	[0.03]
	农村实用人才总量（万人）	820	1 300	6.8
农业生产经营组织方式	农业产业化经营组织带动农户数（亿户）	1.07	1.3	3.97
	奶牛规模化养殖比重（%）（年存栏 100 头以上）	28	>38	>[10]
	生猪规模化养殖比重（%）（年出栏 500 头以上）	35	50	[15]
农业效益与农民收入	农林牧渔业增加值年均增长率			5
	转移农业劳动力（万人）			[4 000]
	农村居民人均纯收入（元）	5 919	>8 310	>7
农业资源利用和环境保护	农作物秸秆综合利用率（%）	69 *	>80	>[11]
	适宜农户沼气普及率（%）	33	>50	>[17]
	累计放流各类水生生物苗种（亿尾）	289		[1 500]

注：带［ ］为五年累计数；带 * 为 2009 年数；820 万农村实用人才总量为 2008 年年底数；农村居民人均纯收入绝对数按 2010 年价格计算，增长速度按可比价格计算。

第三章　明确任务，推动发展新跨越

"十二五"期间，着力从七个主要方面入手，转变农业发展方式，加快发展现代农业，扎实推进社会主义新农村建设。

一、巩固提高粮食综合生产能力

按照稳定面积、优化结构、建设主产区、提高单产的思路，进一步加强粮食生产能力建设，确保95%以上的自给率。

（一）稳定粮食播种面积

切实保护耕地特别是基本农田，不断优化耕地利用结构，统筹粮食和经济作物发展，保证粮食播种面积稳定在16亿亩以上。完善粮食生产扶持政策，充分调动农民种粮积极性。加快耕作制度改革，合理提高复种指数，开发利用冬闲田，积极治理盐碱地，继续推进水稻"单改双"，充分挖掘耕地利用潜力。

（二）优化粮食品种结构

适应市场需求变化，以"旱改水"、"籼改粳"、"滩改田"等为主要途径，扩大优质粳稻生产。大力发展优质专用小麦品种，扩大优质强筋小麦生产。培育耐密植、抗倒伏、抗病虫、低水分的玉米新品种，扩大饲用等专用玉米生产。积极发展高油、高产、多抗大豆新品种，稳定大豆自给率。扩大脱毒马铃薯种薯供给能力，满足市场消费、加工和农民增收的需要。

（三）加强主产区建设

推动项目、资金、科技等进一步向主产区倾斜，实施全国新增千亿斤粮食生产能力规划，集中力量建设一批基础条件好、生产水平高和粮食调出量大的核心产区，重点加强13个粮食主产省、产量超过100亿斤的产粮大市、产量超过10亿斤的产粮大县生产能力建设。完善粮食主产区投入和利益补偿机制，调动主产区发展粮食生产积极性。

（四）提高单产水平

加强耕地质量建设，提升基础产出能力。加快研发一批适应现代农业机械化作业需要、具有重大突破意义的新品种，不断扩大应用面积。大规模整建制开展高产创建，集成优良品种和先进实用技术，强化行政与技术结合、科研与推广结合、规模化经营与专业化服务结合，促进全过程规范化、标准化、机械化种植，推动粮食生产不断跨上新台阶。

二、大幅提升农业科学技术和物质装备水平

（一）强化农业科技创新与人才培养

大力推进农业科技自主创新，强化农业科技基础条件建设，完善农业科技创新体系和现代农业产业技术体系，继续实施转基因生物新品种培育重大专项。着力提高农作物种业核心竞争力，构建以产业为主导、企业为主体、基地为依托、产学研结合、育繁推一体化的现代农作物种业体系。继续实施农业行业科研专项，加强节本增效及应对灾害等方面重大技术研发。完善农业科技评价机制，激发农业科技创新活力。深化基层农业技术推广体系改革，实施基层农业技术推广特设岗位计划。加快农业新品种新技术推广和集成应用，促进农业科技成果转化。加强农业农村人才队伍建设，重点培育一批农业科研杰出人才、农业技术推广骨干人才、农村实用人才，大力培养新型农民。

（二）加强农业基础设施建设

大规模建设旱涝保收高标准农田，加强农田水利和节水农业设施建设，扩大有效灌溉面积，大力发展旱作农业和高效节水灌溉；推进农田道路、桥涵、防护林网、输变电等配套设施建设；支持农民秸秆还田、种植绿肥、增施有机肥、改良土壤、培肥地力；建立农田设施管护机制，确保各类农田设施长期稳定发挥效益。加快改善养殖业品种改良条件，加强畜禽规模化养殖场（小区）、标准化池塘改造和建设，强化重点省份草原牧区建设。开发建设渤海、黄海、东海、南海四大海区海洋牧场，合理控制海域养殖面积和密度。加强渔政渔港建设。

（三）加快发展农业机械化和设施农业

扩大农机装备总量，优化农机装备结构。加快突破水稻栽植和玉米收获等薄弱环节制约，加速实现粮食生产全程机械化。加大棉花、油菜、甘蔗机收技术攻关力度，尽快提高棉油糖生产机械化水平。大力推进丘陵山地经济型、种子生产加工与植保、养殖业和农产品初加工等各领域机械化。加强农机试验鉴定和安全执法装备能力建设，推进农机质量和安全使用监督管理。培育和规范农机作业和维修市场，推进农机社会化服务。大力发展设施农业，建设连栋温室、日光温室、钢架大棚、“田头冷柜”等农业设施，提高农产品均衡供应能力。

（四）推进农业防灾减灾能力建设

制定完善应对各种农业重大自然灾害、公共卫生事件的应急预案，加快构建监测预警、应变防灾、灾后恢复、农民收入减损等防灾减灾体系，建立健全农业防灾减灾长效机制，提高应对自然灾害和重大突发事件能力。加强农业气象服务体系、农村自然灾害防御体系建设，提高农业重大自然灾害监测预警水平。强化救灾物资和技术储备，根据不同地区灾害发生特点和救灾需要，及时提供资金、设施保障，推广相应的生产技术和防灾减灾措施，切实减轻灾害的不利影响。

三、调整优化农业和农村经济结构

（一）深入调整农业结构

在稳定发展粮食生产的基础上，加强棉花、油料、糖料、蚕桑、天然橡胶等工业原料作物生产基地建设，稳定棉花供给能力，力争糖料基本满足国内居民消费需求，食用植物油自给率稳定在40%。认真贯彻落实国务院关于促进蔬菜生产的意见，加强蔬菜重点产区建设，稳定大城市郊区蔬菜种植面积。积极发展园艺产业，推动水果、茶叶、花卉等优势园艺产品规模化、标准化生产。支持畜产品规模化饲养，稳定发展生猪和蛋禽，加快发展肉禽和奶牛，积极推进肉牛肉羊和绒毛羊发展。推进水产健康养殖，引导水产品优势区域建设，扶持和壮大远洋渔业。加快推进农业标准化，保障农产品质量安全，严格实行产地环境、投入品使用、生产过程、产品质量全程监控，强化企业诚信制度建设。支持发展无公害农产品、绿色食品和有机农产品，加大农产品地理标志保护力度。

（二）加快发展农产品加工业

以提高农产品加工转化能力和扩大农民就业增收为目标，优化农产品加工业区域布局，促进农产品加工业与农业生产协调发展。大力发展产地加工，推广普及先进实用的储藏、保鲜、分级清选、包装技术，促进农产品保质减损增效；强化科技创新，完善农产品加工技术研发体系，提高农产品加工技术创新与应用能力，提升精深加工水平，培育一批产值过百亿元的大型企业集团，促进产业集聚和优化升级。

（三）提高乡镇企业发展能力

促进乡镇企业机制创新和结构调整，推进技术进步与产业升级，积极引导乡镇企业向有条件的小城镇、县城及周边和园区集中，扩大就业容量，壮大县域经济。支持乡镇企业通过企村互动、以企带村参与社会主义新农村建设。推进乡镇企业东西合作，促进地区间产业梯度转移。

（四）壮大农业农村服务业

鼓励各类经济主体开展化肥、农药等农资供应服务，规范市场秩序，稳定价格，保障供应。积极扶持农作物病虫害专业化统防统治服务组织发展，扩大统防统治服务范围。加快农机社会化服务体系建设，培育农机大户和自我发展能力强、利益联结紧密、运作规范的服务组织，大力发展跨区作业，促进农机作业服务和维修服务市场化、专业化、产业化。健全农产品市场体系，在优势产区建设和培育一批具有重大国际影响力的鲜活农产品批发市场，积极发展现代流通方式和新型流通业态，提高农产品生产流通组织化程度，推行农产品流通标准化，加强产销信息引导，落实和完善鲜活农产品运输“绿色通道”政策，加快形成流通成本低、运行效率高的农产品营销网络。

着力完善农村沼气服务体系。支持发展商贸、信息、餐饮等农村生活服务业，构建农村连锁经营网络，繁荣农村经济。

（五）培育农业农村新兴产业

加快生物技术产业发展，培育和生产动植物新品种、生物农药、兽药、疫苗、生物肥料和农用材料，扩大应用面积。加快发展以农作物秸秆等农林废弃物为主要原料的生物质能源，开发利用太阳能和风能等可再生能源。大力发展休闲农业，拓展农业功能，挖掘文化内涵，引领新型产业形态和新型消费业态形成。开拓农业农村新兴产业产品市场，引导商业模式创新，建立行业标准和重要产品技术标准体系，完善市场准入制度，营造良好市场环境，促进新兴产业快速健康发展。

四、努力促进农民持续较快增收

（一）提高家庭经营收入

大力推广节本增效技术，降低农业生产成本。鼓励农民优化种养结构，积极发展优势特色农业、高效农业和休闲农业，使农民在农业功能拓展中增加收益。完善龙头企业与农户的利益联结机制，使农民在延伸产业链条中分享收益。强化产销对接，加大农产品营销促销力度，积极促进优势农产品出口。健全农产品价格形成机制和市场监测预警机制，稳步提高主要粮食品种最低收购价，适时采取临时收储政策，努力使主要农产品价格保持在合理水平。

（二）增加工资性收入

加大培训力度，大力提高农民职业技能，增强就业能力。发展农村非农产业，壮大县域经济，促进农民就地就近转移就业。鼓励发展劳务经济，强化城乡人力资源市场对接，加强劳务输出基地建设，健全城乡公共就业服务体系，合理引导农民工外出就业。继续改善农民工就业环境，提高农民工工资水平，健全农民工权益保障制度。扶持农民工返乡创业，以创业带动就业。

（三）增加转移性和财产性收入

完善强农惠农政策体系，健全农业补贴等支持保护制度，保持政策的连续性，增强政策的协调性，突出政策的针对性，不断加大强农惠农政策力度，增加农民的转移性收入。加强农村集体资金资产资源管理，增加农民的财产性收入。引导农村土地流转规范有序进行，盘活土地资产。改革征地制度，缩小征地范围，提高征地补偿标准。

五、大力发展农业农村公共服务

（一）加强农业公益性服务体系建设

在全国普遍健全乡镇或区域性农业技术推广、动植物疫病防控、农产品质量监管等公共服务机构，逐步建立村级服务站点。加强农作物重大病虫害监测预警和防控能力建设，健全动物防疫体系，完善国家动物疫病防控网络和应急处理机制，制定实施国家动物疫病防治中长期规划，启动重点动物疫病防治计划，有效控制重大动物疫情。加强农业标准体系建设，建立健全部、省、地（市）、县（场）四级农产品（含农业投入品）质量安全检验检测体系。建设农业综合信息服务平台，积极推进信息技术在农业生产经营中的推广和应用，稳步提升农业生产经营信息化水平。开发农业信息资源，加强粮食、生猪等重要农产品生产与市场监测预警服务，建立统一的种养、流通信息链。着力强化县、乡两级防汛抗旱服务体系。加大体系建设投入，保障工作经费，改善工作条件，创新运行机制，全面提升公共服务能力。

（二）加强农村基础设施建设

积极推进城乡供水一体化，加快实施农村饮水安全工程，强化水源保护、水质监测和工程运行管理。实施新一轮农村电网升级改造工程，全面解决农村人口用电问题。推进城乡用电同网同价。加快农村公路建设，提高农村公路运输的普遍服务能力，满足广大农村及偏远地区运输需要。继续改造农村危房，力争全面完成垦区危房改造、游牧民定居建设任务，引导农民建设富有地方特点、民族特色、传统风貌的安全节能环保型住房。实施捕捞渔民安居工程。开展农村河道综合治理。改善农村用能结构，进一步发展农村户用沼气和大中型沼气，强化沼气管护。加强省柴节煤炉灶炕改造。积极推进林区基础设施建设。

（三）推动农村社会事业发展

加快发展农村学前教育，构建县、乡、村三级学前教育网络。巩固和完善农村义务教育经费保障机制，提高农村义务教育质量，推进县域义务教育均衡发展，加快普及农村高中阶段教育。推进农村中等职业教育免费进程，加强面向“三农”的技能人才培养和农村劳动力转移培训。巩固和发展新型农村合作医疗和医疗救助制度，提高筹资标准和保障水平，加强农村三级医疗卫生服务网络建设，加大地方病、重大传染病及人畜共患病防治力度，提高农村卫生安全水平。完善社会保障体系，实现新型农村社会养老保险制度全覆盖，提高农村低保标准和补助水平，完善并落实被征地农民社会保障政策措施。推进广播电视村村通、文化信息资源共享、农村电影放映、农家书屋等重点文化惠民工程建设，加强乡镇综合文化站、村文化室等基层公共设施的综合利用。继续实施农民体育健身工程，加强农村社区建设。继续完善和实施农村部分计划生育家庭奖励扶助政策制度、全国计划生育家庭特别扶助制度、西部地区计划生育“少生快富”工程。

六、完善和创新农业农村发展体制机制

（一）健全农村土地管理制度

坚持和完善农村基本经营制度，保持土地承包关系稳定并长久不变。做好农村承包土地确权、登记、颁证工作，稳步开展土地承包经营权登记试点，依法落实农民承包土地的各项权利。完善草原承包经营制度。健全农村土地承包档案管理制度，加快农村土地承包管理信息化。按照节约用地、保障农民权益的要求，推进征地制度改革，进入城乡建设用地市场流转的农村集体建设用地，严格限定在依法取得的经营性用地范围内。

（二）发展多种形式适度规模经营

在依法自愿有偿和加强服务基础上，完善土地承包经营权流转市场。支持专业种养大户、家庭农（牧）场、农民专业合作社、农业产业化龙头企业等经营主体，发展多种形式的适度规模经营。实施一

村一品强村富民工程，促进资金、技术、人才等优质资源聚集，培育一大批规模优势和产业特色明显的专业户、专业村。

（三）大力发展农民专业合作社

广泛开展示范社建设行动，加强合作社辅导员队伍建设。深入开展“农超对接”，鼓励农民专业合作社与学校、酒店、大企业等最终用户实现产销衔接，支持农民专业合作社参加国内外农产品展示展销活动。鼓励农民专业合作社开展信用合作，推动合作社之间联合与合作，提高生产经营水平和市场开拓能力。扶持合作社建设农产品仓储、冷藏、初加工等设施。

（四）提升农业产业化发展质量

制定扶持农业产业化龙头企业发展的综合性政策文件，启动实施农业产业化经营跨越发展行动。鼓励龙头企业自主创新，增强核心竞争力。支持龙头企业发展精深加工，参与现代流通。引导龙头企业采取兼并、重组、参股、收购等方式，组建企业集团。建立农业产业化示范基地，推动龙头企业集群发展。加强农业产业化人才培养，建立一支懂政策、善经营、会管理的龙头企业人才队伍。大力推广“龙头企业+合作社+农户”等组织模式，支持农户、合作社以资金、技术、劳动等要素入股龙头企业，形成产权联合等多种形式的紧密型利益关系，增强带动农户的能力。

（五）加强现代农业示范区建设

在全国范围内创建一批高起点、高标准、高水平的国家现代农业示范区，集聚配置科技、资金、人才、管理等要素，提高集约化水平，壮大主导产业，创新体制机制，探索特色鲜明、类型多样的区域现代农业发展模式，发挥示范辐射带动作用，引领区域现代农业协调发展。积极推进海峡两岸农业合作试验区等建设。

七、加强农村生态环境保护

（一）坚决执行最严格的耕地保护制度

认真贯彻落实耕地保护和节约用地政策，完善耕地保护机制，确保基本农田总量不减少、用途不改变、质量有提高。深入开展测土配方施肥，提高化肥农药利用率，大力推广农机深松整地，提升土壤有机质，努力培肥地力，切实提高耕地质量。强化耕地用途管制，加快划定永久基本农田。加强设施农用地管理，防止以发展设施农业为名，擅自将农用地改为建设用地。严格执行耕地占补平衡制度，加大执法力度，加强补充耕地的质量建设和管理。

（二）加强草原保护

做好草原划定和功能区划工作，突出草原生态优先理念，加强分类指导和协调，加快重点地区草原生态保护建设。坚持草畜平衡，推行禁牧休牧轮牧和基本草原保护制度，全面落实草原生态保护补助奖励政策。强化草原监督管理，落实草原动态监测和资源调查制度，严格草原征占用管理，依法打击各种破坏草原的违法行为。完善退牧还草政策，加快重度退化草原补播改良。加强牧区畜牧业防灾减灾能力建设，加强草原防火基础设施建设，建设人工饲草料基地和棚圈设施，科学利用草原，转变草原畜牧业生产方式。

（三）强化水资源保护和农业生物资源养护

科学保护和合理利用水资源，进一步提高农业用水效率，保障农业用水需求。大力发展节水农业，建设旱作农业示范基地，推广喷灌、微灌等先进节水技术。继续执行休渔、禁渔制度，扩大水生生物资源增殖放流，建设海洋牧场，加强水生生物自然保护区、水产种质资源保护区和水生生态修复示范区建设。加强养殖水域滩涂管理，稳定渔民水域滩涂养殖使用权。加强畜禽遗传资源保护。加大农业野生植物原生境保护区建设力度。建立农业植物遗传资源权属制度，加强植物新品种保护。建立外来入侵生物风险评估和监测体系，严格防范外来有害物种入侵。

（四）加快推进农业节能减排和农村环境治理

大力推进农业清洁生产，按照减量化、再利用、资源化的循环经济理念，大力推广节地、节水、节种、节肥、节药、节能等节约型农业技术和节能型农业装备，积极引导发展循环农业。强化农业生态保护和农业面源污染治理，加快开发以农作物秸秆为主要原料的肥料、饲料、工业原料和生物质燃料，推进畜禽粪便等农业废弃物无害化处理和资源化利用。开展农村易灾地区生态环境综合治理和山洪地质灾害防治。继续实施农村清洁工程，推进农村有机废弃物处理利用和无机废弃物收集转运。

第四章　优化布局，构建发展新格局

“十二五”时期，围绕保护和利用好耕地、草原和江河湖海及滩涂资源，深入实施《全国优势农产品区域布局规划（2008—2015年）》，加快构建“七区二十三带”农业战略格局，进一步调整优化农业产业布局，做大做强主导产业，促进生产要素在空间和产业上优化配置，不断提高农业效益和竞争力。

一、构建农业战略格局

（一）东北平原主产区

本区域处于温带，土壤肥沃，耕地平整连片，水土资源匹配，生态环境较好，适于大规模机械化作业。“十二五”时期，重点建设以优质粳稻为主的水稻产业带，以籽粒与青贮兼用型玉米为主的专用玉米产业带，以高油大豆为主的大豆产业带，以肉牛、奶牛、生猪为主的畜产品产业带。

（二）黄淮海平原主产区

本区域地处暖温带，地势平坦，具有适宜农业生产的温度、雨水、光照等气候条件，是我国传统农区，农业生产精细化程度和农民科学种田水平较高。“十二五”时期，重点建设以优质强筋、中强筋和中筋小麦为主的优质专用小麦产业带，优质棉花产业带，以籽粒与青贮兼用和专用玉米为主的专用玉米产业带，以高蛋白大豆为主的大豆产业带，以肉牛、肉羊、奶牛、生猪、家禽为主的畜产品产业带。

（三）长江流域主产区

本区域大部分地处亚热带季风区，湖泊众多，水资源丰富，气候温暖湿润，四季分明，年积温较高，雨热同季，是我国重要的农产品生产基地。“十二五”时期，重点建设以双季稻为主的优质水稻产业带，以优质弱筋和中筋小麦为主的优质专用小麦产业带，优质棉花产业带，“双低”优质油菜产业带，以生猪、家禽为主的畜产品产业带，以淡水鱼类、河蟹为主的水产品产业带。

（四）汾渭平原主产区

本区域属暖温带半湿润气候，土层深厚，土质肥沃，光热水土条件匹配良好。“十二五”时期，重点建设以优质强筋、中筋小麦为主的优质专用小麦产业带，以籽粒与青贮兼用型玉米为主的专用玉米产业带。

（五）河套灌区主产区

本区域气候干燥，雨量稀少，地形平坦，适宜黄河水自流灌溉。光照充足，积温较高，昼夜温差大，农业生产气候条件独特。“十二五”时期，重点建设以优质强筋、中筋小麦为主的优质专用小麦产业带。

（六）华南主产区

本区域地处高温多雨、四季常绿的热带—南亚热带区域，丘陵广布，是我国砖红壤、赤红壤集中分布区域，农业生产类型多样。“十二五”时期，重点建设以优质高档籼稻为主的优质水稻产业带，甘蔗产业带，以对虾、罗非鱼、鳗鲡为主的水产品产业带。

（七）甘肃新疆主产区

本区域属于我国西北干旱地区，光照时间长，热量充足，以绿洲灌溉农业和草食畜牧业为主。“十二五”时期，重点建设以优质强筋、中筋小麦为主的优质专用小麦产业带，优质棉花产业带。

同时，加快建设其他农业地区和其他优势特色农产品产业带，主要包括：西南和东北的小麦产业带，西南和东南的玉米产业带，南方的高蛋白及菜用大豆产业带，北方的油菜产业带，东北、华北、西北、西南和南方的马铃薯产业带，广西、云南、广东、海南的甘蔗产业带，海南、云南和广东的天然橡胶产业带，海南的热带农产品产业带，沿海的生猪产业带，西北的肉牛、肉羊产业带，京津沪郊区和西北的奶牛产业带，黄渤海的水产品产业带等。

"七区二十三带"农业战略格局

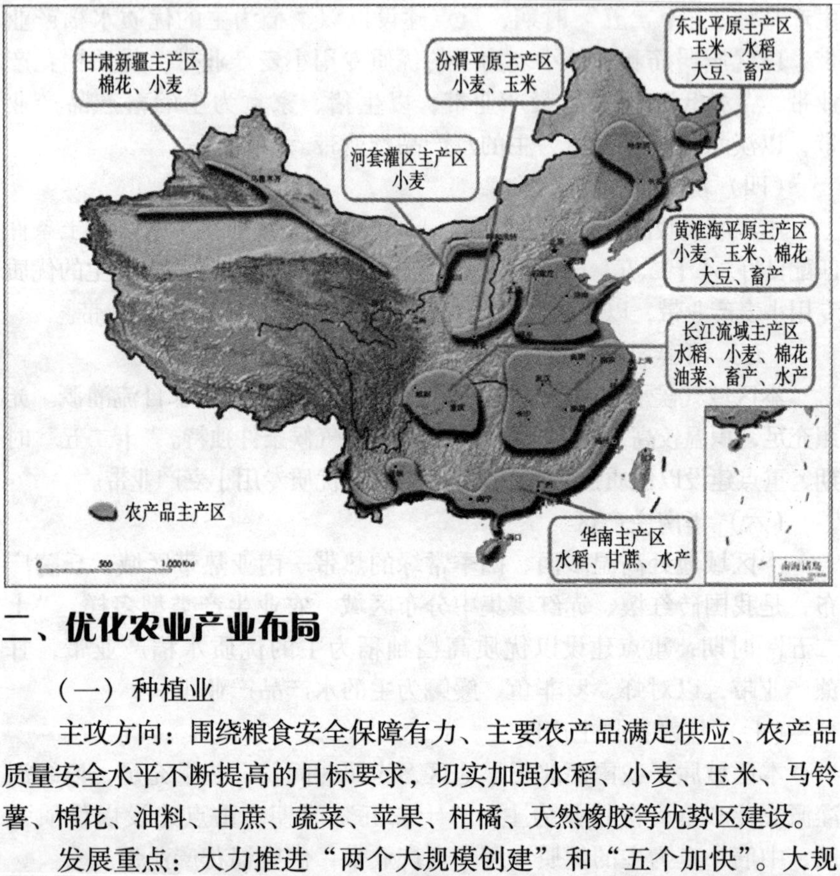

二、优化农业产业布局

（一）种植业

主攻方向：围绕粮食安全保障有力、主要农产品满足供应、农产品质量安全水平不断提高的目标要求，切实加强水稻、小麦、玉米、马铃薯、棉花、油料、甘蔗、蔬菜、苹果、柑橘、天然橡胶等优势区建设。

发展重点：大力推进"两个大规模创建"和"五个加快"。大规模开展粮棉油糖高产创建，逐步实现优势产区、主要品种全覆盖；大规模开展园艺作物标准园创建，努力实现100%生产资料统购统供、种苗统育统供、病虫害统防统治、产品商品化处理、品牌化销售，产品100%符合食品安全国家标准。加快推进专业化统防统治，逐步实现重点地区、主要品种全覆盖；加快推进现代种业发展，力争培育一批具有重大应用前景和自主知识产权的突破性优良品种，建设一批规模化、标准化、集约化、机械化的优势种子生产基地；加快推进耕地质量建设，大规模推进旱涝保收高标准农田建设；加快推进测土配方施肥，努力提高肥料利用率；加快推进科学抗灾减灾，努力形成防灾减灾的长效机制。

专栏3　　加快发展种植业优势品种

水稻	重点建设东北、长江流域和东南沿海3个水稻优势区，在扩大双季稻、稳定南方籼稻生产的同时，推进东北“旱改水”、江淮适宜区“籼改粳”，扩大粳稻生产。加强超级稻和杂交粳稻育种等科研攻关和技术推广，提高病虫害专业化防控水平，推广轻简化栽培技术，提升全程机械化水平
小麦	提升黄淮海、长江中下游、西南、西北和东北5个优势区生产能力，大力发展优质专用品种，加快推广测土配方施肥、少（免）耕栽培、机械化生产等先进实用技术，推行标准化生产和管理
玉米	加强东北春玉米区和黄淮海夏玉米区的优势地位，积极挖掘西南、华北和西北地区生产潜力，稳定增加专用玉米播种面积，加强农田基础设施建设，改善排灌条件，大力推进全程机械化，着力提高单产水平
马铃薯	推进东北、华北、西北、西南和南方5个优势区建设，优化脱毒种薯、加工专用薯和鲜食商品薯的产业布局，组装集成推广脱毒专用品种和少（免）耕栽培、覆膜栽培等关键技术，积极推进马铃薯生产全程机械化，提高产量和品质
油料	以长江流域油菜优势产业带和北方油菜优势区为重点，开发利用南方冬闲耕地，提高油菜机械化生产水平。积极发展冀鲁豫及东北农牧交错区花生生产，巩固提高东北大豆产业，发展西北、东北盐碱地油葵等油料作物生产
棉花	稳定黄河流域和长江流域棉区，大力发展西北内陆棉区，重点推进新疆棉区建设。大力推广优良品种，加快推广膜下滴灌等节水技术，平整改良土壤，提升棉花采摘机械化水平，改善品质，提高棉田综合生产能力

续表

甘蔗	重点建设广西、广东、云南和海南甘蔗优势产区，力争面积稳定在2 500万亩，优化品种，合理施肥，推进病虫害统防统治，着力提高耕种收机械化水平，提高单产和蔗糖分
蔬菜	稳定提高大中城市城郊菜园子，着力建设华南、长江上中游冬春蔬菜、黄土高原和云贵高原夏秋蔬菜、黄淮海和环渤海设施蔬菜五大优势区域蔬菜基地，突出加强海南和广西的南菜北运基地建设，推进标准化、设施化生产，保障蔬菜供应总量平衡、季节均衡、区域和品种平衡
苹果	加快渤海湾、黄土高原两大苹果优势区产业化发展进程，坚持“稳定面积、提高品质、扩大出口、增加效益”的思路，大力推广标准园创建，在苗木繁育、栽培耕作、病虫害防治等环节实施标准化生产管理。加强产后商品化处理能力建设，全面提升我国苹果产业市场竞争力
柑橘	加快长江上中游等柑橘优势区产业化发展进程，以优化产业结构、品种结构、熟期结构、区域结构为目标，加快现代集约化柑橘生产基地建设步伐。进一步提高柑橘商品化处理能力、保鲜贮藏能力，大力发展柑橘罐头和橙汁加工
天然橡胶	加强广东、海南、云南天然橡胶优势区建设，优化良种苗木，加快新品种和老旧低产胶园更新，加强非生产期胶园抚管，着力提高单产，开展标准化示范园建设，提升橡胶基地建设水平，完善科技研发和生产服务体系，推进橡胶初加工集中度，推行清洁生产，提高产品质量

（二）畜牧业

主攻方向：以保障肉蛋奶有效供给、保障饲料和畜产品质量安全、保障环境和生态安全为核心任务，转变畜牧业生产方式，继续实施全国生猪、肉牛、肉羊和奶牛优势区域布局规划，大力加强畜产品优势产业带建设。

发展重点：加快建立健全良种繁育体系，加速畜禽品种改良步伐；加快建立健全标准化养殖体系，积极推进畜禽标准化规模养殖场（小区）建设；加快建立健全饲料安全保障体系，推进高效安全新型饲料研制与产业化开发，发展优质牧草等饲料原料生产；加快建立健全动物疫病防控体系，着力构建科学规范、责任明确、处置高效的动物疫病防控网络；加快建立健全草原生态保护建设体系，推进草畜平衡，加快恢复草原生态，发展现代草原畜牧业；加快建立健全防灾减灾体系，加强草原防火和鼠虫害防治，提高草原畜牧业防灾减灾能力。

专栏 4　**加快发展畜牧业优势品种**

生猪	重点建设东北、中部、西南和沿海地区优势区，全面推进全国生猪遗传改良计划实施，加大地方特色品种资源保护与利用，提高我国优良种猪自我供种能力。大力发展标准化规模养殖，强化废弃物综合利用，提升生猪养殖水平，保障猪肉有效供给，实现生猪养殖可持续发展
肉牛	加强东北、西北、南方和中原肉牛优势区建设，加快品种改良，开发选育地方良种，适度引进利用国外良种。在饲草料丰富的地方积极发展母牛养殖，鼓励集中专业育肥，大力推进标准化规模养殖，提高生产效率
肉羊	加强中原、中东部农牧交错带、西北和西南等肉羊优势区建设。加强新品种培育、良种选育和地方品种保护开发，加快肉羊养殖良种化。大力发展舍饲、半舍饲养殖方式，积极推进良种化、规模化、标准化养殖
奶牛	建设东北内蒙古产区、华北产区、西部产区、南方产区和大城市周边产区等五大奶业产区，加强奶源基地建设。加快实施奶牛遗传改良计划，建立苜蓿等优质饲料基地，提高挤奶机械化水平。净化奶牛群体重大疫病，强化生鲜乳质量监管。积极推进学生饮用奶计划，促进乳制品消费

续表

蛋禽	巩固中原、东北等主产区生产，推进蛋鸡养殖区域南移。重点发展高产、高效蛋鸡和蛋鸭。加快国内优良品种选育和推广，大力开发利用地方品种资源，提高种禽产业化生产水平；加强种禽疾病净化，保证雏禽质量；积极推进标准化规模养殖，加快禽蛋产品可追溯体系建设，提高生产效率，保障禽蛋市场供给和质量安全
肉禽	稳定传统肉禽主产区生产，加快推动有潜力的区域发展。加快发展优质黄羽肉鸡和水禽，适度发展白羽肉鸡，提高家禽产品质量。加强地方肉禽品种资源的保护力度，重点加强肉禽新品种选育和良种工程建设，大力发展禽肉产品精深加工技术，达到产业优质、高效、安全生产的目标

（三）渔业

主攻方向：以确保水产品安全有效供给、渔民持续稳定增收、水域生态安全和渔业资源可持续利用为主要目标，着力转变渔业发展方式，加快发展现代渔业。继续推进出口水产品三个优势区建设，积极发展大宗淡水鱼类和名优水产品种养殖，保障水产品有效供给，全面提升渔业生态安全、水产品质量安全和生产安全的水平。

发展重点：大力发展标准化水产健康养殖，提升水产原良种、疫病防控、技术推广、质量安全建设水平；积极推广工厂化养殖、深水网箱养殖、稻田养殖、盐碱地养殖等现代养殖方式，拓展水产养殖发展空间；加强监测评估，保护和合理开发利用渔业资源，控制捕捞强度，进一步完善和推进近海捕捞渔民转产转业；建立开发国内国外两种资源、两个市场相统筹的现代渔业体系，增强远洋渔业国际竞争力；提高增殖放流规模和质量，加强海洋牧场和水生生物保护区建设，提升水生生物资源养护水平；加强渔政装备和队伍建设，加快渔港建设步伐，提高渔政、渔港、渔船管理现代化水平和安全生产突发事件的应对能力。

专栏5　　加快发展渔业优势品种

优势出口水产品	加强黄渤海、东南沿海和长江流域“两带一区”出口水产品优势区建设，推进优势区域内鳗鲡、对虾、贝类、罗非鱼、大黄鱼、河蟹、斑点叉尾鮰和海藻8个优势品种生产的优质化、组织化和产业化，促进水产原良种体系逐步完善和高效运转，基本建成水生动物防疫体系和质量安全保障体系，有效预防和控制重大水生动物疫病，提升产品质量安全水平
大宗淡水鱼类	加强长江中上游、长江中下游、华南和“三北”四个大宗淡水鱼类优势产区建设，以推进健康养殖池塘改造、水产养殖标准化创建和水生动物防疫工程建设为重点，加强“菜篮子”工程建设，加快亲本更新和原良种推广，提高大宗淡水鱼类养殖综合生产能力。加强养殖水域环境修复，推广健康养殖模式。开发大宗淡水鱼类加工技术和加工产品
名优水产品种	加强沿海海水鱼类、东中部名优淡水鱼类、“三北”和西南冷水性鱼类、长江中下游和珠三角淡水虾类优势产区建设。积极发展海参、珍珠、龟鳖等特色和土著品种养殖。提高工厂化养殖、深水网箱养殖和高标准冷水鱼养殖等设施渔业规模，加强原良种工程建设，提高自主遗传育种能力和原良种覆盖率。加强苗种扩繁能力建设，保障苗种供应。加强优质全价配合饲料研发，推广配合饲料养殖技术

（四）农产品加工业

主攻方向：以种植、畜牧、渔业的产业布局为基础，引导农产品加工业向种养业优势区域和城市郊区及县域集中，推进分工合理、优势互补、协调发展的农产品加工业布局，实现农产品加工业与农业生产力布局的良性互动，促进农产品加工与农业协调发展。

发展重点：以提高农产品加工转化能力和扩大农民就业增收为目标，以突破农产品加工技术瓶颈为切入点，着力发展产地加工，促进产业集聚，发展一批产值超过百亿元的产业集群；着力推进精深加工，培育领军企业，促进产业优化升级，培育一批产值过百亿元的大型企业集团；着力强化科技创新，完善农产品加工技术研发体系，提高农产品加工技术创新与应用能力；着力完善企业与农民利益联结机制，充分发挥农产品加工业对现代农业建设和农民就业增收的带动作用，实现同步发展。

专栏6　　**加快发展各类农产品加工业**

粮食加工	在东北平原、黄淮海平原、长江流域等粮食优势区，大力发展粮食产地初加工、精深加工及仓储物流业，打造现代化国家级口粮、工业用粮和饲料用粮加工基地，提高产品附加值
经济作物加工	在黄河流域、长江流域等经济作物优势区，大力发展棉籽、油料、糖料、柑橘、苹果等经济作物产品加工业。着力突破产后加工处理技术与设备瓶颈，稳步提升深加工水平
养殖产品加工	在中原、东北、西北、沿海等养殖产品优势区，积极发展肉品、乳品、水产品加工业，推进传统特色养殖品工业化生产，健全产业链，完善质量控制体系和追溯体系，保障养殖产品食用安全

（五）农垦经济

主攻方向：突出粮、棉、橡胶、糖料、牛奶、良种等优势农产品生产，积极发展特色农业及热作产业；以农产品加工为基础壮大农垦工业，以农业服务、商贸流通、居民服务为重点大力发展第三产业；努力创建不同类型的现代农业示范区，积极推进场县（乡）共建，进一步发挥示范带动作用。

发展重点：巩固和提升粮、棉等农产品大型生产基地和国家天然橡胶基地建设水平，加强现代农业设施装备建设，推动全程机械化；提升畜禽良种基地建设水平，推进奶牛、生猪等标准化规模养殖和生产；扩大农业标准化实施范围，加强现代信息技术在主导产业中的运用，探索并推广先进生产模式，扩大农产品质量追溯建设范围，提高农产品质量安全水平；积极培育一批主业突出、市场竞争力强、具有较大行业影响力的大型企业集团；大力实施“走出去”战略，拓展农垦发展空间。

专栏7　　加快发展主要农垦经济区

东北垦区	继续强化水稻、玉米、大豆等优势品种大型商品粮生产基地建设，加快推进农业机械化，积极扩大场县（乡）共建领域和范围，推进奶牛、肉牛和生猪等重点畜禽品种标准化、规模化、专业化养殖，大力发展农产品仓储、加工和物流，打造具有国际竞争力的大型现代农业企业集团
西北垦区	稳定发展棉花、种业和特色农产品生产，积极发展节水农业、设施农业，夯实生产基地建设基础，大力发展现代畜牧业，提升养殖基地建设水平，着力培育龙头企业和知名品牌，提升农业产业化经营水平，大力加强生态建设和环境保护，促进可持续发展
中东部垦区	突出发展小麦、水稻、生猪等种业，优化高水平良种生产基地建设，积极培育现代种业企业，大力促进育繁推一体化发展，进一步挖掘特色种植、养殖等产业优势，提升市场竞争能力
南方垦区	着力推进天然橡胶、糖料、热带水果等热带作物生产，加强标准化、优质化、品牌化建设，提升热作产品产业化水平，进一步壮大蔗糖等加工龙头企业，优化发展糖业循环经济
城郊型垦区	积极提升牛奶、蔬菜等“菜篮子”产品生产水平，着力提高农产品有效供给和质量安全水平，着力优化产业结构，加强产业链条和品牌建设，大力发展都市型现代农业，壮大整体实力

第五章　加强建设，提升发展新水平

按照“巩固基础、提升能力、保障发展”的思路，在继续实施现有重点工程的基础上，整合农业建设项目，扩大投资规模，突出加强六个方面的建设。

一、大规模开展高标准农田建设

针对农田基础设施薄弱、水利设施年久老化失修、中低产田比重高等问题，按照统一规划、分工实施、县级整合的原则，制定实施全国高标准农田建设总体规划，推动县级建设规划编制和实施，统筹推进新增千亿斤粮食田间工程、主要农产品生产基地、农业综合开发中低产田改造、土地整理、小型农田水利建设、大中型灌区续建配套与节水改造等工程建设，大规模改造中低产田。“十二五”期间，全国旱涝保收高标准农田保有量占全国耕地总面积比重明显增加。

二、切实加强“菜篮子”产品供应能力建设

针对新时期“菜篮子”产品季节性、结构性、区域性短缺和质量安全事件时有发生的问题，启动实施新一轮“菜篮子”工程建设。重点在“菜篮子”产品主产区建设园艺作物生产小区、畜禽标准化规模养殖场（小区）、水产标准化健康养殖场，扩大建设规模。在优势产区建设和改造一批国家级重点大型批发市场和区域性产地批发市场，建立完善农产品流通追溯体系。到2015年，基本实现“菜篮子”产品均衡供应，质量安全管理水平明显提高，全国农产品大市场、大流通新格局基本形成。

专栏8　　**新一轮“菜篮子”工程**

1. 园艺产品标准化生产基地

在大中城市郊区和蔬菜、水果等园艺产品优势产区，支持建设一批设施化、集约化“菜篮子”产品生产基地，重点加强集约化育苗、标准化生产、商品化处理等方面的基础设施建设，发展园艺产品标准化生产。

2. 畜禽标准化规模养殖场（小区）

支持建设生猪、奶牛、肉牛、肉羊、肉鸡和蛋鸡标准化规模养殖场（小区），重点加强养殖场（小区）的畜禽舍标准化改造，养殖废弃物处理利用设施和水、电、路等配套基础设施建设，以及疫病防控等方面的设施建设，推进畜禽养殖标准化和规模化。

续表

3. 水产健康养殖示范场 加快对现有老化规模养殖场标准化改造，大力发展水产健康养殖示范场，支持养殖场水、电、路等基础设施和配套机械设备、环境保护设施、水生动物防疫设施、质量安全检测设施等建设。围绕保障大中城市水产品供应，重点发展城市周边和池塘养殖主产区水产养殖，扩大设施养殖面积。发展增殖渔业，搞好水生生物增殖放流，支持发展远洋渔业。 4. “菜篮子”产品产地批发市场 支持在优势产区建设和改造一批国家级重点大型批发市场，重点开展信息服务、电子交易、储藏物流、质量安全检测、环境卫生处理等设施；支持“菜篮子”产品规模化生产基地建设，建设一批区域性产地批发市场，改善信息服务、质量检测、采后处理等条件，鼓励配套建设冷藏保鲜和流通加工设施，实现采后快速预冷、商品化加工处理和上市旺季入库冷藏保鲜。

三、大力推进现代农业公共服务能力建设

针对农业公共服务设施条件薄弱，与发展现代农业要求不相适应的突出问题，依据《中共中央关于推进农村改革发展若干重大问题的决定》做出的有关加强农业公共服务能力建设的部署，重点加强农业科技创新和推广服务、动植物疫病防控、农产品质量监管、农业机械化推进、农业生产经营信息、农业资源环境保护、农村经营管理等公共服务体系建设，创新管理体制，改善服务条件，提高人员素质，提升服务能力。到 2015 年，实现农业公共服务能力稳步提升，覆盖全程、综合配套、便捷高效的社会化服务体系更加完善，基本满足广大农民对农业公共服务的需求。

专栏 9　**“十二五”现代农业公共服务能力建设工程**

1. 乡镇农业公共服务能力建设工程 在健全乡镇或区域性农业技术推广、动植物疫病防控和农产量质量安全监管等公共服务机构基础上，按照整合资源、注重实效、填平补齐、因地制宜、标准适当原则，改善农业技术推广、病虫害防控、农产品检验检测、农民培训等设施设备条件。

续表

2. 动植物保护工程

健全六级动物疫病防控体系，加快动物疫病区域化建设、动物卫生监督执法、动物标识及疫病可追溯体系建设，加强兽药质量安全监管体系建设，强化动物防疫技术支撑体系建设。加强四级农作物有害生物监测预警和防控、重大植物疫情控制和阻截、农药风险评估和监管、植保科技支撑和物化支持等植物保护基础建设。

3. 现代种业工程

改善农作物育种设施装备条件，支持良种生产优势地区建设农作物良种繁育基地，加大西北、西南、海南农作物育制种基地建设力度，完善农作物品种试验和种子检测设施条件；支持与畜禽品种选育相关核心育种场、原良种场、种公畜站、新品种培育场建设，重点建设国家级畜禽品种资源场和种畜性能测定中心；建设水产遗传育种中心和原良种场；建设重要动植物基因资源库及转基因技术转化平台。

4. 农产品质量安全检验检测能力建设工程

完善各级质检机构检验监测仪器设备，建设部级水产品质量安全研究中心，补充建设一批部级专业质检中心，全方位建设地（市）级综合质检中心和县（场）级综合质检站；构建全国农产品质量安全监测信息预警平台。

5. 渔政渔港建设工程

改扩建或新建一批沿海中心渔港、一级渔港、二级渔港、避风锚地和内陆重点渔港，建立健全海区级和省级渔政基地，购置一批渔政执法设施。

6. 农业机械化推进工程

支持农民、农民专业合作社购置大型复式和高性能农机具，支持适宜地区购置中小型先进适用农机具，改善农机化技术推广、农机安全监理、农机试验鉴定等公共服务机构条件，建设国家和区域农机化科技创新中心，加强农业航空站和农航作业起降点基础设施建设。

7. 农业信息化建设工程

建设一批农业生产经营信息化示范基地；建设国家、省、县（场）三级“三农”综合信息服务平台；建立共享化农业信息综合数据库和网络化信息服务支持系统。

续表

8. 农民专业合作社能力建设工程 支持产地合作社加强农业生产服务设施建设，加强城市直销网点、社区连锁店和超市专卖场建设；建立合作社成员档案，实施安全生产记录管理，建立合作社财务管理体系，加强市场信息的收集和发布。 9. 农村土地流转和仲裁机构条件建设工程 建设土地承包经营权流转市场交易平台，改善土地流转市场交易环境；建设仲裁庭审设施设备；建立健全承包经营权登记流转和纠纷调处管理信息系统和平台。 10. 耕地质量监测能力建设工程 建设耕地质量监测预警体系、肥料田间试验示范基地和土壤墒情监测体系。

四、加快推动草原等农业生态建设

针对我国草原退化严重、农业生态脆弱和生物资源衰退的问题，坚持重点突破和面上治理相结合，以北方干旱半干旱草原、青藏高原草原等地区为重点，加大天然草原退牧还草工程、京津风沙源草地治理工程、三江源草地建设工程和牧区水利工程实施力度，启动实施沙化草原治理工程、草原自然保护区建设工程、南方草地保护与建设工程。加强草原防灾减灾基础设施建设，加大农业生物资源保护工程建设力度。到2015年，草原牧业和经济结构不断优化，水生生物资源得到有效养护，生态环境逐步改善，承载能力和可持续发展能力不断提高，生态屏障功能不断增强。

专栏10　　**“十二五”草原建设与农业资源保护工程**

1. 农业生物资源保护工程 建设农业生物资源保护区和水生生态修复示范区，加强农业生物资源监测和鉴定评价条件建设，强化农业生物资源保护科技支撑。 2. 天然草原退牧还草工程 建设草原围栏、棚圈，补播改良退化草地，建植人工饲草料地，加强监理监测能力条件建设。

续表

3. 草原自然保护区建设工程 完善管护、办公和生活设施，配备交通、通讯、科研、监测、宣传与教育设备。 4. 草原防灾减灾工程 加强草原灾害监测预警体系、防灾物资保障体系及指挥体系等基础设施建设，提高灾害防治应急反应能力。 5. 牧区水利工程 建设牧区中小型水库、塘坝、自流引水渠、扬水站等地表水源工程，加强地下水源井建设；加强田间灌溉设施建设，着力改善牧民饮水点及配套设施。 6. 沙化草原治理工程 建设草原围栏、小型牧区水利配套设施，推广飞播改良、人工种草、禁牧、休牧等措施。 7. 京津风沙源治理工程 建设暖棚，实施草地围栏封育、人工种草、飞播种草，购置饲料机械等设备。 8. 南方草地保护与建设工程 开展天然草地改良、人工种草等建设，保护生态环境，提高草地生产力。 9. 岩溶地区石漠化草地治理工程 建设草地围栏，实施人工种草、草地改良，提高草地植被覆盖度。 10. 三江源草地建设工程 实施退牧还草、已垦草原还草、生态恶化草原治理、草原防火、草地鼠害治理，建设保护管理设施。 11. 青海湖流域生态保护与治理工程 治理沙化草地、黑土滩、毒杂草、鼠虫害，封山育草等。

五、着力强化农产品加工能力建设

针对我国农产品初加工严重滞后、产后损失严重、转化增值水平较低等问题，支持农户和农民专业合作组织使用技术成熟、经济适用的产后贮藏、保鲜、烘干等产地初加工设施、设备。在粮食生产核心区、特色农产品优势区，重点加强农产品加工业技术研发体系建设，扶持一批农产品加工领军企业加快技术装备改造升级。到2015年，我国农产品加工技术水平显著提高，农产品产后损失率大幅降低，农产品加工业支撑现代农业发展，带动农民就业增收的作用得到有效发挥。

六、积极促进农村废弃物资源化利用

针对秸秆资源浪费和污染严重、农村人居环境差、能源短缺等突出问题，按照“减量化、再利用、资源化”的循环经济理念，因地制宜开展农业废弃物循环利用，重点实施农村沼气工程、农村清洁工程、秸秆能源化利用等工程。到2015年，畜禽粪便、秸秆等农业废弃物资源化利用水平大幅提高；农村沼气、省柴节煤炉灶炕的普及率大幅提升，农村生活用能结构显著优化，促进农村人居环境有效改善。

专栏11　**“十二五”农村废弃物资源利用工程**

1. 农村沼气工程

建设户用沼气、小型沼气工程、大中型沼气工程和沼气服务体系，加大集中供气力度，发展沼气提纯罐装，使50%以上的适宜农户用上沼气。

2. 农村清洁工程

推进农村有机废弃物处理利用和无机废弃物收集转运，配套开展村庄硬化绿化。

3. 秸秆能源化利用工程

推广高效低排放生物质炉，更新省柴节煤炉灶和高效架空炕，建设秸秆生物气化集中供气站、秸秆热解气化集中供气站、秸秆生物反应堆和秸秆固化成型燃料示范点。

第六章　强化措施，开创发展新局面

一、强化多元投入

继续加大国家对农业农村的投入力度，财政支出重点向农业农村倾斜，确保用于农业、农村的总量、增量均有提高；预算内中央投资重点用于农业农村基础设施建设；土地出让收益重点投向农业土地开发、农田水利和农村基础设施建设，确保足额提取、定向使用。推进农村金融组织创新、产品创新、服务创新、制度创新，发展各类新型金融组织。通过税收减免、财政补贴和投资补助等措施，引导各类主体投入现代农业，参与农村产业发展和公共设施建设，努力形成多元化投入新格局。

二、加大农业补贴补助力度

完善种粮直补、良种补贴、农机购置补贴、农资综合补贴政策，建立更加有效促进农业生产发展和农民增收的农业补贴机制。新增补贴向粮食等主要农产品倾斜，向产量高、商品量大的地区倾斜。坚持和完善渔业柴油补贴政策。进一步完善农业生产关键技术与服务支持政策。逐步扩大粮棉油糖高产创建、肉蛋奶水产品和蔬菜等园艺产品标准化建设范围。继续实施测土配方施肥补助，扩大土壤有机质提升补助规模。研究建立高耗能老旧农业机械报废制度，探索实施报废更新补助。实行农作物重大病虫害专业化统防统治补助。加大动物疫病防控经费投入，探索建立养殖环节病死动物及其无害化处理补贴制度，健全基层防疫工作补助机制。扩大基层农技推广体系改革与建设示范县项目，继续实施农村劳动力培训阳光工程、农村实用人才带头人素质提升计划和现代农业人才支撑计划。继续加大扶贫开发投入。

三、完善农业奖补机制

完善主产区利益补偿机制，提高中央财政对粮食、油料大县转移支付水平，继续加大产粮大县、生猪调出大县奖励力度，规范粮食主产县涉农投资项目地方配套，全面取消主产区粮食风险基金地方资金配套。稳步提高粮食主产区县级人均财力水平。健全草原生态保护奖励补助机制，逐步完善政策措施。扩大村级公益事业建设一事一议财政奖补规模。

四、加强农村金融服务

鼓励县域银行业金融机构将新吸收存款主要用于当地发放贷款，加强考核评价，促进现代农业发展。加大政策性金融对农业的支持力度。加快建立村镇银行等新型农村金融组织，扶持有条件的农民专业合作社开展信用合作，完善登记和管理办法。完善涉农贷款税收优惠、农村金融机构定向费用补贴和县域金融机构涉农贷款增量奖励等政策。扶持农业信贷担保组织发展，扩大农村有效抵押物范围。加快发展农业保险，完善农业保险保费补贴政策。鼓励地方特色农业保险发展，探索推进涉农保险发展。探索完善财政支持下的农业大灾风险分散机制。

五、改善农产品市场调控

完善稻谷、小麦最低收购价政策，探索建立以保障粮食有效供给为基础的目标价格政策。完善玉米、大豆、油菜籽、棉花等农产品临时收储政策，完善主要农产品吞吐和调节机制，健全重要农产品储备制度，发挥骨干企业积极作用，健全和完善大宗农产品市场调控体系和机制。继续加强生猪等主要“菜篮子”产品的监测预警体系建设，完善应急调控预案，制定鲜活农产品调控办法。积极利用清洁发展机制，探索建立碳贸易、排污权交易机制。

六、提高农业对外开放水平

坚持“引进来”与“走出去”相结合。提高利用外资水平，健全符合世界贸易规则的外商经营农产品和农业生产资料准入制度，按照《外商投资产业指导目录》优化进入农业领域的外资投向，提升“引进来”质量和水平，维护农业产业安全。加大农业“走出去”支持力度，为企业搭建平台，扩大农业对外合作与交流，实现互利共赢。进一步强化贸易促进公共服务能力，积极推动优势农产品出口。继续加强农业国际合作，积极参与多双边农业贸易谈判和涉农国际规则制定，推动建立公平合理贸易秩序。运用符合世界贸易组织规则的相关措施，积极应对国际贸易摩擦，完善农产品进出口贸易调控机制。健全农产品贸易监测预警体系，支持行业协会为企业维护合法权益，推动建立损害补偿机制。

七、深化改革创新

稳定和完善以家庭承包经营为基础、统分结合的双层经营体制，加快推进农村发展体制机制改革。加快消除制约城乡协调发展的体制性障碍，完善城乡要素平等交换关系，促进城乡经济发展、劳动就业、基础设施、公共服务、社会管理一体化。深化农村综合改革。积极推进农村集体经济组织产权制度改革，探索集体经济有效实现形式。深入推进农业科技体制改革和机制创新，积极推动兽医、种业等方面的管理体制改革。加快农垦体制改革，推动垦区现代农业发展。加强新形势下农村改革试验区建设，发挥探索示范作用。

八、强化法制保障

继续完善农业法律法规，在现代农业发展投入、粮食安全、农产品质量安全、农业产业安全和生态安全、农民权益保护、农产品补贴政策等方面加强立法，推动国家强农惠农政策制度化和规范化。整合执法力量，加强农业综合执法体系建设，改善执法条件，在全国农业县全部实行农业综合执法，全面提升农业执法水平。加大农村普法教育力度，增强农民和农村基层干部的法律意识。

做好“十二五”时期农业和农村经济工作意义重大，任务艰巨，使命光荣。各级农业部门及有关方面要站在政治和战略的高度，切实加强组织领导，强化部门间沟通协调，认真贯彻落实中央强农惠农政策，组织实施各项重大工程，重视和加强舆论宣传，引导形成推动农业和农村经济发展强大合力，确保规划各项目标任务圆满完成，全力推动农业发展方式加快转变，努力开创农业和农村经济科学发展新局面。

附录4 辽宁省财政支农政策（部分）

一、财政支农资金及其管理

农村经济发展离不开国家政策的支持，农村家庭也离不开财政资金的支持。党和国家在推进农村改革发展方面制定的重大方针政策，是社会主义新农村建设的助推剂，财政的一系列支农政策和由此形成的支农资金，是农村经济发展和农民的一项资金来源。作为农民应该及时、全面了解这些政策并积极贯彻执行。

（一）现时期财政支农资金的主要种类

国家和地方政府对“三农”的补贴，主要是以财政为主要渠道，以粮食补贴和专项补贴为主要形式来进行的。

1. 粮食补贴

所谓粮食补贴，也叫粮食直接补贴制度，是我国政府对种粮农民直接发放的财政补贴资金，主要目的在于促进粮食生产和调动农民种粮积极性，增加种粮农民的收入，以稳定农业产业的发展。目前，我国粮食补贴主要包括粮食直接补贴和农业生产资料（以下简称农资）间接补贴两种。

国家发放的粮食补贴，由当地财政和农业部门计算并核准后直接发放到农民手里，不必经过村集体经济组织账户，村集体经济组织主要负责提供基础资料，协同核准和发放等。

农业生产资料的补贴，主要包括化肥、种子，农业机械及运输工具，部分家电及小商品补贴等。这些补贴如果是以实物形式补贴的，村集体经济组织负责领用及分配；如果是价值形式补贴的，在商家同村民的直接交易中体现，村集体经济组织负责协同核准身份证明等事项。

2. 专项补贴

财政对“三农”的各种专项补助是指为了鼓励扶持农村和农民的生产、生活、公共福利、环境改造、水土治理等方面的发展，以财政部门为主，给予农村的各种专门用途的资金补助种类较多，涉及到“三农”的生产、生活、福利、农村自然环境和社区建设（包括文化、教育综合治理）等各方面。

我省这方面的专项补贴主要有：

（1）扶持农村造林补助资金；（2）退耕还林补助资金；（3）扶持农村能源生态建设补助资金；（4）扶持引进推广农业新品种新技术补助资金；（5）水利建设补助基金；（6）畜牧发展专项资金；（7）食品生产财政专项补助资金；（8）渔业发展财政专项补助资金；（9）花卉产业财政补助资金；（10）果树发展财政专项补助资金；（11）农业机械化补助资金；（12）农村水利基础设施建设补助资金；（13）重点乡镇企业发展专项补助资金；（14）开拓农产品市场补助资金；（15）扶贫开发专项补助资金；（16）农村护林员、动物防疫员补助资金；（17）低收入乡镇人畜饮水项目补助资金；（18）水果蔬菜出口贷款财政贴息；（19）高致病性禽流感防控资金；（20）生态公益林补偿资金；（21）支持保护地生产发展财政补助资金；（22）生产农产品安全以奖代补资金；（23）扶持农民专业合作经济组织发展财政补助资金；（24）农业政策性保险试点财政补贴；（25）村屯环境基础设施建设财政补贴和农业救灾补贴；（26）农资综合直补资金；（27）扶持乡村特色产业财政专项资金。这里所称的乡村特色产业，是指在一村或一乡发展“一村一品”或“一乡一业”的特色产业。

除以上外，在一些如“老少边穷”等经济欠发达地区，国家和地方财政还有根据当地情况制定的一些特殊补贴政策。并且，随着社会主义新农村建设的不断发展，财政支农资金的种类和规模会不断增多。

（二）农家对取得的财政支农资金的管理

目前，对专项工程，财政支持的重点主要是：

(1) 符合国家经济和社会发展大政方针的农业发展项目，其中特别扶持以提高农业和农村生产能力和科技能力为主的项目。

(2) 符合农业和农村生态治理和建设的项目。

(3) 对贫困地区生产和民生的扶持项目。对一个村子来说，如果能得到更多财政补贴，就意味着可以更好地改善当地农村的面貌和农民的生产生活条件。

所以，对符合财政补贴政策的农家，应该在村集体经济组织的领导下，积极申请，争取财政扶持。申请财政补贴的工作，一般由村民向村集体经济组织财务管理人员提出请求，经过村委会批准后再到乡镇一级申请，得到批准后，再到县一级财政办理。

村民在取得了财政补助资金以后，要加强管理，保证资金的安全有效使用。一般情况下，财政拨付的每一笔专项补助，都有使用和管理上的要求，具体如下：

(1) 资金要专户存储。按照财政专项资金管理的要求，每一笔专项资金都要设立专户存储，不能在一个账户中混同保管。

(2) 设立专门明细账记录和核算专项报告。在资金使用上必须做到专款专用，各项专用资金不能混同使用。

(3) 在资金的使用上，必须严格按照专项资金规定的范围使用，不得超范围或同其他专项资金混同及串换使用。

(4) 对剩余的专项资金要按照文件要求处理，需要返还的要及时返还。

(5) 要接受村镇各级、各部门的监督，防止被挪用或变相侵占。

近年来，我省给“三农”的专项补贴种类较多，涉及生产、生活、福利、农村自然环境和社区建设（包括文化、教育综合治理）等方面。主要的专项补贴有：

(1) 扶持农村造林补助资金。这笔资金每年由市一级财政根据当地政府对全市林业发展目标的要求，纳入当年财政预算。主要用于造林的苗木购置；国有、集体苗圃苗木补助；森林火灾险情扑救及防范；森林病虫害防治；生态林保护工程等，补助资金由以上项目的所在乡（镇）村申报，由财政和林业部门审核批准并拨付使用。

（2）退耕还林补助资金。主要目的是为了农业结构调整，提高生态环境质量，推动退耕还林工作，在2001年退耕还林任务之内，按实际完成的退耕还林面积，在一定期限内由市一级政府给退耕还林农民适当的现金补助，该项资金由林业、财政和农业等部门审核批准并拨付。

（3）扶持农村能源生态建设补助资金。主要目的是扶持农村能源生态建设，保护生态环境，不断改善农民生产生活条件，提高农民生活质量，增加农民收入，是为达到家居环境清洁化、庭院经济高效化和农业生产无害化目标而给予的补助。主要用于农村沼气、秸秆气化、节能炕灶、风能、太阳能综合利用等农村能源设施项目，以及为改善农村生态环境建设等综合性的农村能源生态项目。每年由市一级财政部门根据政府对农村能源生态建设发展的目标要求，采取定额补助方式给予适当扶持。其补助原则：一是农民直接受益原则。安排补助的农村能源生态建设项目应是对农民生产、生活影响较大的项目，资金补助应尽可能多的使农民直接受益。二是自愿民主原则。安排补助农村能源生态建设项目应尊重当地农民群众的意愿，符合大多数农民的需要；凡涉及全村农民利益的项目，要按照“一事一议”的原则，必须有超过半数以上的农户同意，严禁包办代替和强制摊派。资金直接安排补助给农民。该项资金由财政和农村能源管理部门共同审核批准。

（4）扶持引进推广农业新品种新技术补助资金。主要目的是为了加快推进农业新品种、新技术引进而采用的办法。包括粮食、水果、蔬菜、畜牧、水产、林木、花卉等品种。该项资金由财政和农业部门共同审核批准。

（5）水利建设补助基金。主要用于农村水利工程的修建和维护；河道防洪工程建设；水库工程防汛岁修和除险加固；水土保持工程建设；水资源开发利用及保护工程；防汛抗旱物资设备和通讯调度、信息系统的维护与建设；水利工程维护等，由财政和水利部门审核批准。

(6) 畜牧发展专项资金。是为支持畜牧业发展而设立的财政补助资金。它是对列入畜牧良种繁育基地和畜牧标准化饲养小区标准的单位给予的补助。该资金由财政和农业部门审核批准。

(7) 食品生产财政专项补助资金。主要是为了扶持经国家认证的和经省级以上农业行政主管部门认定的从事无公害农产品、绿色食品和有机食品生产的基地而给予的补助。该资金由财政和农业部门审核批准。

(8) 渔业发展财政专项补助资金。主要是指为支持农村水产养殖、水产品加工、海洋捕捞、渔港建设维修等项目而建立的专项财政补助资金。

(9) 花卉产业财政补助资金。是为支持发展花卉产业设立的财政补助资金。主要是对花卉日光温室和有一定规模的大型联栋温室花卉生产基地给予的补助。

(10) 果树发展财政专项补助资金。主要是为了扶持农村发展优质果树设立的财政补助资金。此项补助由财政和农业部门审核批准。

(11) 农业机械化补助资金。主要是为了扶持农业机械化水平和农业生产效率而给予的补助，由财政和农业部门审核批准。

(12) 农村水利基础设施建设补助。主要是为了建设农村各项水利工程（包括人畜饮水、集雨工程、微机自控节水灌溉、小型水库除险加固和防汛等）基础设施而给予的补助。此项补助由财政和水利部门审核批准。

(13) 重点乡镇企业发展专项补助资金。主要是对重点乡镇企业进行的补助。重点乡镇企业是指经国家、省有关部门认定，在行业中具有一定影响的大中型企业的财政专项补助，由财政、农业和发展改革委员会审核批准。

(14) 开拓农产品市场补助资金。主要是为了鼓励农村开辟农产品市场给予的财政补助。此项资金主要由财政、农业和商业部门审核批准。

（15）扶贫开发专项补助资金。是指用于农村贫困村、贫困户开发生产项目的专项资金。主要用于能够增加贫困户收入的各类开发性生产项目，重点是种植业、养殖业的直接项目。此项补助资金有利于改善贫困村生产生活条件的基础设施建设项目，能够带动贫困户增加收入的农业开发项目。此项基金由财政、农业和发展改革委员会审核批准。

（16）农村护林员、动物防疫员补助资金。主要用于村一级护林员和动物防疫员所需费用的补助。此项资金由财政和林业部门审核批准。

（17）低收入乡镇人畜饮水项目补助资金。主要是为支持低收入乡镇解决人畜饮水问题，尽快改善农民生产生活条件，对低收入乡镇人畜饮水项目实行的财政补助。此项资金由财政和农业部门审核批准。

（18）水果蔬菜出口贷款财政贴息。主要是为了鼓励农民开拓国际市场，对农民为水果蔬菜生产加工而向银行贷入的流动资金产生的利息给予的财政利息补贴。

（19）高致病性禽流感防控资金。此项资金是指各级财政部门为应对高致病性禽流感突发事件、加强对其防控而设立的财政专项资金。

（20）生态公益林补偿资金。主要是为加强生态公益林建设、保护和管理，保护生态公益林所有者、经营者积极性而给予的财政补助。这里所称的生态公益林，是指被列为国家级重点生态公益林和省级重点生态公益林中的有林地和灌木林。此项资金由财政和林业部门审核批准。

（21）支持保护地生产发展财政补助资金。所称的保护地是指以日光温室（暖棚）、大棚（冷棚）或连栋温室等设施进行蔬菜、水果和食用菌生产的用地。此项资金由财政和农业部门审核批准。

（22）生产农产品安全以奖代补资金。此项资金主要是为了确保农产品安全生产，提高农业标准、检验检测和产品认证水平，设立的安全生产以奖代补资金。农产品以奖代补资金主要扶持范围是：择优扶持市级农业标准化示范区；鼓励农业生产企业开展产品认证；开展农产品质量安全例行监测；推行农产品质量安全全程追溯。此项资金由财政和农业部门审核批准。

（23）扶持农民专业合作经济组织发展财政补助资金。此项补助资金主要是指财政部门为扶持农民专业合作经济组织发展而安排的专项资金。农民专业合作经济组织，是指严格按法律规定要求设立的，在农村家庭承包经营基础上，同类农产品的生产经营者或者同类农业生产经营服务的提供者、利用者，自愿联合、民主管理的专门从事农业种植、养殖、销售服务的互助性经济组织，包括专业合作社和协会等。该补助资金由财政、农业和工商管理部门审核批准。

（24）农业政策性保险试点财政补贴。此项补贴主要是为有效开展农业政策性保险试点工作，逐步扩大农业保险覆盖面，提高农民抗灾能力，确保农业生产稳定发展而设立的财政补贴。主要是先从繁育母猪、肉蛋鸡、保护地和苹果树灾害保险等开展试点。该补贴由财政和保险及农业部门审核批准。

（25）村屯环境基础设施建设财政补贴和农业救灾补贴。此项补贴是指用于农村环境基础建设方面的补助。由财政和农业部门审核批准。

（26）农资综合直补。此项补贴是2008年财政部因为化肥、柴油等农业生产资料涨价而给予农民的直接补贴。该补贴由财政、农业、物价部门审核批准。

（27）扶持乡村特色产业财政专项资金管理。这里所称的乡村特色产业是指在一村或一乡发展“一村一品”或“一乡一业”的特色产业。

“一村一品”特色产业，是指农村行政村利用本村自然或资源优势集中发展经济价值较高、受市场欢迎的某一特色品种的种植、养殖业，通过发展可实现生产标准化、专业化、规模化和产品品牌化，并使村60%以上的农户从事主导产业生产经营，主导产业或产品收入占全村农林牧渔业总产值比重的70%以上，农民人均收入高出全县20%的产业。

“一乡一业”特色产业，是指乡镇利用本乡镇自然或资源优势集中发展某一类特色种植、养殖业，通过发展使全乡镇50%以上的农户从事该类产业生产经营，农民人均收入高出全县20%的产业。

对发展乡村特色产业的扶持，我省财政实行“定点、定向、定量、定时”的扶持原则。所谓“定点”是经过有关部门组织专家进行论证，选定出发展“一村一品”或“一乡一业”特色产业专业村或乡镇。所谓“定向”是指经专家论证，选择适宜发展的某一特色产业品种或某一类特色产业。所谓“定量”是根据财政预算安排情况确定每年择优扶持“一村一品”、“一乡一业”专业村或乡镇的数量和扶持额。所谓“定时”是指对列入“一村一品”、“一乡一业”的村或乡镇，财政给予连续3年的扶持。对特色产业财政扶持的政策及标准是：第一，财政的各项支农政策要优先向发展“一村一品”、“一乡一业”的专业村或乡镇倾斜，补助标准可在原标准的基础上适当上浮，上浮幅度最高不超过30%。第二，对具备发展“一村一品”、“一乡一业”条件的专业村或乡镇，每年择优给予连续三年的定额补助，每年补助15万元。补助资金专项用于“一村一品”、“一乡一业”特色产业规划、技术指导、标准化生产培训、产品推销、品牌培育、检测及公益性项目补助。